TRAITÉ

DE

DYNAMOSCOPIE

IMPRIMERIE PARISIENNE

MARCHAND FRÈRES ET COMPAGNIE, RUE D'ENGHIEN, 14.

TRAITÉ

DE

DYNAMOSCOPIE

OU

APPRÉCIATION DE LA NATURE ET DE LA GRAVITÉ DES MALADIES PAR L'AUSCULTATION

DES DOIGTS

PAR

L. COLLONGUES

DOCTEUR EN MÉDECINE.

PARIS

CHEZ P. ASSELIN, GENDRE ET SUCCESSEUR DE LABÉ,

LIBRAIRE DE LA FACULTÉ DE MÉDECINE DE PARIS,

Place de l'École-de-Médecine.

1862

A

M. le Profeſseur Velpeau,

MEMBRE DE L'INSTITUT.

Hommage respectueux,

COLLONGUES.

PRÉFACE

Le titre que porte ce livre étonnera peut-être bien des personnes par sa nouveauté. Nous avons cru devoir l'adopter comme un terme technique pour rappeler brièvement tout une classe d'idées résumant une série d'expériences continuées pendant de longues années.

Comment sommes-nous arrivé à la conception de cette manière de pronostiquer la marche probable que suivra une maladie? C'est ce que nous croyons devoir raconter d'abord. On en appréciera mieux le caractère expérimental et pratique de notre méthode d'auscultation.

Le premier germe de l'idée remonte à l'année 1850. Un docteur que j'aimais et vénérais, le docteur Augé, qui m'avait initié avec autant d'affection que d'intelligence à la science médicale, était tombé gravement malade d'une affection de poitrine. On n'avait pas sous la main de garde-malades. Je m'offris avec empressement à passer la nuit auprès du lit de mon ami. En m'appuyant sur un fauteuil, j'avais mis le creux de la main sur mon oreille. Bientôt je fus fatigué du bourdonnement que j'y entendais. Ma curiosité s'éveilla sur la cause qui pouvait le produire. Au lieu de la main, je mis le bras, et le bruit cessa ou diminua considérablement. J'appliquai mon oreille contre le fauteuil; je n'entendis plus rien. Je vis là une étrange singularité.

Cependant, je fus près d'une année sans m'en occuper davantage. Au bout de ce temps, une rechute de mon ami, que je veillai de nouveau, me donna occasion, en me trouvant par hasard dans la même posture, d'être frappé du même phénomène. Alors je fus porté à étudier attentivement ce singulier bourdonnement. Je le comparai au bruit de la flamme d'un foyer, à l'agitation des feuilles par le vent, au roulement d'une voiture. Je me souvins qu'une coquille univalve, appliquée contre l'oreille, produisait un bruit analogue. Il s'en trouvait une sur la cheminée ; je la pris, et, comparant les deux bruits, j'en constatai l'extrême différence, et fus amené ainsi à conclure que le bourdonnement était un bruit *sui generis*. Pour vérifier mon sentiment, je commençai dès le lendemain des expériences à l'hôpital de Toulouse, où j'étais attaché. En portant l'oreille sur plusieurs parties du corps, je trouvai que le *maximum* du bourdonnement était dans le creux de la main et à l'extrémité des doigts. Je fis le plus grand nombre de mes premières expériences par l'introduction du doigt dans l'oreille, à cause de la facilité de cette opération. Après avoir ausculté de cette manière plusieurs personnes, je constatai chez toutes, à l'état de santé, une parfaite identité dans le bourdonnement. L'une d'elles était attaquée d'une paralysie du bras gauche, survenue à la suite d'une luxation de l'épaule non réduite. De ce côté, l'extrémité des doigts ne donnait aucune espèce de bruit, tandis que le côté non paralysé laissait entendre le bourdonnement d'une manière normale. Ce fut pour moi un trait de lumière. Des deux côtés, les artères du bras marqaient le même nombre de pulsations, et avec la même ampleur ; les muscles étaient également développés, la température était la même au thermomètre à mercure ; j'en conclus que les nerfs seuls pouvaient être la cause du phénomène que j'étudiais. Cette conjecture, non encore basée sur des expériences suffisantes, était peut-être téméraire ; néanmoins elle me fut utile, car elle fut le point de départ de tous mes travaux.

J'étais lancé dans une voie nouvelle, et désormais décidé à la parcourir, malgré tous les obstacles, et à atteindre, à force de soin et de travail, le but que je m'étais assigné. Je songeai immédiatement à trouver des moyens propres à faciliter mes expériences, et à assurer l'utilité pratique de mes études. Voyant, dans bien des cas, des inconvénients à l'introduction des doigts dans l'oreille, je cherchai un conducteur intermédiaire qui ne gênât pas l'audition du bruit et qui le rendît plus fort.

Le premier qui me tomba sous la main, un bouchon de liége, me sembla le plus simple de tous, à cause de la facilité avec laquelle on peut le tailler, et il se trouva que ce conducteur était très-bon. Il eut l'inconvénient plus tard d'enflammer le conduit auditif par un usage trop fréquent; je le remplaçai avec avantage par un petit instrument en métal convenablement façonné, auquel je donnai, pour abréger, le nom de *dynamoscope*, à cause du nom de *dynamoscopie*. Dès ce moment j'employai ce moyen d'auscultation pour le pronostic, dans la plupart des maladies que j'eus à traiter.

Les premiers malades sur lesquels je fis des observations sérieuses furent les paralytiques. Je voulus savoir si tous présentaient la même absence de bruit du côté attaqué; je ne fus pas longtemps sans la reconnaître uniformément chez tous.

C'était un résultat encourageant, et qui m'en promettait d'autres. Je crus pouvoir dès lors, sans trop de témérité, soumettre mes essais aux juges les plus compétents. Je préparai un Mémoire, que j'adressai à l'Académie des sciences, sur le phénomène important que j'avais remarqué chez les paralytiques.

Tout en continuant mes études avec succès sur l'hémiplégie, je voulus observer de même les diverses maladies, pour savoir si elles présentaient entre elles des différences sous le rapport du bruit entendu. Je ne tardai pas à remarquer que les malades qui allaient mourir n'avaient pas de bruit aux extrémités; que ceux qui étaient très-malades en avaient un intermittent; que ceux qui l'étaient peu en avaient un presque semblable à celui de la santé, c'est-à-dire à peu près continu.

Ces observations me furent facilitées par le nombre effrayant de cas que vint offrir à la médecine la terrible invasion du choléra en 1854. Cette épidémie me fit aussi faire un pas de plus dans mes travaux : ce fut d'appliquer l'auscultation digitale à la constatation de la mort réelle et de la mort apparente. Voici quelle en fut l'occasion. Une femme venait de mourir du choléra, en vingt-quatre heures, à l'hôpital, et avait été transférée immédiatement dans la salle des morts. Je ne sais par quelle cause il se répandit qu'elle n'était pas morte ; j'en fus averti, et je me rendis à la salle pour examiner le fait. En auscultant la poitrine à l'aide du conducteur décrit plus haut, je fus très-surpris d'entendre un bruit sourd, continu, profond, qui m'aurait fait croire à la non réalité de la mort, si je n'avais pas en même temps vu de mes propres yeux tous les signes cadavériques. En poursuivant mes opérations, je reconnus bientôt que le bruit subsistait véritablement après la mort, et ne s'éteignait qu'au bout de quinze heures au plus.

De ce moment datent mes relations avec un professeur éminemment distingué de la Faculté de médecine de Montpellier, M. le docteur Fuster, dont la bienveillance et la sympathie égalent la science. Il voulut bien écouter avec intérêt l'exposé de mes idées, et bientôt les partager avec chaleur. Il en parla à ses élèves ; il me prêta, pour ainsi dire, son hôpital, et, tous ensemble, nous fîmes, tantôt à la clinique, tantôt à l'amphithéâtre , des expériences multipliées, dont les résultats confirmèrent toutes mes observations.

Après avoir étudié la mort générale, restait à étudier la mort locale, et à observer les phénomènes qu'elle présentait. Nous entreprîmes alors des expériences sur les jambes coupées, les cuisses, les bras, les avant-bras ; nous les continuâmes sur le sang des saignées. A peine un membre était-il coupé, que nous le portions sur une table, et que le dynamoscope, appliqué sur ses différentes parties, nous permettait d'entendre le bourdonnement sur toute la surface ; mais, de minute en minute, il abandonnait les deux extrémités pour se réfugier vers le centre, où il s'éteignait au bout de quinze minutes environ. Le sang des saignées écouté, soit à la fin de l'opération, soit pendant l'opération, ne nous a jamais permis de rien entendre.

Après ces expériences sur la nature animale, vivante ou morte, nous voulûmes interroger la nature végétale elle-même. Une hampe d'aloës venait de se former dans le jardin botanique de Montpellier ; son développement, en hauteur, était de cinquante centimètres en vingt-quatre heures ; elle avait déjà douze centimètres de diamètre en grosseur vers sa base. Nous eûmes la constance d'écouter tout un jour et tout une nuit. Les bruits que nous entendîmes furent en général inappréciables ; et nous ne pensons pas avoir le droit de croire, quant

à présent, à la réalité de ceux qu'il nous a semblé
entendre. Nous conclûmes que le bourdonnement
n'appartenait qu'à l'animalité.

Je passai alors à l'observation dynamoscopique
dans les divers degrés de maladie. C'était l'époque
de la guerre de Crimée. Un service spécial avait été
institué dans la citadelle de Montpellier. La bienveillance de M. le docteur Goffres, chargé de l'instal-
lation et de la direction de cet hôpital, m'y fit entrer
à titre de médecin. Là, pendant une année entière,
et tout en observant les malades du service de
M. Fuster, à l'hôpital Saint-Éloi, j'ai pu recueillir
la nombreuse série d'observations qui est la base de
ce Traité.

Le premier résultat que nous en tirâmes fut de
concevoir qu'on pouvait arriver par ce signe à connaître l'état réel d'un malade, pour prédire la
marche et l'issue de la maladie, en d'autres termes,
pour établir un pronostic. Les anciens ne fon-
daient le pronostic que sur les symptômes qui
devenaient des signes ; les modernes le font reposer
sur l'ensemble des symptômes qui constituent le
diagnostic ; mais ce diagnostic est souvent incertain
et contradictoire. Il est des cas où l'on ne croit voir
que les symptômes d'une maladie simple, quand, au
fond, il y a une affection composée très-grave. Il
nous fut permis d'espérer que, par ce moyen d'observation, nous arriverions à déterminer la présence
et la gravité d'une maladie, même en l'absence de
tous les autres signes. Ce procédé nous parut avoir

le grand avantage d'isoler le pronostic du diagnostic, et de n'avoir pas besoin des manifestations extérieures de la maladie. Très-souvent le diagnostic peut manquer, le pronostic, alors, n'est qu'une sorte d'intuition. Nous pressentîmes que la dynamoscopie, par l'observation du bourdonnement des doigts, pourrait prononcer si cette intuition était aventurée ou fondée. En effet, le rapprochement possible d'un grand nombre de faits observés avec soin permet de trouver dans le pronostic la prédiction de l'avenir. Il n'est pas de pronostic absolu. L'avenir échappe à l'observateur le plus sagace; mais il est du devoir du médecin de se servir de tous les moyens qui peuvent donner au jugement qu'il porte une plus grande précision, et au moins une certitude relative.

Telles sont les raisons qui nous firent croire à l'avenir des idées que nous essayons aujourd'hui de faire entrer dans la science, au prix, s'il le faut, des travaux de toute notre vie.

Les résultats que nous venons de résumer sommairement étaient acquis par nous dès l'année 1856. Un intervalle de cinq à six ans ne nous parut pas de trop pour contrôler nos observations, pour les répéter d'après la méthode d'induction dont notre vénéré et bien cher maître, M. Charles Lévêque, aujourd'hui professeur de philosophie au Collége de France, nous avait autrefois fait comprendre toute l'utilité. Enfin, pour nous assurer que nous établissions notre théorie sur la pratique la plus sûre et la plus éprouvée. En ne voulant que confirmer nos premières découvertes, nous fûmes amenés naturellement, et par la force des choses, à les étendre et à les pousser beaucoup plus loin.

En cherchant le degré de force du bourdonnement dans l'état de santé, nous avons trouvé qu'il est fourni par un diapason qui donne soixante-douze vibrations par seconde. En faisant varier la position d'un curseur adapté à ce diapason, on peut modifier le nombre de vibrations de manière à passer par une série de tons plus ou moins voisins, ce qui permet d'apprécier les différents degrés de gravité du bourdonnement. Et l'on pressent déjà qu'on aura à sa disposition une unité de mesure, et plus tard des évaluations numériques.

Un fabricant d'instruments d'acoustique d'une grande habileté, M. Rudolph Kœnig, par une exécution intelligente de l'instrument indiqué, nous mit en mesure de commencer de nouvelles séries d'observations dont nous rendrons compte dans un travail ultérieur.

Dans le présent ouvrage, nous nous contentons de faire connaître les indications que notre méthode fournit à la pratique, soit dans l'appréciation du degré d'énergie vitale à l'état de santé ou dans les maladies, soit dans l'administration du chloroforme, soit enfin dans la constatation des décès.

Nous saisissons l'occasion qui nous est offerte d'adresser ici publiquement nos remercîments sincères à M. le docteur Dujardin-Beaumetz, notre honoré beau-père, pour le concours si bienveillant que nous avons trouvé dans sa science et dans son expérience ; à notre ami **M.** Frédéric Godefroy , qui, au milieu de ses vastes occupations littéraires, a bien voulu s'intéresser , avec autant d'intelligence que de goût, à nos travaux scientifiques ; enfin, aux savants professeurs de la Faculté de Paris, **MM.** Barth et Roger, pour l'appui qu'ils ont bien voulu porter à notre méthode, en la mentionnant dans leur *Traité d'Auscultation*.

DE

LA DYNAMOSCOPIE

———

En auscultant la poitrine, on entend ordinairement, comme tous les médecins peuvent l'expérimenter, un bruit particulier qui ne dépend .pas de l'introduction de l'air dans les poumons, et qui n'est pas produit par les battements du cœur.

Ce bruit n'a aucune ressemblance avec les râles et ne rappelle pas le murmure respiratoire. Il n'est pas localisé dans la poitrine ; on l'entend dans beaucoup d'autres parties du corps, et principalement au creux de la main et à l'extrémité des doigts de la main. Nous l'avons entendu dans toutes les régions du corps : sur la voûte crânienne, à la nuque et à la partie interne des cuisses.

En plaçant le doigt indicateur de la main ou tout autre doigt dans l'oreille, on entendra ce bruit. Tout le monde peut s'en convaincre facilement : ce bruit est continu et ressemble à un *bourdonnement.*

Que l'on enfonce dans son oreille un morceau de bois, par exemple, et qu'on le fasse tenir sur une table ou sur tout autre

1

objet qui ne communiquera pas avec la main, et l'on n'entendra plus ce bruit.

Pendant qu'on a le doigt dans son oreille, en prêtant une attention de quelques instants, on remarquera bientôt qu'il se produit, en même temps que le bruit de bourdonnement, un autre bruit. Ce second bruit est intermittent, inégal, prompt, tantôt fréquent, tantôt rare ; quelquefois simple, d'autres fois double, triple, multiple. On peut l'appeler bruit de petillement, bruit d'étincelle, bruit de grésillement. Nous lui conserverons le nom de bruit de *petillement*. Ce bruit n'a pas d'application importante et ne présente que très-peu d'intérêt.

Ces deux bruits deviennent plus distincts, à mesure qu'on acquiert plus d'habitude dans ce genre d'expérimentation ; mais on se tromperait grandement si tout d'abord on croyait pouvoir se prononcer sur la nature de ces bruits, en comprendre la signification et même les entendre d'une manière bien distincte, bien précise. On doit donc se garder de porter un jugement précipité sur leur portée, car il faut du temps pour apprendre l'auscultation du bourdonnement et du petillement, comme il en faut pour apprendre l'auscultation de la poitrine.

Le bruit de bourdonnement diffère du bruissement produit par l'application d'une coquille univalve contre l'oreille, qu'on appelle *bruit de mer*. En effet, la coquille univalve produit le bruit de mer, soit qu'on l'applique contre l'oreille avec la main, soit qu'on la soutienne avec un corps inerte.

Le bruit de mer a un bruissement différent de celui du bruit de bourdonnement.

Le bruit de mer a des vicissitudes qui concordent avec les agitations de l'air atmosphérique.

On n'entend pas le bruit de mer si on a le soin de faire appliquer hermétiquement la coquille contre la région auriculaire, de manière à empêcher l'air extérieur de pénétrer dans la conque de la coquille.

Ces bruits diffèrent aussi entièrement des bruits perçus par le système d'auscultation de l'immortel Laënnec.

L'auscultation de Laënnec est toute locale et physique. L'auscultation dont nous étudions le bruit est générale et dynamique; c'est pourquoi nous lui avons donné le nom de *dynamoscopie*.

La dynamoscopie est donc un moyen d'exploration dont le but est de faire connaître, par l'application médiate ou immédiate de l'oreille sur les diverses parties du corps, et principalement à l'extrémité des doigts, deux bruits variés dont elles sont le siége : le *bourdonnement* et le *petillement*, et d'en apprécier la valeur séméïotique.

HISTORIQUE.

Grimaldi est le premier qui ait reconnu et noté le bruit de bourdonnement, dans son ouvrage *Physico-Mathesis de lumine* (1618, p. 383). Il ne fait que le nommer, et l'attribue à l'agitation des esprits animaux qui courent çà et là perpétuellement.

Après Grimaldi, un médecin, Théodore Craanen, s'en occupa et s'en tint à la précédente explication.

M. Beau nous apprend qu'en 1760, Jos. Lud. Roger traita la même question aussi complétement que possible, dans un opuscule d'une centaine de pages (1). Cet auteur combat l'hypothèse des agitations d'esprits animaux, et démontre que le bruit de bourdonnement tient au mouvement déterminé dans l'extrémité des membres par la contraction musculaire.

Wollaston, dans les *Transactions philosophiques* dé 1810, a publié des expériences répétées plus tard par Ermann, et insérées dans les *Annales de physique* de Gilbert (2).

---

(1) Jos. Lud. Roger, *Specimen physiologicum de perpetua fibrorum muscularium palpitatione.* Gœttingue, 1760.,

(2) Gilbert, *Annales und Physick;* 1812, t. i, p. 19.

Wollaston et Ermann admettent comme un fait démontré que le bourdonnement appartient à la contraction musculaire, et qu'il se compose de reprise et d'intermittence successives, et toutes les expériences qu'ils ont faites se basent sur cette hypothèse. C'est ainsi qu'ils cherchent à démontrer que la rapidité des bruits successifs dont se compose le bruit rotatoire, est en raison directe de l'énergie de la contraction musculaire.

Pour parvenir à compter ce bruit successif, Wollaston a fait, le long d'un des bords d'une planche d'environ deux pieds et demi de longueur, des crans ou coches, à un huitième de pouce de distance; plaçant ensuite le coude sur l'une des extrémités de cette planche, et pressant l'ouverture du conduit auditif externe avec le pouce, de manière à déterminer le bruit musculaire, il promena un bâton arrondi le long des crans de la planche, avec une rapidité qu'il chercha à rendre telle, que le passage d'un cran à l'autre fût isochrone à la succession des bruits musculaires, et il lui sembla qu'il parvenait aisément à ce résultat. Il découvrit de cette manière que le maximum de contraction observé dans une seconde était de 35 à 36; le minimum de 14 à 15, et que la contraction était d'autant plus rapide, que le mouvement musculaire était plus énergique.

Laënnec déclare que cette expérience est impossible, et il ne lui a pas paru que la rapidité de succession du bourdonnement et l'intensité du bruit fussent dans un rapport bien constant avec l'énergie absolue ou relative de la contraction musculaire. « Si l'on maintient pendant quelque temps la contraction au degré où on l'a réduite, dit Laënnec, le bruit rotatoire reprend son premier caractère, et semble, comme au commencement, plus sourd et plus rapide. Ensuite, continue Laënnec, le bruit dont il s'agit n'accompagne pas toutes les contractions musculaires; il en est de très-énergiques qui ne le donnent nullement. » Puis il cite à l'appui plusieurs observations.

« De ces faits contradictoires, on peut conclure, dit Laënnec: 1° que la contraction musculaire est accompagnée, dans la plupart des cas, d'un bruit de rotation, c'est-à-dire formé par la succession de sons intermittents ou rémittents, tellement rapprochés qu'ils se confondent ; 2° que les circonstances où il n'existe pas ne peuvent encore être déterminées qu'expérimentalement ; 3° que la puissance de la contraction musculaire, considérée, soit absolument, soit relativement à l'individu, ne paraît être pour rien dans la production ou l'intensité de ce bruit, etc. »

En terminant cet article, Laënnec ajoute que le bruit de rotation ou de bourdonnement est un bruit dû à la contraction musculaire, de même que le bruit de soufflet. « Cette similitude parfaite, dit-il, du bruit musculaire intermittent et du bruit de soufflet du cœur et des artères, me paraît décider entièrement la question que j'ai posée ci-dessus sur la nature de ce bruit, et prouver qu'il est dû à une véritable contraction spasmodique, soit du cœur, soit des artères (1). »

Depuis Laënnec, la question du bourdonnement n'a pas fait un pas, et l'on peut voir que tout ce que l'on sait actuellement se résume à très-peu de chose. Ce bruit n'est encore connu que sous le nom de *bruit de contraction musculaire.*

Tel est le résumé de tout ce que l'on savait du bourdonnement avant que je n'eusse porté mon attention d'une manière spéciale sur ce bruit. Depuis que j'ai publié quelques-unes de mes observations sur ce sujet, il est possible que quelques observateurs aient poussé leur étude dans cette direction ; mais leurs observations n'ont pas été publiées, que je sache, et je crois qu'il n'existe jusqu'ici d'autres travaux que ceux que j'ai faits, et dont je vais donner connaissance.

Pour ce qui est des petillements, ils n'ont jamais été étudiés.

IMPORTANCE DE LA DYNAMOSCOPIE.

La dynamoscopie s'occupe de deux bruits : le *bourdonnement* et le *petillement.*

______

(1) Laënnec, 2e édit., t. II, p. 440.

Le bourdonnement est, jusqu'à présent, le seul bruit dont
l'étude peut être utile et nécessaire au médecin et à l'humanité. Le bourdonnement, en effet, n'est pas seulement un bruit
curieux à étudier au point de vue scientifique, il trouve aussi
sa place dans les applications pratiques de la science médicale,
et, à ce point de vue, il n'est plus permis au médecin et au
chirurgien d'ignorer désormais son existence, si toutefois il l'a
méconnue jusqu'à ce jour.

1° *La dynamoscopie complète le pronostic.* —En effet, souvent
le médecin, en présence d'un malade, est embarrassé pour distinguer si la maladie est grave ou légère : les symptômes sont
contradictoires ; avec un abattement profond, il rencontre un
pouls normal, régulier, et il ne sait quel pronostic porter.
L'étude de la dynamoscopie apprend à résoudre presque toujours la question. Il est des maladies brusques qui frappent et
tuent presque immédiatement dès qu'elles se déclarent, et cela
sans qu'il soit possible de changer la fâcheuse direction qu'elles
ont prise, alors même que le malade survivrait plus ou moins
longtemps, quatre, six, huit ou dix jours depuis le moment où
il a été frappé. Il est d'autres maladies, brusques aussi dans
leur apparition, qui ont toutes les apparences de celles dont
nous venons de parler, et qui, pourtant, sont loin d'avoir les
mêmes funestes résultats. C'est pour cette cause que, de tout
temps, les médecins ont dû distinguer l'état de résolution et
l'état d'oppression des forces. La dynamoscopie éclaire singulièrement cette distinction, si difficile à bien établir, et de cette
espèce de diagnostic résultera la mort ou le salut du malade.
Étant donné, une fluxion de poitrine ou une pneumonie dont
la promptitude et l'intensité jettent les sujets dans un affaiblissement du plus triste présage, le praticien peut être indécis sur
l'état des forces. Doit-il administrer le quinquina ? doit-il saigner ? Si les forces ne sont qu'opprimées, des déplétions sanguines sauveront le malade, tandis qu'elles le jetteront dans un
collapsus dont il ne pourrait plus se relever si les forces étaient
en résolution. A elle seule, la dynamoscopie peut servir de

base au pronostic dans une foule de circonstances. Avec ses données seules, on pourrait souvent être éclairé sur le pronostic des maladies sans tenir compte de toutes les circonstances qui l'entourent, elle et le malade. Elle établit des règles précises et bien définies. Jusqu'à présent, les signes pronostiques étant loin d'être décisifs et assurés, on n'avait pu donner aucune règle positive. Cependant, ce n'est pas une raison pour que désormais le médecin ne tienne compte que de la dynamoscopie pour augurer de ce qui arrivera du malade. La dynamoscopie n'a pas la prétention de donner constamment une notion anticipée de l'avenir du malade. L'homme de l'art qui l'interpréterait ainsi s'exposerait à des erreurs fréquentes et à des forfanteries indignes d'elle. Seulement, le médecin vraiment réfléchi pénétrera mieux la nature humaine avec le dynamoscope ; il s'instruira ainsi de sa mobilité, et il se contentera d'affirmer peu. En basant son assertion sur un signe de plus, qui à lui seul peut résumer tous les autres, il lui sera permis d'avoir plus d'assurance ; mais il ne devra jamais, pour cela, négliger les autres signes.

2° *La dynamoscopie éclaire le diagnostic.* — Elle recule ses limites jusqu'après la mort subite, et permet de porter un diagnostic après la mort foudroyante. Elle distingue la paralysie réelle de la paralysie simulée.

3° La dynamoscopie indique d'une manière certaine le moment suprême où la mort est réelle, question si importante pour l'humanité, puisque, jusqu'à ce jour, le médecin constatateur des décès n'avait, pour se diriger, que des signes reconnus insuffisants.

Comme il est impossible de bien traiter une maladie sans la connaître, on verra le parti qu'on peut tirer de ce moyen de diagnostic dans le traitement de toutes les maladies.

4° La dynamoscopie dirigera l'opérateur dans la manière d'administrer le chloroforme ou tout autre agent anesthésique. Jusqu'ici, la plupart des chirurgiens, intimidés par le nombre des victimes qu'ont occasionnées les agents anesthésiques, hésitent à les employer, et une discussion très-longue, soulevée récemment devant l'Académie de médecine, a prouvé que les uns admettent telle substance de préférence à telle autre, et que la division existe à ce sujet parmi les chirurgiens. La dynamoscopie proposera des règles sur lesquelles ils pourront se diriger sûrement.

Sans doute, nous n'avons pas encore trouvé le dernier mot de cette science. Nous avons déjà employé de longues années à la scruter; mais il faut, pour en découvrir tous les secrets et la faire prospérer, que des esprits distingués s'en occupent sérieusement et pratiquement. Nous pensons, du moins, qu'en signalant son importance, nous mettrons sur la voie de tout ce qu'elle nous donnera un jour; et nous en sommes persuadé, la dynamoscopie, bien comprise, servira désormais au médecin praticien et au médecin philosophe. Au premier, elle indiquera des résultats inconnus avant elle; au second, elle apprendra à méditer sur la vie par l'intermédiaire d'une action physique.

RÈGLES GÉNÉRALES.

Ces règles s'appliquent au malade et au médecin.

1° *Règles relatives au malade.*— Le malade est couché dans son lit, et la main que l'on ausculte, ainsi que le bras et l'avant-bras, sont au repos sur le lit, de manière qu'aucun des muscles du membre supérieur n'entre en contraction au moment de l'auscultation. La main n'est pas ordinairement recouverte; inutile de dire que l'instrument doit être appliqué sur toutes les parties que l'on doit examiner. Seulement, à l'extrémité digitale, on met le doigt dans le godet. Si l'on ausculte la tête, on écarte les cheveux pour mettre l'instrument sur les téguments mêmes. Si le malade est assis ou debout, on doit faire soutenir sa main et son avant-bras par un support inerte. On ne doit pas le faire soutenir par une autre personne; le malade ne doit pas s'aider davantage de son autre main.

2° *Règles relatives au médecin.*—Le médecin pourra se servir des deux oreilles indifféremment. Il ne devra jamais toucher avec sa main la partie auscultée, pas plus que le dynamoscope, dans le but de soutenir le membre ou de fixer l'instrument.

L'expérience seule le rendra habile dans le maniement de l'instrument, et lui montrera à quel degré il doit s'arrêter dans la pression de l'instrument qui est en position dans le fond de l'oreille. Si cette pression est trop forte, il n'y a pas de bruit entendu ; si elle est trop légère, il n'y en pas davantage.

L'auscultation peut être immédiate ou médiate , c'est-à-dire pratiquée avec l'instrument ou sans l'instrument. Elle n'est immédiate que pour l'extrémité des doigts, et elle est toujours médiate pour la surface du corps. Je préfère que cette auscultation soit toujours médiate, parce que l'introduction des doigts dans le conduit auditif externe n'est pas toujours possible par le diamètre des doigts. Il faut que le doigt ausculté ferme hermétiquement le conduit auditif externe. Ce rapport entre le doigt du malade et l'oreille du médecin sera l'exception : ou le doigt sera trop grand ou trop petit , et alors les conditions ne seront plus les mêmes qu'avec un conducteur dont le bouton est modelé suivant l'ouverture du conduit auditif externe, et puis il faudrait souvent surmonter une grande répugnance pour accepter l'introduction du doigt de tout le monde dans l'oreille. Heureusement, la dynamoscopie trouve ses plus belles applications cliniques par l'audition du bourdonnement avec l'extrémité digitale, et personne ne songera à faire des difficultés pour laisser le médecin libre dans cette nouvelle méthode d'exploration. Autrement, chez la femme, dans toute autre partie, souvent la pudeur se serait opposée à tout examen, et la dynamoscopie, qui est très-simple à mettre en pratique, serait devenue fréquemment impossible.

L'auscultation médiate à l'extrémité des doigts, en supposant que le doigt du malade soit dans les meilleurs conditions, et que le médecin possède un bon instrument, n'est pas inférieure à l'auscultation immédiate. Dans les cas douteux, on peut combiner les deux procédés, et on ne doit pas même se contenter d'écouter un seul doigt, il faut les écouter tous.

DU DYNAMOSCOPE.

Le dynamoscope est donc un instrument indispensable, et sa construction offre de grandes difficultés.

A

Voici comment, en général, on peut construire le dynamoscope : On prend un morceau de bois, ou de fer, de liége, d'acier, etc., et l'on fait un cylindre de cinq, dix, quinze, vingt centimètres de longueur, dont le diamètre serait de cinq, huit, dix centimètres. On taille l'instrument en cône par une extrémité, de manière à boucher le conduit auditif externe de celui qui doit se servir de l'instrument, car tous les conduits auditifs externes ne se ressemblent pas ; puis, par l'autre extrémité, on creuse l'instrument en godet ou on le laisse plein.

Celui dont je me sers le plus souvent est en acier ; il a été construit par M. Charrière fils, et a la forme ci-contre.

B

L'extrémité A, représente l'extrémité auriculaire.

L'extrémité B, l'extrémité digitale.

La forme du dynamoscope, le métal avec lequel il est construit, ont une grande importance.

La forme du dynamoscope est importante à bien déterminer pour plusieurs raisons : l'instrument étant en métal, il ne faut pas qu'il soit trop lourd pour le médecin, qui doit l'avoir toujours sur lui. Il doit plaire à l'œil sans nuire à la transmission du bruit ; c'est pour cela que la colonne qui sépare l'extrémité auriculaire de l'extrémité digitale doit à la fois être assez large pour ne pas nuire à la transmission du bruit, et assez longue pour que la tête ne se fatigue pas en écoutant. L'extrémité auriculaire a pour règle de boucher le conduit auditif externe, et si cette cavité est ovale, ronde ou elliptique, l'instrument doit avoir cette forme. L'extrémité digitale n'a pas besoin de s'adapter au doigt du malade, car l'expérience prouve que le bruit n'en est pas modifié.

La construction du dynamoscope a été pour nous l'objet d'une longue étude; tous les corps ne sont pas également bons conducteurs du bruit. Nous avons fait faire des instruments avec toute espèce de bois; mais ces instruments étaient de mauvais conducteurs. Nous avons essayé ensuite de plusieurs métaux : le fer, le métal de cloche, le cuivre, le plomb, l'étain, l'acier, l'argent, et nous avons reconnu que l'acier et l'argent étaient les meilleurs instruments. Le liége est aussi un bon conducteur; et on en fait d'excellents dynamoscopes, mais la forme y perd. J'ai ordinairement sur moi des dynamoscopes de diverses sortes.

Il est à peu près indifférent de se servir de l'instrument en liége on en acier à l'extrémité digitale; mais le dynamoscope en liége est préférable pour ausculter les surfaces planes.

Causes d'erreur. — Si, avec le dynamoscope en acier, on ausculte un morceau de marbre ou un corps inerte quelconque, on entend un bourdonnement. Ce bourdonnement vient de ce que les parois de l'oreille contre laquelle touche l'extrémité auriculaire de l'instrument bourdonnent comme toutes les parties vivantes; mais si l'on prend, pour faire la même expérience, un instrument en liége, on peut le placer de manière à ne pas entendre de bourdonnement. C'est pourquoi le dynamoscope en liége doit être préféré pour les parties planes. Cette différence ne se rencontre pas à l'extrémité des doigts; avec les deux instruments, l'observation est toujours la même.

Inconvénients de l'instrument en liége. — Si l'on fait un usage trop fréquent du liége, on ne tarde pas à produire une inflammation du conduit auditif externe, laquelle peut se terminer par un abcès. L'instrument en acier ne produit jamais ce désagrément. Aussi doit-on l'adopter pour l'auscultation digitale.

On pourra reprocher à ces instruments de ne pas s'adapter complétement sur les surfaces unies, et d'être obligé de les y maintenir avec la main, ce qui ne peut se faire à cause du bourdonnement de la main de celui qui touche à l'instrument. Cet inconvénient sera facilement évité avec un peu d'habitude.

On aura le soin de presser modérément : une pression trop forte ou trop faible, comme nous l'avons dit, nuirait à l'audition du bourdonnement, en même temps qu'elle serait pénible pour le malade. Cette observation est surtout vraie pour les enfants.

Il est important d'ausculter comparativement les extrémités digitales des deux mains, car la comparaison seule fera distinguer des altérations qui échappent sans elle, et, dans cette comparaison, il faudra tenir compte des différences physiologiques qui existent normalement.

L'auscultation d'une main peut différer complétement de l'autre ; il est des maladies très-graves dans lesquelles l'altération du bourdonnement n'existe que d'un côté, l'autre côté n'en a pas ; si on ne pratiquait qu'une auscultation, on risquerait de tomber sur le côté du bourdonnement normal, et l'on ferait erreur.

Le médecin a besoin, autour de lui, d'un silence complet ; il doit écouter longtemps et se recueillir pour l'interprétation pathologique des sons qui frappent son oreille. Lorsque le médecin aura l'habitude du dynamoscope, il n'aura plus besoin de ce silence ni de cette attention minutieuse.

Deux moments peuvent être également choisis pour ausculter le malade : on peut commencer, comme on peut finir par l'examen dynamoscopique. Quel but se propose-t-on, en effet, au lit du malade, avec la dynamoscopie ? C'est de connaître son état réel, le degré de ses forces et le pronostic de la maladie. La maladie est-elle ou non dangereuse ? Tel est le résultat que l'on veut connaître. Si le dynamoscope fait entendre un bruit qui dénote un état grave, on confirmera ce sentiment par l'examen de tous les signes de la maladie. On pourra aussi, après l'examen de tous les symptômes, porter un jugement et le confirmer par la dynamoscopie.

Lorsque l'on écoute le bourdonnement, on entend un second bruit qui est le pétillement. Sa production, ses lois ont échappé à l'étude jusqu'à ce jour, et il est impossible de le débrouiller. Il ne faudra pas le confondre avec le bourdonnement.

On n'arrivera que par degré à bien distinguer tout ce que l'on doit attendre du bruit dynamoscopique. Le médecin ne se contentera pas d'avoir constaté un bruit acoustique, pour en tirer de suite une conséquence appliquée soit au pronostic, soit au diagnostic. Il doit rechercher avec autant de soin que possible les autres phénomènes, tenir compte des signes physiques et rationnels des maladies, des symptômes locaux et généraux, des causes qui ont pu engendrer la maladie et sa marche ; et ce n'est qu'après avoir fait une comparaison attentive qu'il résoudra le grand problème pathologique qui comprend, surtout pour le médecin et pour le malade, le diagnostic, le pronostic et le traitement.

CLASSIFICATION DU BOURDONNEMENT.

Nous croyons utile d'essayer d'abord une classification méthodique du bourdonnement.

Les objections ne manqueront pas contre cette division ; mais on devra reconnaître, au moins, que nous mettons à l'écart toute idée systématique, toute vaine théorie, pour ne nous attacher qu'à la distinction des caractères les plus saillants et les plus manifestes à l'oreille. Si nous voulions nous laisser aller à l'étude de toutes les nuances dans les bruits, la classification serait diffuse, vague et presque incompréhensible. Les sciences exactes ont appris au médecin qu'une longue observation peut seule faire progresser son art. Quand on est bien pénétré de cette vérité, on se défie d'un instinct aveugle qui fait prendre les faits de l'imagination pour la vérité, et l'illusion pour la réalité. Les véritables observateurs ont même des craintes après avoir observé longtemps ; et en avançant un fait, ils appréhendent souvent de n'avoir pas bien vu, et sont tout prêts à reconnaître l'erreur dans laquelle ils pourraient être tombés ; mais aussi ils osent, même à leurs risques et périls, proclamer la vérité qu'ils ont constatée et expérimentée.

La classification est nécessaire à l'esprit, et si elle est mal faite, elle a les plus graves inconvénients dans l'étude et dans la marche des découvertes. Nous avons longtemps tâtonné ; nous avons plusieurs fois construit, pour détruire ensuite, avant de nous fixer à la classification que nous allons soumettre aux amis de la médecine expérimentale ; et en la présentant, nous n'avons pas la prétention qu'elle soit la meilleure ; c'est seulement la plus simple que nous avons su trouver. Une bonne classification doit être assez simple pour qu'on la retienne facilement ; elle doit poser des jalons bien évidents et très-saillants, et en petit nombre. A ceux-ci viennent se joindre de petits points de repère. C'est ainsi que celui qui entendrait parler pour la première fois d'une science nouvelle, y trouverait de l'attrait en la comprenant facilement, tandis qu'il éprouverait de la répugnance pour elle, si elle se présentait à lui enveloppée d'obscurités.

Si l'on a vu, depuis un certain nombre d'années, crouler tant de systèmes en médecine, c'est non-seulement parce qu'ils n'avaient point l'observation pour base, mais encore parce qu'ils étaient incompris faute de netteté, de clarté et d'une bonne méthode. Une classification heureuse garantit de ces écueils et fait éviter des méprises mortelles.

Il est impossible de faire une bonne classification au début d'une science. Il faut connaître et étudier tous les faits pour les placer chacun à leur place. Je ne me suis pas hâté de faire paraître ce livre, parce que je voulais étudier les bruits dans tous les états pathologiques possibles, et sur un théâtre où j'étais à même de beaucoup voir.

Les maladies aiguës ont une place plus grande dans ce travail que les maladies chroniques ; celles-ci, cependant, ont été également bien observées ; mais nous avons dû les écarter à cause de la gravité de ces maladies, ordinairement incurables, qui, dans leur long cours, présentent toujours à peu près les mêmes symptômes, et qui nous aurait forcé à une répétition fastidieuse d'observations constamment identiques.

Le bourdonnement est un son musical, parce qu'il produit une sensation continue dont on peut apprécier la valeur musicale. Que si, dans le cours de l'ouvrage, l'expression *bruit de bourdonnement* est écrite, il faut l'entendre comme synonyme de son. Le bruit n'a pas assez de durée pour qu'on puisse en apprécier la valeur. Il faut convenir que la différence entre le bruit et le son n'est pas nettement tranchée.

Le bruit entendu à l'oreille par l'extrémité des doigts peut ressembler au simple murmure ou à un roulement ; de là la distinction importante entre la modulation de ces bruits.

Le murmure et le roulement peuvent être l'un et l'autre sourds, c'est-à-dire produisant à l'oreille la sensation du bruit du roulement d'une voiture sur le macadam.

Ils peuvent être aussi l'un et l'autre sonores, c'est-à-dire produisant à l'oreille la sensation du bruit du roulement d'une voiture sur le pavé.

Le premier son a le timbre rauque ; le second le timbre clair, métallique.

D'où la première distinction suivante dans le bourdonnement :

Modulation du bruit digital ou bourdonnement.

Murmure sourd, sonore.

Roulement sourd, sonore.

Le bourdonnement, qui est plutôt un murmure qu'un roulement s'il est sonore et uniforme, est souvent appelé, dans le cours de cet ouvrage, bourdonnement clair, argentin.

Le bourdonnement, de même que le son musical, est le résultat de vibrations continues, rapides, isochrones, qui produisent sur l'organe de l'ouïe une sensation prolongée. On peut toujours le comparer à d'autres sons et en prendre l'unisson.

L'oreille distingue, dans le bourdonnement, trois qualités particulières : la hauteur, l'intensité et le timbre.

La hauteur est l'impression qui résulte, pour l'organe de l'ouïe, du plus ou moins grand nombre de vibrations dans un temps donné.

Le bourdonnement grave est celui qui est produit par un nombre de vibrations inférieures à celui que donne le doigt du médecin. Il est aigu si le nombre des vibrations lui est supérieur. Il faut pour cela que le bourdonnement du médecin lui serve de diapason-type, dont il aura auparavant déterminé la valeur musicale en comparant sa note à celle d'un instrument de musique dont les notes sont fixées. Ainsi, l'unisson de notre bourdonnement digital à l'état normal, avec les notes du bourdon de l'orgue ordinaire, est le *ré* — 1 des physiciens. Il n'y a donc pas de bourdonnement absolument grave ni absolument aigu. De cette comparaison entre le bourdonnement du malade et le bourdonnement du médecin, il résulte un rapport d'acuité ou de gravité qui se nomme *ton* et *demi-ton*, d'où autant de tons que de notes dans la gamme. L'intensité ou la force du bourdonnement dépend de l'amplitude des oscillations et non de leur nombre. Deux bourdonnements peuvent avoir la même note et avoir une intensité plus ou moins grande, selon la variation de l'amplitude des vibrations.

Le bourdonnement ne change de timbre que selon les différentes espèces d'animaux. Encore en est-il qui se ressemblent. Le timbre du bourdonnement du singe ressemble à celui de l'homme ; le timbre du bourdonnement des volatiles ne ressemble pas à celui des mammifères.

Qualités du bourdonnement musical.

Nombre de vibrations en hauteur du bourdonnement : bourdonnement grave, aigu.

Amplitude de vibrations ou intensité du bourdonnement :
Bourdonnement fort, grave, développé, plein, large ;
Bourdonnement faible, petit, serré, vide, étroit ;
Bourdonnement nul, vague, confus, insensible.

Timbre du bourdonnement : bourdonnement de l'homme, des animaux, des oiseaux, des poissons, etc.

Les altérations du bourdonnement sont les variations ou changements que l'état de maladie ou d'autres circonstances impriment au bruit normal. Ces altérations ne sont appréciables que par comparaison ; car la rapidité d'un bourdonnement ne diffère que par rapport à la lenteur de l'autre, la continuité par rapport à l'intermittence ou au tremblotement ; celui qui descend à celui qui monte, le régulier à l'irrégulier, le doux au rude, etc.

Altérations du bourdonnement.

Bourdonnement continu, intermittent, rapide, régulier, égal, uniforme, rude, tremblotant, lent, irrégulier, inégal, variable, doux, roulant, grondant, descendant.

Le bourdonnement roulant a pour caractère d'être sourd, lent ou rapide, continu, fort, mêlé de tremblotement.

Le bourdonnement grondant a pour caractère d'être sonore, lent ou rapide, continu, fort et sans tremblotement.

BRUIT DE PETILLEMENT.

Il n'y a pas de classification pour le bruit de petillement. Le petillement est un bruit tout à fait irrégulier, plus ou moins fort et fréquent. Il est tantôt double, triple, multiple, par décharges, et quelquefois complétement nul. Ce bruit ressemble à celui que produit l'étincelle électrique, moins sec et plus sourd. Il en a la vitesse ; il ne peut être soumis à aucune règle, et, par suite, à aucune classification. Il faut le noter, puisqu'il est entendu ; peut-être lui trouvera-t-on plus tard une signification, des lois et des caractères précis.

DIVISION DU SUJET.

L'étude de la dynamoscopie diffère selon qu'elle est pratiquée à l'extrémité des doigts des mains ou bien à la surface du corps. Elle se divise en deux parties.

A la première partie appartient la classification tout entière de l'étude du bourdonnement pendant la maladie.

A la seconde partie se rattache l'étude du bourdonnement après la mort, et, par exception, dans quelques cas rares de maladie.

La conclusion de l'étude de la dynamoscopie, dans le degré de gravité des maladies, exige la formule des lois les plus importantes qui en découlent. Nous en avons fait l'objet de nos dernières réflexions.

CHAPITRE PREMIER.

DE LA DYNAMOSCOPIE A L'EXTRÉMITÉ DES DOIGTS DES MAINS.

En écoutant l'extrémité des doigts des mains, on entend un bruit semblable à une voiture qui roule dans le lointain : c'est le *bourdonnement*. De temps en temps ce roulement continu et non uniforme est entremêlé du bruit de petillement.

RÈGLES PARTICULIÈRES.

Pour l'examen des doigts et de leur bourdonnement, on fait prendre au malade la position horizontale, le bras, l'avant-bras et la main appuyés soit sur le lit, soit sur un support quelconque. Le doigt est soutenu et appuyé par le godet du dynamoscope. Le décubitus dorsal est préférable à toute autre position, puisque tout effort musculaire peut augmenter le bourdonnement, et que l'absence de toute contraction est nécessaire pour cette étude (1). Le côté gauche et le côté droit sont auscultés de

---

(1) Depuis que nous avons pu étudier les vibrations à l'aide du diapason vital, nous tenons moins de compte de l'état de contraction ou de non contraction des muscles, parce que nous sommes dirigé par le ton de la note produite par le bourdonnement, et non pas par le plus ou moins de force de cette note, et que la contraction des muscles ne fait que changer la force et non la nature de la note.

chaque côté du lit. Il faut toujours ausculter des deux côtés, et comparativement dans des points semblables.

Le médecin doit toujours choisir la position la plus commode, afin que le sang ne lui monte pas à la tête, que sa figure ne rougisse pas et ne se congestionne pas, ce qui empêche d'écouter attentivement et gêne l'usage des sons ; il est bon de prendre une chaise et de s'asseoir au bord du lit en soutenant, avec le dynamoscope, par ses deux points d'appui, seulement le doigt du malade et le conduit auditif du médecin. Celui-ci ne doit jamais toucher ni soutenir le dynamoscope ; autrement il ajouterait son bourdonnement à celui du malade, et en altérerait l'audition. Il est possible encore que le malade n'ait pas de bourdonnement à l'extrémité des doigts, et que le médecin, en touchant ou soutenant le dynamoscope, entende son bourdonnement, et l'attribue au malade.

Dans cette position, le médecin maintiendra fixément son oreille en contact avec la main du malade ; ce qui lui serait impossible s'il était gêné. Dans cette position, et à l'extrémité des doigts, le médecin pourrait se passer du dynamoscope, le doigt étant préférable ; mais bien des inconvénients y sont attachés ; d'abord le doigt du malade peut être assez fort pour ne pouvoir pénétrer dans le conduit auditif externe du malade ; ensuite il est des maladies graves dans lesquelles le malade n'a pas toujours soin de ses mains ; enfin le doigt du malade à nu ne pourra jamais être aussi fixément retenu dans l'oreille qu'avec l'aide du dynamoscope.

Le dynamoscope d'acier, d'argent ou d'aluminium, tel que nous l'avons décrit plus haut, peut-être adopté sans modification.

PHÉNOMÈNES PHYSIOLOGIQUES (1).

Bourdonnement et petillement des hommes adultes.

Le bourdonnement, chez l'adulte, est général.

On ne l'entend presque jamais aux doigts des pieds ; à la tête, tantôt il est perçu partout, tantôt sur un point, tantôt pas du tout ; au cou, il est distingué du bruit de l'air qui traverse la trachée-artère et des battements des carotides ; il est masqué à la poitrine par le murmure respiratoire et les battements du cœur ; au ventre, tantôt il est perçu, tantôt il ne l'est pas ; aux membres supérieurs et inférieurs, il est presque toujours distinct.

A l'extrémité des doigts des mains, il est plus fort, plus évident que partout ailleurs, et toujours distinct ; le bourdonnement y atteint son maximum d'intensité.

Le bourdonnement, chez le même individu, a le même timbre partout.

Ses caractères généraux sont les suivants : fort, doux, quelquefois dur, bien nourri, tantôt un peu rapide, ordinairement ni lent, ni rapide, continu, égal, régulier.

Tous ces caractères réunis forment le bourdonnement *masculin.*

Quelquefois d'un côté, et c'est principalement du côté droit, le bourdonnement est plus fort, moins doux, moins égal que de l'autre côté.

Les tempéraments lymphatiques et nerveux ou lymphatico-nerveux ont un bourdonnement plus doux que les tempéraments sanguins.

----

(1) Consulter, pour les observations, le Mémoire intitulé : *Application de la Dynamoscopie à la Physiologie.* (*Gaz. Méd.,* 1860, et brochure in-8°).

Le petillement n'est entendu qu'à l'extrémité des doigts de la main et du pied.

Le petillement n'est pas égal du côté droit ni du côté gauche, dans un temps donné.

Les caractères du petillement sont les suivants : irrégulier, non continu, inégal ; tantôt fréquent, tantôt rare ; il est fort, faible, bas ou élevé, ou éclatant, simple, double, triple, multiple.

Les tempéraments nerveux ont des petillements plus fréquents que les tempéraments sanguins et lymphatiques, et les tempéraments lymphatiques plus que les tempéraments sanguins.

Le petillement est si variable d'une minute à l'autre, que, s'il est maintenant très-fréquent, il sera tout à l'heure et bientôt après nul. De sorte que l'irrégularité est un de ses caractères les plus saillants.

Bourdonnement et petillement des femmes adultes.

Les caractères du bourdonnement chez la femme adulte sont les suivants : doux, moelleux, petit, quelquefois fort, quelquefois musical, bien nourri, ni lent, ni rapide, continu, égal, régulier, uniforme.

Tous ces caractères réunis forment le bourdonnement *féminin*.

Quelquefois d'un côté, et c'est presque toujours du côté droit, le bourdonnement est plus fort, moins moelleux que de l'autre côté.

Les tempéraments forts, sanguins, ont le bourdonnement *mâle*.

Dans les tempéraments lymphatiques, mous, lymphatico-nerveux, se trouvent les types du bourdonnement *féminin*.

Les caractères du petillement sont les suivants : fréquent, irrégulier, quelquefois rare et nul ; il est simple, doux, multiple, éclatant, bas.

Les petillements ne sont pas égaux, dans un temps donné, du côté gauche et du côté droit, ni isochrones.

Les tempéraments lymphatiques ont des petillements plus fréquents que les tempéraments sanguins ; les tempéraments nerveux ont des petillements plus fréquents que les tempéraments lymphatiques.

Les petillements sont si variables d'un moment à l'autre, qu'on les trouve tantôt doubles ou multiples, et tantôt nuls.

L'irrégularité en forme un des caractères les plus saillants.

Le timbre du bourdonnement ne varie pas plus que le timbre du petillement.

Bourdonnement et petillement des vieillards.

On ne l'entend pas aux pieds ; à la tête, tantôt il est entendu, tantôt il est nul ; au cou, il est distingué du bruit produit par le passage de l'air dans la trachée-artère et des battements des carotides; à la poitrine, il est masqué le plus souvent par les bruits respiratoire et cardiaque; aux membres supérieurs et inférieurs, il est presque toujours distinct.

Le bourdonnement est plus distinct à l'extrémité des doigts de la main que partout ailleurs.

Le bourdonnement, chez le même individu, a le même timbre partout.

Ses caractères généraux sont les suivants : très grave, fort, dur, sonore, souvent clair, peu nourri, quelquefois rapide. Il est du reste continu, uniforme et régulier. Tel est le bourdonnement des *vieillards* ou *sénile*.

Quelquefois d'un côté, et c'est principalement du côté droit, le bourdonnement est plus fort, plus dur que du côté gauche.

La différence des deux côtés n'est pas aussi sensible chez le vieillard que chez l'adulte.

La différence des tempéraments n'est pas aussi sensible que chez l'adulte. On peut établir, toutefois, que le tempérament sanguin est uni à un bourdonnement plus dur, moins profond,

plus bruyant, que les tempéraments lymphatiques ou nerveux.

Le petillement n'est entendu qu'à l'extrémité des doigts de
la main et du pied.

Le petillement n'est pas égal du côté droit et du côté gauche; dans un temps donné, il n'est pas non plus isochrone.

Les caractères du petillement sont les suivants : irrégulier,
non continu, inégal, tantôt fréquent, tantôt rare, tantôt nul; il
est fort ou faible, élevé ou bas, ou éclatant, simple, double,
triple, multiple.

Les vieillards paraissent avoir des petillements plus fréquents, plus accélérés que l'adulte.

Les tempéraments lymphatiques ou nerveux ne se distin-
guent pas, sous le rapport du petillement, des tempéraments
sanguins.

Les petillements sont d'une variabilité extrême; dans un
un moment, d'une fréquence telle qu'on ne peut les compter;
dans l'autre, excessivement rares, et bientôt tout à fait nuls.

Bourdonnement et petillement des enfants.

Avec le dynamoscope ordinaire, chez les enfants au-dessous
de trois ans, le bourdonnement n'est pas perceptible à l'extrémité des doigts, pas plus que le petillement ; mais en rem-
plaçant le godet du dynamoscope des adultes par un autre
approprié au doigt de l'enfant, les phénomènes du bourdonnement et du petillement sont sensibles.

Chez ces enfants, le bourdonnement peut quelquefois être
perçu dans les régions dorsale, lombaire et sacrée, sur la région du foie, sur les cuisses. L'agitation, les cris, les mouvements de ces enfants rendent toujours cette auscultation difficile et quelquefois très-vague. Le petillement n'est pas entendu.

Chez les enfants de quatre ans, pour entendre le bourdonnement, il faut réunir tous les doigts de la main ; un seul ne suffit
souvent pas. Le petillement est entendu.

Chez les enfants de six ans, et surtout chez ceux de sept, huit, neuf, dix, onze, douze ans, le bourdonnement est perçu presque partout, comme chez l'adulte.

Ses caractères sont les suivants : petit, profond, filiforme, rapide, nourri, toujours très-doux, souvent musical, uniforme, continu, régulier.

L'ensemble de ces caractères constitue le bourdonnement *puéril*.

Le bourdonnement est pareil des deux côtés.

Les tempéraments ne paraissent pas modifier les différentes espèces de bourdonnement des enfants.

Le petillement n'est perçu qu'à l'extrémité des doigts, quand il est entendu. Il diffère, dans un temps donné, des deux côtés; il n'est pas isochrone, ni égal.

Les caractères du petillement sont les suivants : irrégulier, non continu, tantôt fréquent, tantôt rare, fort, faible, simple, double, multiple.

Le petillement des enfants est plus fréquent que celui des adultes, des femmes, des vieillards.

L'irrégularité du petillement constitue encore un de ses caractères les plus saillants. Nous nous servirons désormais de l'extrémité des doigts pour faire les expériences.

Bourdonnement et petillement de l'homme à l'état de veille et de sommeil.

Il résulte d'expériences comparatives, considérées dans la veille et dans le sommeil, que le bourdonnement diffère dans ces deux états.

Le bourdonnement, qui, à l'état de veille, est fort, doux, un peu rude, d'une égalité imparfaite, devient, pendant le sommeil, petit, moelleux, d'une égalité parfaite, ni rapide, ni lent, régulier, profond.

Tous ces caractères du bourdonnement pendant le sommeil peuvent être désignés par le nom de *muscal*.

Les caractères du bourdonnement paraissent être les mêmes des deux côtés.

Les tempéraments ne paraissent pas influer sur les caractères du bourdonnement pendant le sommeil.

Le petillement paraît bas, petit, simple, sourd pendant le sommeil; il est intermittent, éloigné ou nul.

Bourdonnement et petillement de l'homme à l'état de fatigue et de repos.

Les marches forcées, les courses, les danses, des mouvements quelconques, prolongés pendant un certain temps, modifient le bourdonnement normal. De doux il devient rude; de moelleux il devient dur; de petit il devient grand, fort; de lent il devient rapide; d'égal, inégal. Il prend, en un mot, les caractères du bourdonnement qu'on peut appeler *roulant*.

Les caractères du bourdonnement semblent être les mêmes des deux côtés.

Les tempéraments ne paraissent pas influer sur les caractères de ce bourdonnement.

Le petillement est toujours plus fréquent ou plus fort après une fatigue quelconque qu'à l'état normal pendant le repos.

PHÉNOMÈNES PHYSIOLOGIQUES ET PATHOLOGIQUES.

Bourdonnement et petillement de la femme enceinte.

Les caractères du bourdonnement chez la femme enceinte de plusieurs mois, comparés aux caractères du bourdonnement chez la femme à l'état ordinaire, varient : de doux, il devient rude, de petit, fort; de lent, rapide; d'égal, inégal. Il revêt, en un mot, les caractères du bourdonnement *roulant*.

Le côté droit et le côté gauche ne semblent pas avoir de différence.

Les divers tempéraments paraissent impressionnés de la même manière.

L'auscultation locale, faite sur les parois du ventre, aux points où la matrice développée semble se reposer avec le plus de liberté, ne fait entendre aucun bourdonnement.

Il semble que le bourdonnement devienne de plus en plus roulant, à mesure que la femme enceinte avance vers son terme.

Le petillement n'offre rien de particulier.

Bourdonnement de l'homme éthérisé ou chloroformé.

L'éthérisation ou la chloroformisation légère ne produit pas de trouble ; plus forte, elle rend le bourdonnement plus irrégulier ; il est plus ou moins rapide ou plus lent. Les petillements augmentent alors.

Une éthérisation ou chloroformisation qui détruit les sens et la sensibilité pervertit le bourdonnement, car il devient tremblotant, ou passe d'un ton aigu à un ton grave. Les petillements sont plus rares, plus forts et plus éclatants.

Une éthérisation ou chloroformisation qui agit sur la vie organique rend le bourdonnement intermittent ou le suspend. Les petillements peuvent alors être également supprimés.

Bourdonnement et petillement de l'homme électrisé.

Le bourdonnement change pendant l'électrisation. S'il est doux, nourri, lent, égal, régulier, continu, normal, en un mot, il devient rude, bruyant, rapide, égal, continu, régulier. Il prend le timbre *roulant, rapide* et *fort.*

Dès que l'on cesse l'électrisation, le bourdonnement ne cesse pas d'être roulant, rapide de suite. Il revient peu à peu, mais pourtant assez vite, au type qu'il avait avant l'électrisation.

L'influence de l'électrisation est générale sur le bourdonnement. Si l'on se contente d'électriser un membre ou une partie du corps, le développement du bourdonnement n'est souvent marqué qu'aux parties spécialement électrisées.

Les petillemens, pendant l'électrisation, deviennent plus fréquents, plus forts; si l'on électrise les muscles de l'avant-bras, ils sont éclatants. Quelques minutes après l'électrisation, les petillements deviennent ou rares, ou fréquents, mais toujours vifs et sourds.

Bourdonnement et petillement pendant l'hypnotisme.

Exp. I.— Une jeune fille de 18 ans présente, à l'extrémité des doigts, un bourdonnement égal, continu, rapide et fort; le petillement est fort et fréquent. Assise dans un fauteuil, elle est placée de manière à regarder, dans le strabisme convergent supérieur, une cuiller d'argent. Après quatre minutes, elle ne sent presque rien quand on la pince, et elle tient son bras en catalepsie. Bourdonnement faible, oscillations rares et difficiles; petillement quelquefois nul et quelquefois à fortes décharges. Plus tard, sommeil complet, avec résolution des membres; bourdonnement et petillement nuls. Cette situation dure trois minutes; je souffle sur les yeux en touchant les paupières, et la jeune fille s'est réveillée toute surprise. Le bourdonnement a immédiatement reparu; il a été d'abord assez profond, puis continu et fort; les petillements sont restés plus longtemps forts et fréquents.

Exp. II. — Un homme de 30 ans, très-nerveux, est soumis à l'action d'une boule ronde en acier très-luisante, à 15 centimètres de la racine du nez. Après vingt minutes d'expériences, il ne reçoit aucune influence, et l'on est obligé de renoncer à observer les phénomènes qui devraient se produire. Le bourdonnement est toujours resté rapide et égal.

Exp. III. — Une jeune fille de 24 ans a un bourdonnement

fort, continu et rapide à l'extrémité des doigts. Soumise, d'après les règles, à fixer une cuiller d'argent, elle s'agite, et après quinze minutes d'attente, elle pousse des cris, sent comme une boule qui la gêne au gosier, et ne présente aucun phénomène cataleptique ni anesthésique. Le bourdonnement n'a pas perdu sa force, mais il a été moins régulier et a augmenté en rapidité. Les petillements sont très-remarquables; ils sont très-fréquents, très-forts par intervalle.

Exp. IV. — Une dame de 38 ans fait entendre un bourdonnement continu, fort et rapide; le petillement est normal. Il a fallu à peine cinq minutes pour obtenir les phénomènes de catalepsie et d'anesthésie. Le bourdonnement est devenu petit, profond, irrégulier, et le petillement très-rare. Cette dame ne dort pas et ses traits sont immobiles et calmes. Le bourdonnement est de plus en plus petit et semble avoir des intervalles de repos. Elle finit par dormir le bras en l'air, et le bourdonnement se supprime. Alors le bras s'affaisse et tombe; le bourdonnement est toujours nul. Le petillement a des intervalles de repos complet, puis reparaît. Pour réveiller cette dame, il a suffi de lui souffler plusieurs fois sur les yeux. Le bourdonnement n'a pas tardé à reparaître, d'abord petit, comprimé, puis évident. Il est devenu peu à peu normal.

Exp. V. — Une domestique de 21 ans a un bourdonnement très-normal. Dès qu'elle a subi l'influence de l'hypnotisme, elle ne présente qu'un bourdonnement petit, irrégulier. Elle est réveillée presque aussitôt, à cause des craintes de sa mère, qui redoutait cette expérience. Le bourdonnement redevient normal.

Exp. VI. — Madame X... a un tempérament très-irascible et est d'un certain âge; le bourdonnement est sonore, rapide, régulier. Après quinze minutes d'expériences, le moindre contact devient insupportable et fait pousser des cris. Cette hypéresthésie nous fait penser que nous n'obtiendrons pas le sommeil. Le bourdonnement n'a pas changé; les petillements se sont multiplés.

Exp. VII. — Mademoiselle D... a voulu se faire hynoptiser après madame X...; son bourdonnement est rapide et fort; elle est jeune et nerveuse. Après dix minutes, quelques phénomènes d'insensibilité se sont produits, et il est déjà notable qu'il y a une différence dans la force et la régularité du bourdonnement; les petillements sont rares. Elle ne tarde pas à tomber dans un sommeil profond, et si l'on essaye de tenir les membres en l'air, ils retombent par leur propre poids. Il n'y a aucun phénomène cataleptique; les phénomènes d'insensibilité sont poussés assez loin pour qu'elle puisse être piquée jusqu'au sang et ne le sentir aucunement. Le bourdonnement et le petillement sont nuls et restent assez longtemps absents pour que les personnes présentes à cette expérience puissent s'en assurer. A peine a-t-on soufflé sur les paupières, que l'on touche, qu'il y a réveil et bourdonnement; celui-ci est d'abord petit, profond, et devient ensuite fort et normal. Il reste quelque temps avec des irrégularités.

Exp. VIII. — Un homme de 48 ans est soumis à l'expérience pendant trente-cinq minutes; il ne ressent que de la fatigue, des étourdissements; les yeux sont rouges, larmoyants. Il n'y a pas de changement dans le bourdonnement et le petillement.

Exp. IX. — Une jeune dame, très-nerveuse et sanguine, se prête à l'expérience et parle beaucoup pendant cinq minutes. Peu à peu elle se ralentit, et on remarque que la sensibilité diminue, car si elle sent qu'on la pince, ce n'est pas en raison de la force du mal. Le bourdonnement, qui était rapide, est devenu plus petit et plus concentré; il est continu. Le petillement devient plus fréquent et plus fort. Cette dame présente des phénomènes cataleptiques et tient son bras pendant deux minutes à l'endroit où on l'a mis. Le sommeil semble-t-il bien établi, le bourdonnement est intermittent et subit des absences; bientôt une résolution complète se fait, et le bourdonnement est complétement nul. Pour réveiller cette dame, il a fallu attendre ; car, à peine réveillée, elle se rendormait. Ce n'est que lorsqu'elle a été bien réveillée que le bourdonnement a repris son état normal.

Exp. X. — Madame P... est très-forte et d'une constitution nerveuse et bilieuse. Elle a un bourdonnement très-fort, continu, rapide. Soumise à l'action de la cuiller pendant trois minutes, elle devient cataleptique, et on peut lui lever les membres inférieurs. Ils restent dans la position où on les a mis. Le petillement a souvent une force inaccoutumée. Le bourdonnement a été un instant nul dans le bras catalepsié. Après qu'on eut plusieurs fois soufflé sur les paupières, madame P... s'est réveillée, et le bourdonnement s'est peu à peu rétabli.

De ces expériences, on peut conclure que le bourdonnement subit de grandes variations dans l'hypnotisme : 1° s'il est fort, rapide, régulier au début de l'expérience, il devient petit, lent, irrégulier dans le premier degré de l'hypnotisme ; 2° dans le second degré, où les phénomènes cataleptiques et anesthésiques sont plus marqués, il se trouve encore plus profond, plus lent, plus irrégulier ; il y a des intermittences ; 3° enfin, dans le troisième degré, lorsqu'il y a un sommeil complet et que le sujet est dans la résolution musculaire ou dans un état cataleptique très-prononcé, le bourdonnement est le plus souvent complétement absent, ou s'il existe, il est très-profond, presque imperceptible et comme retenu. Ce troisième degré de l'hypnotisme n'est pas si facile à obtenir que les autres. Si le sujet hypnotisé présente plutôt de l'hystérie que les phénomènes propres à l'hypnotisme, le bourdonnement ne change pas, ou bien il est inégal et plus rapide. Si l'on ne peut faire subir l'influence de l'hypnotisme à la personne qui y est soumise, le

bourdonnement ne change pas. Enfin, il y a plutôt des phénomènes hypéresthésiques qu'anesthésiques, le bourdonnement
devient plus rapide et plus fort.

Le petillement est absent dans le sommeil complet de l'anesthésie par l'hypnotisme. Il s'exalte, dans tous les autres cas,
plutôt qu'il ne s'abaisse. Il est assez commun de le voir se produire par décharges très-fortes et très-nombreuses.

Bourdonnement et petillement des individus ayant ou ayant eu des symptômes syphillitiques.

Obs. I. — G..., 27 ans; chancre de trois mois. Ausculté
aux doigts des mains, bourdonnement fort, doux, quelquefois rude, inégal, continu, régulier; petillement fréquent,
simple.

Obs. II. — C..., 26 ans; blennorrhagie de quatre mois.
Ausculté aux doigts des mains, bourdonnement doux et rude,
inégal, nourri, rapide, continu ; petillement rare, fort.

Obs. III. — D..., 30 ans; bubon de trois semaines. Ausculté aux doigts des mains, bourdonnement fort, égal, rapide,
continu, régulier; petillement simple, double.

Obs. IV. — C..., 26 ans; bubon. Ausculté aux doigts des
mains, bourdonnement doux, rapide, inégal, continu; petillement fréquent, bas, simple.

Obs. V. — M..., 29 ans; chancres guéris. Ausculté aux
doigts des mains, bourdonnement fort, doux, rapide, inégal,
continu ; petillement rare, fort, bas.

Obs. VI. — B..., 35 ans; chancres autour du gland. Ausculté aux doigts des mains, bourdonnement fort, rude, grand,
un peu roulant; petillement simple, rare.

Obs. VII. — C..., 32 ans; bubon ulcéré. Ausculté aux doigts des mains, bourdonnement doux, inégal, rapide, continu; petillement fréquent.

Obs. VIII. — L..., 30 ans; chancres. Ausculté aux doigts des mains, bourdonnement petit, doux, rapide, continu, égal; petillement rare, simple.

Obs. IX. — M..., 24 ans; gonorrhée. Ausculté aux doigts des mains, bourdonnement fort, dur, roulant; petillement double, fort.

Il résulte de ces expériences que le bourdonnement, chez les personnes atteintes d'un vice syphilitique, ne diffère pas d'une manière bien apparente de celui que l'on trouve chez les personnes à l'état normal.

Il existe un côté, comme dans l'état normal, où le bourdonnement se manifeste avec plus de douceur.

Les tempéraments conservent aussi leur cachet.

Les petillements n'offrent rien de particulier.

Bourdonnement et petillement des individus subissant des opérations sanglantes.

Obs. I. — Commandant, 50 ans; boutonnière à l'urètre. Ausculté le 14 mai; pendant le repos, bourdonnement fort, égal, rapide, roulant, continu; petillement rare; pendant l'opération, bourdonnement roulant, sourd, rapide, tremblotant, se supprimant; petillement fréquent et rare; après l'opération, il redevient ce qu'il était avant.

Obs. II. — Escoulas, 40 ans; lithotritie. Ausculté le 26 mai : pendant le repos, bourdonnement fort, doux, égal, continu, régulier; petillement fréquent; pendant l'opération, bourdonnement roulant, tremblotant, doux, contracté; petillement très-fréquent, simple; après l'opération, le bourdonnement reprend ses premiers caractères.

Obs. III. — Marie, 27 ans; rhinoplastie. Auscultée le 4 juin : pendant le repos, bourdonnement doux, moelleux, féminin; petillement fréquent; pendant l'opération, bourdonnement féminin, tremblotant, baissant, se supprimant; petillement rare et nul.

Il résulte de ces observations que le bourdonnement, pendant les opérations sanglantes, offre des types qui rappellent le bourdonnement qui se développe dans les maladies, même les maladies les plus graves.

Ainsi, la douleur est-elle légère, le bourdonnement varie peu du bourdonnement normal; une douleur plus forte le fait devenir roulant, rapide; une douleur très-forte lui imprime le caractère tremblotant; et une douleur excessive le montre tantôt tremblotant, tantôt baissant, tantôt se supprimant. Cette suppression paraît à l'ouïe comme forcée. C'est un obstacle qui empêche le développement du bourdonnement.

La syncope arrête le bourdonnement à l'extrémité des doigts.

Le bourdonnement, avec la cessation de la douleur, reprend ses caractères normaux aussi vite qu'il les a quittés.

Cette variabilité, tantôt précède, tantôt suit la manifestation de la douleur; elle en est donc fille et mère tout à la fois.

Le petillement n'offre rien de particulier pendant l'opéraration.

Après l'opération, le petillement a un cachet spécial : il est plein, vite, simple et bas; il est rare.

Bourdonnement et petillement de divers animaux domestiques.

Le chat a un bourdonnement fort, sonore, très-rapide, con-

tinu, égal, régulier, avec un caractère spécial que l'on peut
désigner par le nom de l'espèce.

Le chien a un bourdonnement doux, assez petit, ni fort, ni
faible, égal, continu, régulier, sans cachet déterminé ; il ressemble à celui de l'homme.

Le cheval a un bourdonnement sourd, très-profond, très-
lent, fort, nourri, égal, continu, très-distinct de tout autre
bourdonnement (bourdonnement *chevalin*).

Le poulet a un bourdonnement très-superficiel, très-bruyant,
très-rapide, continu, régulier, rappelant le bruit d'un soufflet
plutôt qu'un roulement.

RÉSUMÉ.

BOURDONNEMENT ET PÉTILLEMENT.

BOURDONNEMENT. — Chez l'homme, la femme, le vieillard,
l'enfant, le bourdonnement est un phénomène constant et général.

On l'entend à la tête, où il est perçu, tantôt sur un point,
tantôt sur un autre ; au cou, où il est distingué du bruit de
l'air qui traverse la trachée-artère et des battements des carotides ; il est masqué à la poitrine par le murmure respiratoire et les battements du cœur ; à la région abdominale, tantôt il est perçu, tantôt il ne l'est pas ; aux membres supérieurs et inférieurs, on l'entend presque toujours distinctement.

Aux doigts des pieds, le bourdonnement n'est presque jamais entendu.

A l'extrémité des doigts des mains, il est plus évident que
partout ailleurs, et toujours distinct.

C'est aussi d'après ce lieu d'élection que nous avons conclu
tous nos résultats d'auscultation.

Au-dessous de trois ans, le bourdonnement n'est souvent pas entendu à l'extrémité des doigts, avec notre instrument. Le lieu d'élection est ici, par exception, l'hypocondre droit, le dos, et en particulier la région lombaire.

Sur les enfants de quatre ans, on n'entend bien le bourdonnement qu'en réunissant plusieurs de leurs doigts dans le godet du dynamoscope.

Le bourdonnement, chez le même individu, a le même timbre partout ; il est seulement plus ou moins profond, plus ou moins distinct, suivant les régions que l'expérience détermine, et nous pouvons établir l'ordre suivant : l'extrémité des doigts de la main, la paume des mains, les coudes, les avant-bras, les jambes, les bras, les cuisses, la tête, le cou, la poitrine, la région abdominale.

Quelquefois le bourdonnement est plus fort, plus distinct, et moins doux d'un côté que de l'autre : c'est ordinairement du côté droit.

Tempéraments ; *constitutions ; saisons ; climats*. — Le bourdonnement a des différences marquées.

Age. — Chez l'enfant au-dessous de treize ans, le bourdonnement est très-doux, petit, rapide, continu, égal, régulier. On peut l'appeler bourdonnement *puéril*.

Chez les adultes, le bourdonnement est doux, ni lent, ni rapide, continu, égal, régulier.

Chez les vieillards, le bourdonnement est fort, dur, très-souvent rapide, continu, égal, régulier. On peut l'appeler bourdonnement *sénil*.

Chez les vieillards, la différence des deux côtés est moins sensible que chez les adultes.

Sexe. — Chez l'homme adulte, le bourdonnement est doux, quelquefois rude, ni lent, ni rapide, continu, égal, régulier. On peut le désigner sous le nom de bourdonnement *masculin*.

Chez la femme, le bourdonnement est moelleux, ni lent, ni rapide, continu, égal, régulier : c'est le bourdonnement *féminin*.

Veille et sommeil.—Le bourdonnement qui, à l'état de veille, est doux, superficiel, continu, égal, régulier, devient profond, très-doux, petit, continu, égal, régulier, dans l'état de sommeil.

Repos et exercice. —Le bourdonnement est moins doux, plus développé, plus rapide, après un exercice que pendant l'état de repos. Cette espèce de bourdonnement peut être nommé *bourdonnement roulant.*

État de grossesse. — Après le cinquième mois de la grossesse, le bourdonnement devient rude, fort et lent; il reste continu, égal et régulier.

Éthérisation et chloroformisation. — Le bourdonnement suit trois périodes, selon le degré de la chloroformisation : 1° il est diminué ou exalté ; 2° il est intermittent ; 3° il est supprimé.

Électrisation. — Le bourdonnement devient toujours plus fort, plus rapide, sous l'influence de l'agent électrique.

Pendant l'expérience, le bourdonnement, de doux, profond, lent, continu, égal, régulier, devient roulant, fort, rapide, continu, égal, régulier.

Bientôt après l'expérience, le bourdonnement reprend les caractères qu'il avait avant.

Hypnotisme. — Le bourdonnement suit trois degrés : 1° il est exalté ou diminué; 2° il est intermittent; 3° il est supprimé.

Personnes atteintes d'une diathèse. — Le bourdonnement et les petillements ne sont pas distincts de celui ni de ceux que l'on observe chez les personnes à l'état sain.

Opérations sanglantes. — Si la douleur est légère, le bourdonnement varie peu.

Une douleur plus forte le fait devenir roulant, rapide.

Une douleur très-forte le rend roulant, tremblotant.

Une douleur excessive l'arrête. Il est alors intermittent, avec cette particularité qu'en reparaissant, il est contracté et comme embarrassé.

La syncope arrête le bourdonnement à l'extrémité des doigts, mais à l'extrémité des doigts seulement. Avec la cessation de la douleur, le bourdonnement reprend ses caractères normaux aussi vite qu'il les a perdus.

Vivisections. — Quand on coupe un nerf principal à la racine d'un membre dont on ausculte l'extrémité, le bourdonnement diminue.

Chaque espèce d'animal semble avoir un bourdonnement différent et caractérisant l'espèce.

PETILLEMENT. — Chez les enfants au-dessous de quatre ans, le petillement n'est entendu nulle part.

Le petillement n'est pas égal en nombre, à droite et à gauche, dans un temps donné.

Il n'est pas isochrone entre les doigts des deux mains.

Les caractères du petillement sont : irrégulier, non continu, inégal, tantôt fréquent, tantôt rare. Il est fort, faible, bas, élevé, éclatant, simple, doux, triple, multiple.

Les enfants au-dessus de quatre ans ont des petillements plus nombreux dans un temps donné que les femmes, les hommes adultes, les vieillards; les femmes plus que les hommes adultes et les vieillards; et les hommes adultes plus que les vieillards.

Les tempéraments nerveux sont très-remarquables par la fréquence du petillement.

Le petillement est plus petit, plus bas, plus rare dans le sommeil que dans la veille.

Après un exercice quelconque, le petillement est plus fort, plus fréquent.

Le petillement, chez la femme enceinte, n'offre rien de particulier.

Le petillement, dans les temps d'orage, est beaucoup plus fréquent que dans les temps calmes, chez le même individu.

La chloroformisation diminue ou augmente les petillements sans régularité.

L'électrisation augmente toujours la force et le nombre des petillements.

L'hypnotisme diminue le plus souvent le nombre des petillements.

Dans les opérations sanglantes, les petillements sont tantôt plus rares, plus petits, tantôt plus fréquents, plus forts.

Dans la syncope, suite de la douleur, les petillements persistent.

Dans la section des nerfs sur les animaux vivants, les petillements se décuplent.

PHÉNOMÈNES PATHOLOGIQUES.

Si la dynamoscopie était une science bien établie, et que nous ne fussions pas le premier à en jeter les fondements, il serait inutile de longer le difficile sentier que nous allons parcourir. Rien n'est plus fatigant pour le lecteur qu'une longue série d'observations dont les conclusions sont arides et sans attrait. Mais une science ne se fonde pas sur l'imagination, ni sans preuves, et la dynamoscopie ne serait pas une science, si elle n'était démontrée comme les sciences physiques, et si ses lois ne reposaient, comme elles, sur l'induction.

MALADIES AIGUES.

Fièvre typhoïde.

Obs. I. — Baudeau, soldat au 4e d'artillerie, a fini son temps de service, et il rentre dans sa famille après avoir passé un an en Crimée. Sur le bâtiment qui le ramena en France, il y eut une petite épidémie de choléra, et on fut obligé de jeter à la mer cinquante hommes morts de cette maladie. Cette circonstance l'a beaucoup frappé. Il est débarqué à Marseille le 11 février, et il est parti immédiatement pour Montpellier, où il est arrivé le 12. Dans cette dernière ville, il a été reçu dans la famille d'un lieutenant dont il avait été le domestique. Dès le soir, il commença à se plaindre et à demander le lit, sans vouloir manger. Il s'est trouvé plus malade le 13, et il a voulu entrer à l'hôpital.

14 février. Le malade parle bien ; il accuse un état de faiblesse extrême, et il dit qu'il ressent des douleurs vagues aux lombes et sur les deux côtés de la poitrine ; il reste couché sur le dos ; la face a une teinte jaunâtre ; le ventre est souple ; il n'est pas allé à la selle. Le pouls est fréquent, petit, la peau chaude ; le malade tousse un peu.

15 février. La maladie, qui n'était pas bien prononcée la veille, a fait des progrès immenses ; la face est bouleversée, sa coloration est jaunâtre. L'intelligence est anéantie ; le malade ne répond pas aux paroles qu'on lui adresse ; il paraît ne pas entendre, ses yeux ne semblent pas voir. Il reste continuellement dans le décubitus dorsal ; ses mains sont toujours en mouvement. Il y a de la roideur dans les muscles postérieurs du tronc. Ses urines n'ont pu être examinées, car il fait au lit ; il n'a pas eu de garde-robe ; il ne se plaint de nulle part ; nous ne pouvons savoir ce qui le fait le plus souffrir. La respiration n'est pas fréquente ; le pouls est très-fréquent ; la peau est chaude. Le malade se découvre continuellement et veut se lever.

Auscultation des doigts. — Bourdonnement roulant, fort, baissant, se supprimant ; les suppressions sont longues ; petillement nul.

Prescription. — Sinapismes aux coudes, aux genoux ; infusion de fleur de mauve et de violette ; potion avec : sulfate de quinine, 1 gramme ; résidu de quinquina, 6 grammes ; liqueur d'Hoffmann, 30 gouttes ; acétate d'ammoniaque, 15 grammes sirop d'éther, 30 grammes. A prendre en quatre fois.

15 février au soir. Le pouls est fréquent, 95 pulsations ; il est petit, dépressible, flasque ; tressaillement des tendons. Le ma-

lade est couché sur le dos et ne bouge pas. La teinte jaune sombre de la figure est plus prononcée que le matin. Les dents sont couvertes de fuliginosités ; la langue est noire, sèche. Il y a de temps en temps quelques convulsions de la mâchoire inférieure. La pression du ventre ne paraît pas douloureuse. Le malade n'entend rien, ne comprend rien ; les yeux sont ternes, et il ne voit rien. Si on le pince fortement, il n'en paraît éprouver aucune douleur. Il y a souvent des contractions très-fortes dans les muscles de l'avant-bras.

Auscultation des doigts. — Bourdonnement roulant, fort; il baisse, se supprime brusquement, puis reparaît en s'élevant peu à peu ou brusquement ; petillement très-rare, petit, simple, quelquefois éclatant.

16 février. Il y a eu hier soir, à neuf heures, une amélioration notable ; le malade a parlé ; il a répondu aux questions qu'on lui adressait ; il a recouvré son intelligence, et il dit d'où il est. Pourtant nous remarquons que ses idées sont encore bien vagues et manquent de netteté, car il confond les villes avec les villages et les villages avec les hameaux. Il n'a pas eu de selles dans la nuit ; mais nous apprenons que le 15, il a fait en diarrhée sous lui. Il n'a pas déliré, et il est resté assez tranquille. Une nouvelle potion a été donnée dans la nuit en quatre fois. Le tremblement des mains persiste ; la bouche est entr'ouverte ; le malade est couché sur le dos ; les dents sont fuligineuses, la langue sèche. Sa figure est moins bouleversée, et la sensibilité est obtuse. Le pouls est beaucoup plus fréquent, 115 il a les mêmes caractères. La respiration est assez fréquente et paraît quelquefois difficile. Le ventre est météorisé ; il n'y a pas de taches à la peau, et elle est couverte d'une sueur froide et d'une impression désagréable. Il y a autour du malade une mauvaise odeur de paille pourrie.

Auscultation des mains. — Pendant une minute, le bourdonnement est continu ; pendant une minute, il se supprime totalement, puis il revient fort et baisse ; et reste longtemps très-bas ;

petillement nul le plus souvent, mais à un moment donné, excessivement fréquent.

Prescription. —Looch avec sirop de camphre, 30 grammes ;
bouillon vineux ; vin de Saint-George, quelques cuillerées.

16 au soir. La figure a pâli, les traits sont toujours bouleversés. Le malade est couché sur le dos. Les dents sont couvertes de fuliginosités. La langue est humide et moins noire que
le matin ; la bouche est entr'ouverte. L'intelligence du malade
est encore un peu lucide ; mais elle est moins claire qu'elle
n'était dans la matinée. Le pouls est excessivement fréquent,
130 pulsations ; il est moins flasque.

Auscultation des doigts. — Bourdonnement roulant, sourd,
profond, baissant, se supprimant ; il revient, reste profond ;
petillement nul.

17 février au matin. — Le malade est plus mal depuis trois
heures du matin ; il s'est agité beaucoup ; il a voulu se lever et
il a crié très-fort. On a été obligé de lui mettre la camisole de
force. Ainsi, cette fièvre continue a des exacerbations qui arrivent à des heures non distinctes. Le malade ne veut pas prendre
la potion ; il marmotte entre ses lèvres des paroles inintelligibles ; il est parfois pris de mouvements de frayeur, et il pousse
des hurlements. Son regard est effaré ; il est couvert d'une
sueur qui laisse une impression désagréable. La pression sur
le ventre détermine une grande souffrance. Le pouls est petit,
faible, irrégulier, inégal, fréquent, 115. Les narines sont dilatées, pulvérulentes. Il y a un tremblement continuel des tendons. Dans les moments où le malade est saisi de terreur, la
respiration devient fluctueuse et très-pénible. Le thermomètre
placé sous l'aisselle indique 35 degrés.

Auscultation des doigts. — Bourdonnement roulant, fort,
rapide, inégal ; il baisse et se supprime. M. Espagne, interne
de service, constate et vérifie cette espèce de bourdonnement ;
petillement nul.

Le 17, à cinq heures du soir, le malade est encore dans le
délire ; il a voulu se lever plusieurs fois. La potion au sulfate

de quinine qu'on a donné n'a pas enrayé la maladie. Le malade n'a pas eu de selles; l'état est le même que le matin. La respiration paraît plus difficile, trente inspirations par minute. La teinte de la face est plus sombre; les traits se décomposent de plus en plus; il y a de temps en temps des convulsions des bras. Le pouls est très-fréquent, très-petit.

Auscultation des doigts. — Bourdonnement sourd, roulant, presque grondant; il faiblit et devient clair, peu nourri; il se ralentit et se supprime; il reparaît et reste sourd, éloigné.

Prescription. — Bouillon; infusion de mauve et de violette; deux vésicatoires aux jambes, deux aux bras; potion au quinquina.

Le 18 au matin, les traits sont bouleversés, hyppocratisés; les yeux convulsés en haut, la bouche entr'ouverte. Il y a un tressaillement général. Les fuliginosités recouvrent les dents; la langue est sèche; la déglutition est très-difficile et menace de suffoquer le malade, qui est alors en proie à une anxiété considérable. Le ventre est balloné; il n'y a pas de selles; le malade urine sans le sentir. L'intelligence est abolie avec les sens. La respiration est très-difficile; elle est bruyante. L'auscultation ne fait pas entendre de râles. Le pouls est sensible, très-irrégulier, 110 pulsations.

Auscultation des doigts. — Bourdonnement et petillement supprimés. M. Espagne, que j'ai habitué à cette espèce d'auscultation, n'entend rien.

Le malade meurt à trois heures et demie du soir.

NÉCROPSIE le 19 à midi. Roideur des jambes; tout le corps est froid.

Cerveau. — Injection des méninges; il s'en écoule une certaine quantité de la pie-mère; il est diffluent. La substance cérébrale est injectée. État criblé du cerveau. Dans les ventricules, il y a quelques gouttes de sérosité. Du canal rachidien, on voit sortir une masse fluide, noire, très-abondante. C'est du sang mêlé à de la sérosité.

Les *poumons* sont sains; il y a un peu d'engouement à la partie postérieure.

Cœur.—Volume normal, teinte violacée du ventricule droit; il y a un caillot peu consistant et noir dans l'artère pulmonaire; il y a un caillot très-long, fibrineux dans le ventricule gauche.

Foie.—Le volume du foie est normal. La couleur de la face concave, et surtout de la partie qui entoure la vésicule biliaire, est noirâtre, comme calcinée. La bile est grumeleuse et contient une grande quantité de sang.

La *rate* a une fois et demi son volume normal.

Les *reins* sont un peu congestionnés.

Intestins. — L'estomac est normal; les valvules conniventes présentent de temps en temps un piqueté rouge et quelques arborisations. En allant dans l'iléon, on compte quatre plaques non ulcérées, caractérisées par une couleur sombre, brune, de la grandeur d'une pièce de cinq francs, et montrant des papules plus développées que dans le reste de l'intestin. Une très-grande plaque se trouve à la fin de l'intestin grêle. Le gros intestin est rempli d'arborisations rouges. Les ganglions mésentériques ne sont pas malades. Les muscles, à la dissection, sont rouges, gorgés de sang.

Résultats de la dynamoscopie. — En somme, la dynamoscopie a donné, dans cette observation, les résultats suivants: Malade entré à l'hôpital le 13 février; ausculté le 15, bourdonnement roulant, fort, baissant, se supprimant; les suppressions sont longues; petillement nul. Le 15 au soir, bourdonnement roulant, fort; il baisse, se supprime brusquement, puis reparaît en s'élevant peu à peu ou brusquement; petillement très-rare, petit, simple, quelquefois éclatant. Le 16, bourdonnement continu pendant une minute; il se supprime totalement pendant le même espace de temps, puis il revient fort et baisse, et reste longtemps très-bas; petillement nul le plus souvent; mais, à un moment donné, excessivement fréquent. Le 16 au soir, bourdonnement roulant, sourd, profond, baissant, se supprimant; il revient, reste profond; petit-

lement nul. Le 17, bourdonnement roulant, fort, rapide; inégal; il baisse et se supprime; petillement nul. 17 au soir, bourdonnement sourd, roulant, presque grondant; il faiblit et devient clair, peu nourri; il se ralentit et se supprime, reparaît
et reste sourd, éloigné. Le 18, bourdonnement et petillement
supprimés. Mort le soir.

Obs. II. — Petiot (Pierre), soldat au 46e de ligne, entre à
l'hôpital le 1er mars. Il arrive de Constantinople comme convalescent de scorbut et de fièvre tierce.

La fièvre tierce, qui avait disparu en Crimée, sur le bâtiment, reparaît, et, à l'hôpital, elle devient quotidienne, avec
des exacerbations. Depuis le 12 au matin, les symptômes se
sont aggravés, et tout ce qui constitue l'ataxie et l'adynamie se
présente chez ce sujet.

12 mars. État actuel : La veille, il y a eu une éruption pété-
chiale qui n'est pas confondue avec les taches rosées, car elle
ne s'efface pas à la pression ; elle est sous forme pointillée ;
elle ne dépasse pas le niveau de la peau. Le malade fait souvent sous lui en diarrhée, sans le savoir. Si vous lui demandez
ce qui lui fait mal, il vous répond brusquement qu'il ne souffre
nulle part. Il délire ; le regard est indécis, l'œil brillant et injecté, la figure colorée en jaune sombre. Il y a des tremblements de tendons. Quand on veut ausculter le malade, il vous
repousse avec force, comme si on voulait lui faire mal. Si on
lui met quelque chose aux doigts, ça l'incommode, et il le repousse. La langue est humide, rouge. Les traits du malade
sont profondément altérés. Sa respiration est parfois difficile ;
ordinairement elle est bonne. Enfin, les extrémités sont froides; le pouls est petit, irrégulier, serré, fréquent.

Auscultation. — Main gauche (trois doigts) : Le bourdonnement se supprime; il paraît et revient. Il est profond;
il ne reste pas longtemps. M. Espagne constate qu'il reste longtemps sans rien entendre, et puis il entend un bruit sourd,
particulier, qui ne lui rappelle pas le bourdonnement : c'est le

bourdonnement spécial et intermittent, qui se retire et qui fait effort pour revenir.

L'auscultation, pratiquée par M. Espagne, sur le creux épigastrique, ne fait rien entendre.

Sur le sternum, à la partie inférieure, audition d'un bruit intermittent qui ressemble au bourdonnement.

Le 13 mars au matin. Le malade n'a pas dormi de la nuit; il a crié, et si on lui demande comment il a passé la nuit, il répond qu'il l'a très-bien passée. Oubli total du passé et même de l'instant. Il respire dans ce moment comme s'il dormait; il tousse gras. Les pétéchies existent. Le malade a fait sous lui. Le pouls est à 125. (Cuillerée vin et bouillon toutes les heures. Potion : Eau de gomme, 100 grammes; vin, 100 grammes; extrait de quinine, 4 grammes; sirop de capillaire, 50 grammes; deux vésicatoires, quatre sinapismes.

Auscultation. — Main gauche : Le moment où j'entends le plus le bourdonnement est celui où je mets le doigt dans l'oreille. Il reste peu de temps, puis se supprime, revient irrégulier, incomplet, car il se révèle plutôt par le petillement que par le bourdonnement. Au médius, le bourdonnement reste presque tout le temps supprimé; à l'annulaire, il est tout le temps supprimé.

Main droite : A l'indicateur, le bourdonnement est entendu pendant dix secondes; il baisse graduellement et insensiblement; il se supprime et ne revient pas. Au médius, on n'entend rien.

Le soir, il y a eu accroissement dans les symptômes. Le malade dit que rien ne lui fait mal. La peau est chaude, le regard est défiant, immobile. Le malade est dans le vague; il ne sait pas s'il a fait sous lui, et pourtant il est allé du ventre. Le ventre n'est pas douloureux à la pression. Le malade tousse de temps en temps; la face est tranquille; il y a parfois des rires sardoniques.

Auscultation. — Main gauche : A l'indicateur, bourdonnement d'abord fort, sonore, simple, lent; il affecte bientôt le

caractère tremblotant, détraqué; il cesse, diminue peu à peu,
en passant par des gradations insensibles et en baissant de
note; il reprend quand il a cessé et d'une manière incomplète,
trois fois. Au médius, le bourdonnement conserve le caractère
tremblotant, jusqu'à ce qu'il se supprime complétement. A
l'annulaire, il fait effort pour revenir, et se supprime; il est
toujours très-faible.

Main droite : A l'indicateur, le bourdonnement est pareil à
celui du côté opposé. A l'annulaire et au médius, il se supprime et se montre avec le caractère tremblotant; le petillement est remarquable par ses forces : une étincelle électrique
peut seule donner l'idée et la sensation de ce bruit.

14 mars. Le malade crache des matières bien opaques et
difficiles à expectorer. Il y a eu hier soir, à neuf heures, une
forte chaleur suivie de sueur abondante. Pour le moment, il
est tranquille. Il semble plus affaissé que la veille; les dents
supérieures commencent à devenir luisantes, et les ailes du nez
se desserrent et se rapprochent de la cloison nasale. Son voisin
dit qu'il a été assez tranquille dans la nuit, et qu'il n'a essayé de
se lever que pour aller à la selle. Le pouls est moins fort que la
veille; il est mou, fréquent, 110, irrégulier. La peau est sèche.
Les mains restent longtemps rouges, à la suite des sinapismes.
La langue est humide.

Auscultation. — Main gauche : Indicateur 1′ : Bourdonnement continu, vague, lent, d'une faiblesse extrême; il ne semble
s'éteindre que pour faire entendre un cri de détresse qui se
caractérise par un bourdonnement tremblotant, qui s'éteint et
finit par disparaître. Au médius et à l'annulaire, les caractères
du bourdonnement sont les mêmes; il disparaît et reparaît
d'une manière non précise.

Main droite : Indicateur 1′ : Bourdonnement tremblotant;
il disparaît après avoir faibli et baissé de ton. Au médius, il
n'est pas entendu. A l'annulaire, ce sont ses caractères qui le
révèlent; petillement sec, petit, simple, fort.

Le soir, le malade est assez calme; il dit qu'il va bien; pas de souffrance ; il est plus sourd qu'il n'était ; il n'a fait qu'uriner dans son lit. Pouls **110**, assez égal, petit.

Auscultation. — Main gauche : Bourdonnement tremblotant avec tremblement des doigts ; bientôt il y a cessation brusque du tremblement et du bourdonnement. Il y a des efforts de bourdonnement qui n'aboutissent pas. Le médius et l'annulaire donnent lieu à des observations pareilles.

Main droite : Bourdonnement tremblotant accompagné d'un tremblement des doigts. Il y a à distinguer le bourdonnement du cri aigu, qui n'est autre chose que le frottement de la main contre le fond de l'oreille. Le bruit sourd est celui auquel il faut faire attention. Le bourdonnement devient de plus en plus lent en conservant son caractére, et finit par se supprimer. Le médius et l'annulaire offrent les mêmes résultats.

15 mars au matin. — La respiration est peut-être un peu plus embarrassée ; mais le malade comprend très-bien tout ce qui se passe autour de lui ; il entend mieux que la veille. La respiration n'est pas bronchophonique ; l'auscultation révèle seulement quelques râles sibilants. Le malade ne tousse que rarement ; il crache peu ; il ne souffre pas. La langue n'est pas brune ; elle est rouge sur les bords, un peu sèche. S'il dort, les yeux sont convulsés en haut. Le pouls est à **105** pulsations, égal, irrégulier. En somme, on le dirait mieux que la veille ; il a grande soif.

Auscultation. — Main gauche, 3′ : Indicateur : Le bourdonnement disparaît quatre fois ; les intervalles, qui sont silencieux et qui séparent le bourdonnement, sont plus longs que son temps de durée. On peut les appeler fusées de bourdonnement tremblotant. Mêmes résultats pour le médius et l'annulaire.

Le **15** au soir, diarrhée excessive ; pouls **120** pulsations, fréquent, inégal, régulier. Le malade entend tout ce qu'on lui dit ; on dirait qu'il va mieux ; il fait le signe de la croix. L'auscultation est imparfaite, à cause de la disposition d'esprit du malade. Un moment seulement, le bourdonnement est tremblotant, et il est de telle sorte qu'il donne la sensation qu'il se terminera bientôt.

Le **16** au matin, tendance au sommeil continu. Le malade dit qu'il ne souffre nulle part; quand il va à la selle, il dit lui-même que c'est rouge; il est très-affaissé; la langue est rouge; il a une grande soif et il peut lui-même prendre son verre et le porter à sa bouche. Il est dans le même état que la veille.

Auscultation. — Main gauche : Médius, indicateur, annulaire : Bourdonnement moins tremblotant que le jour précédent, égal, petit, mais il se supprime et reprend ; petillement fréquent, souple, petit, éclatant.

Main droite : Bourdonnement petit, tremblotant ; il est plus long que la veille, il se supprime pourtant; petillement fréquent.

Le **16** au soir, il y a de la carpologie; les ailes du nez blanchissent et se rapprochent de la cloison médiane. Il semble que la figure prend de plus en plus le caractère hippocratique. La langue est peu humectée. Le malade tousse beaucoup; pouls 104, quelquefois irrégulier, régulier, petit, vite.

Auscultation. — Main gauche : Bourdonnement mugissant et uniforme; un instant il devient tremblotant, se supprime brusquement, reprend le tremblotement, revient, etc.

Il y a quelquefois tremblement général de la main, de l'avant-bras, puis bourdonnement tremblotant sans tremblement nerveux.

17 au matin. Le malade dort les yeux convulsés en haut; la figure s'hippocratise de plus en plus. Il est très-tranquille; il jouit de sa connaissance; quand on le secoue, pourtant, il parle de voyage, ce qui indique qu'il a un délire léger, doux. Même état du pouls que la veille.

Auscultation. — Main gauche : Le bourdonnement est entendu un instant à l'indicateur, puis on ne l'entend plus ni au médius, ni à l'annulaire.

Main droite : Le bourdonnement est entendu par fusées

tremblotantes ; puis il disparaît, et les intermittences sont plus longues.

17 au soir. Le malade semble aller mieux ; il a un délire très-calme. Le pouls est fréquent et faible.

L'auscultation fait entendre un bourdonnement qui est particulier : il est sourd, profond et a des renflements prononcés.

18 au matin. Il semble que le malade délire vaguement. Quand il dort, ses yeux sont convulsés en haut. On voit les mains se remuer sous les couvertures ; tremblement continuel des tendons ; langue humide. Le malade parle peu et en balbutiant ; ce qu'il dit n'est pas très-compréhensible. Il y a toujours le même calme dans les traits. Pouls 150, irrégulier, inégal.

Auscultation. — Main gauche : Médius : Bourdonnement ort et faible, toujours tremblotant ; il se supprime souvent ; il donne la même sensation que quand il s'éteint ; il paraît un moment fort éloigné.

Main droite : Tous les doigts : Bourdonnement souvent nul ; il se supprime complétement, et, s'il revient, il est éloigné, vague et donne la sensation du tremblotement.

19 au matin. — Le malade paraît aller moins bien ; il y a un tremblement souvent général ; il étend ses mains et les remue à chaque instant sans but déterminé. On dirait que les traits deviennent de plus en plus mauvais. Il y a 100 pulsations, irrégulier, inégal, petit, profond.

Auscultation.—Main gauche : Bourdonnement sourd, non continu, inégal, irrégulier ; il est évident pendant dix secondes, mais sourd, puis il baisse, et, s'il se continue, il est peu évident ; il semble qu'une force l'empêche de se développer, toujours est-il qu'il se supprime de temps en temps et qu'il revient.

Main droite : Bourdonnement comprimé, non continu ; il offre absolument les mêmes caractères que de l'autre côté et donne lieu aux mêmes observations.

19 au soir. Le malade veut absolument se lever, il remue

continuellement ses mains; il va de plus en plus mal. Pouls
souvent imperceptible, inégal, irrégulier, 150 pulsations.

Auscultation. — Le bourdonnement s'entend par fusées. Les
fusées de bourdonnement sont tremblotantes. M. Espagne ausculte et a la même sensation. A la main droite, fusées de bourdonnement, intermittent, inégal.

20 au matin. Le malade a tout son bon sens, mais sa physionomie exprime de plus en plus le désordre et annonce une
catastrophe prochaine; tout faiblit; il maigrit considérablement. Il y a tremblement dans les tendons.

Bourdonnement entendu seulement à l'indicateur. On n'entend rien au médius, ni à l'annulaire, ni au creux épigastrique.

21 au matin. La figure est bouleversée ; période ultime,
50 inspirations à la minute ; le malade remue ses yeux avec intelligence et comprend tout ce qu'on lui dit ; la soif le dévore ;
en voulant lui-même prendre à boire, il a versé toute la tisane
sur lui. Il sort la langue quand on le lui dit ; elle est humide et
décolorée. Il boit sans difficulté, et comme c'est la potion qu'il
prend, il n'éprouve de difficulté que quand elle se trouve dans
l'estomac; il se plaint de son amertume. Pouls extrêmement
irrégulier. La peau est chaude, sèche. Quoique le pouls soit
très-fréquent dans certains moments, il est extrêmement lent
dans d'autres; aussi ne trouve-t-on que 86 pulsations dans une
minute. Le malade fait toujours sous lui sans s'en douter.

Auscultation. — Bourdonnement d'une faiblesse extrême ;
il n'est pas continu; irrégulier, il se supprime brusquement et
reparaît avec le caractère tremblotant. Il finit pas se supprimer tout à fait. Petillement éclatant.

21 au soir. L'aspect de la figure fait supposer qu'il ne pas-
sera pas la nuit. Dès qu'il me voit, il me dit qu'il a bien dormi;
il se réveille dès qu'on le touche à peine. Il a toute son intelligence, mais la respiration n'est autre que le râle de la mort;
la figure est violacée et prend l'aspect cadavérique. Il a la
langue humide et boit avec plaisir; mais aussitôt après avoir

bu, il est fort agité. Le pouls est souvent imperceptible, d'une irrégularité extrême; la peau est chaude, sèche.

Auscultation. — Main gauche : Trois doigts : Le bourdonnement se supprime et ne reparaît pas. Il est entendu une seconde dès qu'on a sorti la main de dessous les draps. Il est alors clair, mais c'est comme une fusée qui n'a plus qu'un éclair de vie.

Main droite : Le bourdonnement est un peu plus long (2 secondes); il y a surexcitation générale; le malade vient de boire; le bourdonnement est clair; il se supprime et ne reparaît pas; fusée. Au creux épigastrique, on n'entend que le gargouillement de la poitrine. Les bruits du cœur ne sont pas même entendus.

Le malade meurt à sept heures du soir.

AUTOPSIE le 22, à dix heures.

Cerveau sain; un léger épanchement dans les cavités; une assez grande quantité de liquide céphalo-rachidien mêlé à du sang.

Cavité buccale. Langue couverte d'un enduit noir qui s'enlève avec l'eau; légère fausse membrane au fond de la bouche; amygdale saine; moitié droite de l'épiglotte colorée de noir et fétide.

Poumon droit. Engouement.

Poumon gauche. Lobe supérieur sain; lobe inférieur complétement hépatisé en gris.

Cœur sain; un peu de caillot dans le ventricule déjà organisé, couleur raisiné.

Pas de plaques dans les intestins, qui sont sains; seulement la tunique est amincie.

Foie sain; rate grosse, un tiers du volume normal; reins sains.

RÉSULTATS DE LA DYNAMOSCOPIE. — En somme, la dynamoscopie a donné, dans cette observation, les résultats suivants : Malade entré à l'hôpital le 1er mars; ausculté le 12 : Bourdonnement se supprimant et revenant, profond. Le 13 mars, *idem*, irrégulier, incomplet ; le soir, il est sonore, souple, lent, tremblotant, se supprime ; petillement très-fort. Le 14, bourdonnement continu, vague, lent, très-faible, tremblotant ; petillement sec, petit, simple, fort. Le 15, le bourdonnement paraît et disparaît alternativement. Le 16, bourdonnement moins tremblotant, égal, petit, disparaissant et revenant ; petillement fréquent, simple, petit, éclatant. Le soir, bourdonnement mugissant et uniforme, tremblotant, se supprime et revient. Le 17, fusées tremblotantes de bourdonnement. Le soir, bourdonnement profond, sourd. Le 18, bourdonnement fort et faible, tremblotant, nul, se supprime et revient vague, éloigné. Le 19, bourdonnement sourd, non continu, inégal, irrégulier, se supprime et revient. Le soir, fusées de bourdonnement, tremblotant, intermittent, inégal. Le 20, bourdonnement entendu seulement à l'indicateur. Le 21, bourdonnement très-faible, irrégulier, se supprimant brusquement et reparaissant tremblotant, suppression complète ; petillement éclatant. Mort le soir.

Obs. III. — Le 24 janvier au soir, Delhandry (Dominique), marin en congé, âgé de 35 ans, d'un tempérament sanguin, entre à l'Hôtel-Dieu Saint-Jacques, pour une fièvre typhoïde compliquée de pneumonie. Il venait d'arriver à Toulouse par le bateau-poste. Il raconte qu'il s'est exposé, sur le pont du bateau, au froid, et qu'il a pris mal. Nous le trouvons l'état suivant au moment de sa réception : il est abattu, sa démarche est titubante ; il répond aux questions qu'on lui adresse d'une manière saccadée, comme s'il ne pouvait pas répondre ou comme si les questions l'ennuyaient. Le pouls est fréquent, fort ; la peau chaude. Le malade ne tousse pas, sa bouche est humide ; sa figure est fortement colorée, et il a bruni sous le soleil. Le ventre n'est pas douloureux ; le malade ne demande que du repos.

25 janvier. Il y a du désordre dans la manière dont il est couché, et c'est ce qui attire l'attention sur son état, car on ne

l'avait reçu que pour un jour, pour se reposer. Dès lors, un examen attentif fit reconnaître un état pouvant devenir alarmant. Sa figure a une coloration jaunâtre fortement injectée. Il s'agite, ne peut tenir ses bras sous les couvertures. Le pouls donne 90 pulsations; il est fort, plein, dur. Les réponses du malade sont brusques; parfois il se plaint un peu de la tête; puis dit que rien ne lui fait mal. Comme il tousse, je l'ausculte, et on n'entend que quelques râles sibilants, soit en avant, soit en arrière de la poitrine. Les crachats sont gluants, d'une sortie difficile, épais, muqueux.

Auscultation. — Main gauche : Bourdonnement très-fort, lent; petillement nul.

26. La stupeur est plus grande que la veille; il y a du sang dans les crachats. Le malade dit qu'il a froid, mais il se découvre à chaque instant. Il est de mauvaise humeur; ses réponses sont brèves, sèches, et il semble ennuyé de tout ce qu'on lui demande. Il se plaint d'un point de côté qui l'empêche de respirer. Le pouls est petit, dépressible, fréquent. Cet embarras de la respiration attire l'attention; aussi la percussion révèle un peu de matité à la partie postérieure et inférieure de la poitrine. L'auscultation fait entendre du râle sous-crépitant des deux côtés. L'aspect de la figure indique un état profond de torpeur, d'abattement. Les caractères que nous venons d'énumérer indiquent une pneumonie plutôt qu'un état typhique.

Prescription : Bouillon; potion avec : oxyde blanc d'antimoine, 1 gramme; une cuillerée d'heure en heure.

Auscultation du doigt indicateur gauche. — Bourdonnement fort; petillement nul.

27. Le malade est dans une agitation pareille à celle de la veille. Ses réponses sont brèves, courtes et incomplètes; la respiration est encore difficile; les crachats rappellent ceux que l'on a nommés couleur jus de pruneaux. Le malade tousse. A la partie antérieure, on ne distingue pas autre chose qu'un râle sibilant.

28. Respiration difficile, courte, sans cris; narines dilatées;

teinte jaunâtre, sombre; sueur froide à la main; pouls petit, filiforme, fréquent, 140 pulsations; langue moins sèche. Les yeux sont ternes, les narines se rétrécissent; les crachats sont rouges. (Deux sinapismes, deux vésicatoires camphrés; looch avec oxyde blanc d'antimoine, un gramme; tisane de coquelicot.)

Auscultation. — Bourdonnement, intermittent; petillement rare, simple.

On peut rester longtemps sans rien entendre, surtout lorsque le malade dort.

29. Respiration très-difficile, sclérotique jaune; pouls 120. (Potion kermétisée; petit-lait; infusion de mauve.)

Auscultation. — Bourdonnement intermittent : c'est le bourdonnement tremblotant (en chemin de fer), continu, rémittent; petillement rare, simple, deux fois en bruit, triple, bas.

30. Même abattement; pouls 120, irrégulier.

Auscultation 2'. — Bourdonnement continu, rémittent. Il conserve par suite le même caractère.

Le soir, pouls 150. Le malade est de plus en plus mal; la figure se décompose.

Auscultation. — Bourdonnement continu, rémittent, très-fort, à intermittence; petillement quelquefois triple et bas.

31. Le malade meurt à huit heures.

Auscultation cinq minutes après la mort, à l'extrémité des doits : Bourdonnement et petillement nuls. Le bourdonnement existe au creux de l'estomac jusqu'à la douzième heure après la mort.

— La nécropsie ne révèle autre chose, dans les poumons, que l'hépatisation grise du poumon droit.

Résultats de la dynamoscopie. — En somme, la dynamoscopie a donné, dans cette observation, les résultats suivants : Malade entré le 24 janvier. Ausculté le 25, bourdonnement très-fort, lent; petillement nul. Le 26, bourdonnement fort; petillement nul. Le 28, bourdonnement intermittent; petillement rare, simple. Le 29, bourdonnement intermittent, tremblotant, continu, rémittent; petillement rare, simple. Le 30, bourdonnement continu, rémittent. Le soir, bourdonnement continu, rémittent, très-fort, intermittent; petillement triple et bas. Mort le 31; le bourdonnement existe jusqu'à la douzième heure après la mort.

Obs. IV. — Honoré (Joseph), entre le 15 juillet à l'hôpital, salle Saint-Vincent, n° 7. Il se plaint du mal d'oreilles; il est sourd; la tête lui fait mal; il est faible sur ses jambes; mais comme il veut manger, il ne se couche pas; il est levé au moment de la visite. Hébétude de la face. (Demi-potage.)

Le malade reste ainsi jusqu'au 19 juillet; alors il ne peut plus se tenir debout. La fièvre est intense; la face exprime une plus grande hébétude.

Bourdonnement continu, égal, régulier, clair. Température 40°.

Le soir, les dents sont encroûtées d'un enduit muqueux qui n'est pas encore des fuliginosités; le malade a une soif très-vive; elle augmente ainsi que le malaise; il y a une excerbation; pas de céphalalgie; langue humide; papilles rouges et blanches; pas de diarrhée; pouls très-fréquent, irrégulier. Température 41° 1/2. (Traitement : lotion avec l'eau vinaigrée, potion avec l'azotate de potasse et le camphre; cataplasme simple autour du cou et des yeux; limonade à la glace.)

Bourdonnement clair, assez rapide, il baisse, il se relève, il y a des exacerbations, il ne se supprime pas, il y a de temps en temps des trépidations comme s'il voulait se supprimer.

20. Les dents sont fuligineuses; c'est une véritable exsudation sanguine. Le malade a dormi; langue humide; pas de céphalalgie; figure poudreuse; ventre souple, non douloureux à la pression; pas de diarrhée; il tousse. Température 40° 3/4.

Bourdonnement très-rapide, rude, avec rehaussement, puis il baisse et reste un instant petit; il est alors uniforme; petillement fréquent. Le soir, bourdonnement petit, faible, clair.

21. Le malade a déliré toute la nuit ; il s'est levé pour aller aux lieux ; enduit muqueux aux dents ; il ne parle pas, rend mal compte de ses sensations ; il se trouve très-bien ; langue poisseuse. Exacerbations le soir ; gargouillement dans le ventre.

Bourdonnement petit, faible, uniforme et tremblotant, à tic tac bien marqué.

Le soir, le malade est souvent assoupi ; il a parlé, il s'est levé plusieurs fois du lit et il n'est pas tombé.

Bourdonnement petit, faible, continu, mêlé de tremblotement, très-distinct, à tic tac éloigné ; petillement nul.

22. A onze heures, le malade a commencé à délirer ; pouls flasque, moins inégal ; fuliginosités.

Le bourdonnement semble plus faible ; il est uniforme et tremblotant.

Le soir, continuité dans le sommeil ; le malade ne souffre nulle part ; il se remue ; chaleur forte ; pouls fréquent, mou ; fuliginosités ; soubresauts ; trois selles.

Auscultation. — Main gauche : Bourdonnement faible, clair, continu, rapide ; petillement très-fréquent, simple, double, clair.

Main droite : Bourdonnement sourd, roulant, rapide, tremblotant ; par moments il s'arrête ; petillement très-fréquent.

23. Le malade a le délire toute la nuit ; fuliginosités ; deux selles.

Bourdonnement roulant, tremblotant ; il se ralentit, s'approfondit ; entr'acte de tremblotement ; il ne s'arrête pas.

Le soir, le malade reste tranquille ; il est affaissé.

Bourdonnement roulant, sourd, plus rapide à certains moments, inégal, longues suppressions ; il reparaît.

24 au soir. Le malade a passé une bonne journée ; il n'a pas déliré ; il a de la diarrhée ; la fièvre est tombée, la chaleur aussi ; il dort toujours ; il répond nonchalemment.

Auscultation. — Main gauche : Bourdonnement profond, ni lent ni rapide, clair, continu, non tremblotant ; petillement très-fréquent.

Main droite : Bourdonnement roulant, sourd, uniforme, quelquefois rare, tremblotant ; petillement très-fréquent.

26. Le malade a été tranquille la nuit ; le délire a disparu ; face meilleure.

Bourdonnement roulant, rapide, continu ; il semble se régulariser ; petillement fréquent. Le soir, bourdonnement continu, roulant, rapide, égal ; petillement rare.

Le 26. Bourdonnement petit, faible, roulant, inégal, continu, à tremblotement marqué.

27. Face décomposée ; bouche béante ; fuliginosités qui coulent ; tremblotement général ; pouls imperceptible ; respiration non embarrassée.

Auscultation. — Main droite : Bourdonnement roulant, rapide ; il baisse, diminue de rapidité, puis d'intensité, et s'arrête ; petillement très-rare.

Main gauche : Bourdonnement roulant, rapide ; il baisse et s'arrête ; petillement rare et très-fort.

28. Mort à midi.

Résultats de la dynamoscopie. — La dynamoscopie a donné, dans cete observation, les résultats suivants : Malade entré le 15 juillet. Ausculté le 19, bourdonnement continu, égal, régulier, clair, rapide. Le 20, bourdonnement très-rapide, rude, petit, uniforme, faible, clair ; petillement fréquent. Le 21, bourdonnement petit, faible, uniforme, tremblotant, continu ; petillement nul. Le 22, bourdonnement faible, uniforme, tremblotant, clair, continu, rapide, sourd, roulant ; il s'arrête ; petillement très-fréquent, simple, doux, clair. Le 23, bourdonnement roulant, tremblotant, se ralentit et ne s'arrête pas, sourd, rapide, inégal, se supprime longtemps et reparait. Le 24, bourdonnement profond, clair, continu, roulant, sourd, uniforme, rare, tremblotant ; petillement très-fréquent. Le 25, bourdonnement roulant, rapide, continu, égal ; petillement fréquent et rare. Le 26, bourdonnement petit, faible, roulant, inégal, continu, tremblotant. Le 27, bourdonnement roulant, rapide, baisse et s'arrête ; petillement rare et très-fort. Mort le 28.

Obs. V. — Withur (Antoine), 31 ans, fusilier au 85ᵉ de ligne, prit le scorbut à Kimburn, un mois et demi avant sa rentrée en France. Il fut évacué sur l'hôpital de Varna, se rétablit à Constantinople, et fut renvoyé en France. Il est arrivé à Marseille le 5 février, et on l'envoya à son dépôt à Montpellier, où il n'a pas tardé à se sentir indisposé. Il s'est fait porter au rapport quatre jours après son arrivée. Du 14 février au 19, jour de son entrée à l'hôpital Saint-Éloi, le malade fut mis à la diète.

État actuel : Le malade raconte que depuis huit jours il a tous les soirs un redoublement de fièvre qui dure depuis huit heures jusqu'à minuit ; les traits de la face sont affaissés, avec une légère suffusion jaunâtre ; les yeux, sans être ternes, sont mornes. Si on cesse de lui parler un instant, et qu'ensuite on lui adresse la parole, il lève les yeux comme s'il ne savait plus que nous fussions là pour voir comment il se trouve. Il répond bien aux questions qu'on lui adresse ; mais il dit, sans que nous le lui demandions, qu'il se trouve un peu sourd, et qu'il n'y voit pas aussi bien qu'autrefois. La soif est très-vive ; il n'a pas d'appétit. La langue est large, légèrement recouverte d'un enduit blanc jaunâtre ; elle est décolorée. Le ventre est mou, complétement affaissé. Le malade est couché sur le côté droit ; la respiration est un peu fréquente ; il est allé quatre fois à la selle depuis hier : ce n'est pas trop, mais il veut dire qu'il n'a pas de diarrhée. Le pouls est petit, fréquent, inégal, 105. Le malade a été vacciné. La fièvre n'est pas venue hier soir comme les autres jours ; il n'a pas de céphalalgie comme précédemment ; il n'a pas sué. (Prescription : un quart de vin ; tisane d'orge ; un lavement.)

Auscultation. — Main droite (3 minutes) : Bourdonnement fort, continu, égal, non mugissant ; petillement incomplet, quelquefois petit et simple, quelquefois il semble vouloir être multiple et il est comme enrayé.

Main gauche (2 minutes) : Indicateur : Bourdonnement moins fort que de l'autre côté, plus mugissant, plus sourd, moins d'éclat; petillement incertain, incomplet, quelquefois voulant être multiple, mais il semble empêché : il s'en est produit cinq.

Le soir, la figure semble moins hébétée; l'œil conserve son expression. Il y a eu une selle; pas de douleur locale; le malade crache de temps en temps; les crachats sont mêlés de mucosités; il parle et répond bien. En allant aux lieux, il dit que sa démarche est hésitante. Pouls 90; il est flasque, légèrement irrégulier.

Auscultation. — Main droite (2 minutes) : Indicateur : Bourdonnement fort, timbre clair, quelquefois tendant au mugissement, mais moins prononcé que lorsqu'il est fort; petillement fréquent, simple, fort, doux, clair.

Main gauche (2 minutes) : Bourdonnement mugissant, continu et conservant sa force à un même degré ; petillement incomplet, clair, faible, double, inégal, petit.

21 février. Le malade a dormi dans la nuit; il a encore la tête embarrassée ; l'expression de la figure n'a pas notablement changé; la langue est couverte d'un enduit peu marqué : c'est plutôt une décoloration des papilles. Il est allé du ventre une fois dans le jour et une fois dans la nuit. En allant aux lieux, sa démarche est hésitante, il est sur le point de tomber. Il sent le besoin d'uriner souvent, toutes les dix minutes; il fait peu de chose. Pas de blennorrhagie; pas de douleur de ventre : il est mou, mais pas autant que la veille. Bouche amère; pouls petit, inégal ; 20 inspirations dans une minute; peu de bruit anormal dans la poitrine; crachats muqueux. (Infusion de fleurs de mauve édulcorée au sirop de limonade, 90 grammes ; bains de pieds sinapisés; un lavement, demi-potage, demie de vin.)

Auscultation. — Main gauche (2 minutes): Indicateur: Bourdonnement clair d'abord, puis mugissant; il faiblit, devient obscur, moins mugissant, plus clair; petillement simple, clair, fort, quelquefois double, multiple, incertain.

Main gauche (2 minutes) : Le bourdonnement semble augmenter par moments ; il est continu, clair, non mugissant; petillement incomplet, rare, simple, quelquefois clair.

La marche de la maladie est incertaine : doit elle augmenter ou diminuer ?

Le soir, le malade sue par tout le corps ; il a chaud ; il est rouge ; il se produit une sorte de détente générale ; la figure est rouge; elle est meilleure. Le regard n'est pas encore parfaitement clair ; les pupilles sont dilatées; teinte verte, sombre, des sclérotiques. Il dit qu'il est allé une fois aux lieux et qu'il n'avait pas la démarche très-solide. Le ventre est souple, non douloureux; la langue molle, un peu humide ; anorexie. Le malade n'urine pas autant que le matin ; il ne l'a pas fait depuis quatre heures. Pouls fort, annonçant la réaction, 100 pulsations.

Auscultation. — Main gauche (2 minutes) : Indicateur : Bourdonnement clair, normal, mais faible; petillement fréquent, clair, fort, doux, faible, multiple.

Main gauche (2 minutes) : Bourdonnement clair, un peu faible, continu ; petillement assez fréquent, simple, clair et fort.

22. Peau moite. Le malade a dormi presque toute la nuit ; les yeux sont brillants. Il a eu deux selles non liquides ; la langue a le même caractère. Il tousse; les crachats sont muqueux ; pas de douleur locale ; amélioration. Pouls 70.

Auscultation. — Main droite (2 minutes) : Indicateur : Bourdonnement clair, continu; petillement éclatant, doux, simple. L'éclat n'est pas prononcé comme de l'autre côté.

Main gauche (1 minute) : Bourdonnement clair, se rapprochant du fort; petillement éclatant, doux, simple. .

Le soir, nulle douleur; une selle; langue un peu plus dépouillée ; figure meilleure. Pouls légèrement irréguiier, assez fréquent, 90.

Auscultation. — Main gauche : Indicateur : Bourdonnement fort (voiture), continu; petillement simple, fréquent, clair et fort.

Main droite : Bourdonnement fort (voiture), continu; petillement simple, clair et fort.

23. La peau est souple, molle, douce. Le pouls ferme, relevé, amplifié, égalisé, 65. Une selle. La démarche est moins chancelante. Le malade voit mieux ; il n'urine pas si souvent et pisse clair. Il demande à manger. Pas de douleur locale.

24. Tout se passe pour le mieux.

25. Une selle. Le malade n'hésite pas autant quand il va aux latrines. L'appétit est bon. Il voit clair; il se sent plus fort. Le pouls est bas.

26. L'amélioration continue; le malade urine bien ; il voit clair. Amélioration générale.

27, 28. Même état.

29. Le malade se plaint de tournoiement de tête; du reste, tout se passe bien; la figure est claire. Il mange et digère bien. Il ne va à la selle qu'une fois.

Auscultation. — Main droite (4 doigts, 3 minutes) : Bourdonnement éloigné, profond; quelquefois le petillement masque le bourdonnement; petillement fort, clair.

Main gauche (3 doigts) : Bourdonnement entendu clairement, mais il a un timbre sourd, grondant, continu ; petillement fort, clair, simple.

2 mars. L'état est excellent. Le malade a un torticolis.

Auscultation. — Main droite (3 doigts, 2 minutes) : Bourdonnement bon; il a le même timbre qu'à l'état normal; petillement ordinaire, petit, avorté, rare.

Main gauche : Bourdonnement plus fort que du côté opposé, légèrement mugissant ; petillement nul.

8. Le malade continue d'aller très-bien; il se plaint d'un bourdonnement et d'un tournoiement de tête qui l'empêche de

se tenir longtemps debout. Il mange la demi-portion et va très-bien.

Auscultation. — Main. droite (3 doigts) : Bourdonnement profond, timbre grave ; petillements nombreux, caractère fort doux.

Main gauche : Bourdonnement et petillement pareils à ceux du côté opposé.

Du côté gauche, la tête semble présenter un bourdonnement plus distinct.

Résultats de la dynamoscopie. — En résumé, la dynamoscopie a donné, dans cette observation, les résultats suivants Malade entré le 19 février. Ausculté le même jour : bourdonnement fort, continu, égal, mugissant, sourd ; petillement incomplet, petit, simple, comme enrayé. Le soir, bourdonnement fort, clair, mugissant, continu ; petillement simple, fort, doux, clair, incomplet, faible, double, inégal, petit. Le 21, bourdonnement clair, mugissant, faible, obscur, moins mugissant, plus clair, semble augmenter, continu, clair, non mugissant ; petillement simple, clair, fort, double, multiple, incertain, incomplet, rare. Le soir, bourdonnement clair, normal, faible, continu ; petillement fréquent, clair, fort, doux, faible, multiple. Le 22, bourdonnement clair, continu ; petillement éclatant, doux, simple. Le soir, bourdonnement fort (voiture), continu ; petillement simple, fréquent, clair, fort. Le 29, bourdonnement éloigné, profond, clair, sourd, grondant, continu ; petillement fort, clair, simple. Le 2 mars, bourdonnement bon, à l'état normal, plus fort à la main gauche, légèrement mugissant, petillement ordinaire, petit, avorté, rare, nul à la main gauche.

Le 8 mars, guérison : Bourdonnement profond, grave ; petillements nombreux, fort, doux.

Fièvre typhoïde sérieuse.

Obs. I. — M. H..., employé au ministère de la guerre, est d'un tempérament nerveux et bilieux. Le 4 juin 1861, se sentant atteint d'une grande lassitude, d'envie de vomir et d'un mal de tête très-violent, il me fait demander, et je constate, d'après les symptômes, une fièvre bilieuse. Je donne 10 centigrammes de tartre stibié.

5 juin. Les vomissements ont été nombreux et verdâtres ; mais la céphalalgie n'a pas cessé; le malaise du creux de l'estomac persiste; il y a un peu de toux, bien que l'auscultation ne laisse rien entendre d'anormal. Le pouls est à 104 pulsations, et l'artère est facilement dépressible. (Limonade Rogé ; boissons délayantes).

Auscultation. — Main droite : Bourdonnement sonore, lent, inégal, petillements nombreux.

Main gauche : Bourdonnement sourd, lent, égal ; petillements plus nombreux depuis hier.

6 juin. La fièvre persiste, et le malade n'éprouve aucun soulagement. Il y a eu depuis hier de nombreuses garde-robes et trois ou quatre lipothymies; 116 pulsations; pouls petit, mou; la percussion de différentes parties du ventre montre la rate engorgée, très-peu le foie, et la fosse iliaque pleine de matières. Urines très-rouges.

Auscultation. — Main droite : Bourdonnement sourd, rapide, inégal; petillements plus nombreux.

Main gauche : Bourdonnement moins sourd, lent, égal ; petillements nombreux.

Potion avec sulfate de quinine.

7 juin. Le ventre s'est gonflé; la pression est devenue impossible au niveau des fausses côtes droites. La percussion dénote une sonorité légère; la douleur, de ce point, se propagé vers

la fosse iliaque droite ; pouls très-pauvre et fébrile ; 120 pulsations ; respiration difficile ; plus d'envies de vomir, peu de garde-robes ; la tête est libre.

Auscultation. — Main droite : Bourdonnement plus bas que celui de gauche ; lent, inégal, petillements nombreux.

Main gauche : Bourdonnement sonore, lent.

8 juin. Surdité très-prononcée ; le ventre est plus souple ; il n'y a pas eu de garde-robes ; le pouls est très-petit et dépressible ; toux souvent répétée, sans que l'auscultation fournisse aucun résultat important ; les urines sont rouges ; pas de taches à la peau.

Auscultation. — Main droite : Bourdonnement sourd, rude, inégal, plus grave qu'à gauche ; petillement fort.

Main gauche : Bourdonnement sonore, presque normal, moins inégal, continu ; pas de petillement.

9 juin. S'il n'y avait pas moyen jusqu'à ce jour de distinguer de caractère à la maladie autre que celui d'être bilieuse, il est aujourd'hui facile de lui trouver le cachet typhoïde. La langue est sèche et chargée, les gencives légèrement enduites ; le pouls à 130 pulsations ; la surdité assez intense, l'abattement profond et une certaine terreur de la mort. Le malade est si faible qu'il ne peut supporter le bassin sous lui pour aller à la garde-robe. Taches de sudamina et pétéchies sur le dos.

Auscultation. — Main droite : Bourdonnement sonore, égal, toujours net, ni lent ni rapide ; petillements nombreux.

Main gauche : Bourdonnement sonore, inégal, quelquefois confus, lent ; petillements nombreux.

10 juin. Le ventre est plus tendu que la veille ; la percussion montre une matité assez forte à droite, une augmentation de volume de la rate, et le cœur un peu plus petit que dans son volume normal ; surdité moins forte ; 116 pulsations ; pouls petit, irrégulier, pas de garde-robes ; pas de toux ; altération ; urines très-rouges ; toujours même prostration.

Auscultation. — Main droite : Bourdonnement sourd, variable, quelquefois confus ; petillements nombreux.

Main gauche : Bourdonnement sonore, uniforme, distinct; petillement moins nombreux. (Purgation, bouillon, vin de Bordeaux).

11 juin. Même situation que la veille. Il y a des lipothymies; la purgation a fait rendre de nombreuses selles d'une odeur fétide, liquides ; le ventre s'est un peu détendu.

Auscultation. — Main droite : Bourdonnement sourd, inégal, grave ; beaucoup de petillement.

Main gauche : Bourdonnement sonore, plus régulier, normal, beaucoup de petillements. (Lavements, bouillon, limonade.)

12 juin. La fièvre continue, la faiblesse va jusqu'à la prostration ; le malade ne souffre nulle part; pulsations **106**, pouls petit, faible, pas de toux; un peu moins de surdité ; les autres symptômes persistent. Quelques garde-robes liquides ; il est impossible de remuer le malade, parce qu'il se trouverait mal.

Auscultation. — Main droite : Bourdonnement sourd, inégal, irrégulier, et quelquefois presque nul; petillements nombreux.

Main gauche : Bourdonnement sourd, moins inégal, toujours distinct et net; petillements nombreux. (Sinapisme ; extrait mou de quinquina dans du café noir, dix fois; bouillon, potages.)

13. Consultation avec M. le professeur Piorry. Il pense que les plaques de Peyer sont ulcérées, que la rate est grande, plus de six millimètres au-dessus de la normale; le cœur au-dessous du volume normal; des taches nombreuses sur le dos et la région sacrée, et il n'a pas de doute à admettre le septénaire, typhoïde ; 96 pulsations.

Auscultation. — Main droite : Bourdonnement sourd, bas, inégal, continu; petillements multiples.

Main gauche : Bourdonnement sourd, un ton plus haut, moins inégal, continu ; moins de petillements. (Lavement purgatif, potion au sulfate de quinine.)

14 juin. Le sulfate de quinine a été très-irritant pour l'estomac ; il y a eu une fièvre violente, des faiblesses continuelles ; douleur interne au creux de l'estomac ; beaucoup d'irrégularités dans le pouls et beaucoup moins de fréquence.

Auscultation. — Main droite : Bourdonnement sourd, irrégulier, inégal, lent ; petillements nombreux.

Main gauche : Bourdonnement sonore, régulier, égal, presque rapide. (Purgation à l'huile de ricin, lavements et extrait mou de quinquina).

15 juin. M. H... se sent plus fort, il peut faire des mouvements dans son lit sans avoir de syncope ; 84 pulsations ; le ventre est plus souple, les garde-robes nombreuses, et il a pu se mettre sur le bassin. Le bouillon est bien digéré, douleur nulle part ; pas de toux, ni d'oppression ; les urines sont moins rouges.

Auscultation. — Main droite : Bourdonnement sourd, bas, inégal, lent ; petillements nombreux.

Main gauche : Bourdonnement sourd, bas, presque égal, non lent ; petillements moins nombreux. (Continuation du café et quinquina ; friction sèche).

16. L'amélioration continue ; pouls 76 pulsations ; plus de force ; le ventre est tendu, et la percussion de la fosse iliaque droite indique la présence de nombreuses matières.

Auscultation. — Main droite : Bourdonnement murmure, irrégulier, faible, lent ; petillements nombreux.

Main gauche : Bourdonnement sourd, normal, inégal, lent ; petillements nombreux.

17 juin. Continuation de l'amélioration, malgré l'élévation du pouls, 92 pulsations ; le pouls est toujours faible, la rate a diminué de volume, le ventre est plus souple ; il y a eu de nom-

breuses garde-robes, très-odorantes, liquides; les urines sont moins rouges que la veille; les taches ne sont pas arrivées en avant, et celles du dos s'effacent.

Auscultation. — Main droite : Bourdonnement sonore, lent, normal, quelques vibrations irrégulières.

Main gauche : Bourdonnement sonore, rapide, normal, uniforme. (Continuation du café; lait de chèvre.)

18 juin. 68 pulsations ; quelques aigreurs d'estomac vaincues avec un peu de magnésie décarbonatée; plus de lipothymies ; le ventre s'assouplit de plus en plus, et la surdité semble avoir disparu ; il y a plus de force, on a pu le changer de lit.

Auscultation. — Main droite : Bourdonnement sonore, lent, normal, inégal ; petillements nombreux.

Main gauche : Bourdonnement sonore, lent, aigu, égal ; petillements nombreux.

19. 64 pulsations ; ballonnement du ventre, faiblesse moindre, la langue se dépouille ; il n'y a de garde-robes que celles qui sont provoquées par les lavements. Tout ce qui est pris est bien digéré ; les taches commencent à disparaître.

Auscultation. — Main droite : Bourdonnement sourd, lent, inégal, note plus basse d'un ton; petillements nombreux.

Main gauche : Bourdonnement sourd, rapide, égal; pas de petillement.

20, 21 juin. L'amélioration continue ; le pouls est à 60, et l'artère est souple avec le rhythme normal; la chaleur de la peau n'est plus âcre ; il y a une bonne transpiration.

Le bourdonnement de la main droite est sonore et doux, moins inégal, il se rapproche de plus en plus du bourdonnement de la main gauche.

22, 23, 25. L'amélioration continue; le bourdonnement de la main droite est sourd, continu, doux, égal, sans battements; pas de petillements.

Le bourdonnement de la main gauche est sourd, fort, même ton, avec battement; pas de petillements.

RÉSULTATS DE LA DYNAMOSCOPIE. — Au début de la fièvre typhoïde, pas de différences tranchées entre le bourdonnement droit et le bourdonnement gauche. Par rapport au bourdonnement normal servant de diapason, le bourdonnement du malade est plus bas, moins égal, ses battements sont altérés ; il y a beaucoup de petillements.

Vers le tiers et le milieu de la maladie, le bourdonnement présente une différence très tranchée à droite et à gauche ; celui de droite est en général sourd, inégal ; il a des suppressions très-courtes, instantanées, et des réapparitions ; sa note est plus basse qu'à gauche. On ne distingue pas ses battements. Les petillements sont très-nombreux. Celui de gauche se rapproche davantage du bourdonnement normal ; il est sonore, continu, moins inégal, régulier, et on y distingue les battements naturels ; sa note est d'un demi-ton ou de quelques tons plus bas qu'à l'état normal ; moins de petillements.

Vers la fin de la maladie, à la convalescence, les bourdonnements de droite et de gauche s'égalisent. Quelquefois il n'y a pour modulation du bruit qu'un murmure ; d'autres fois, c'est un bourdonnement sourd, égal, continu ; la note se rapproche de celle qui doit être à l'état normal ; retour des battements ; les petillements s'éloignent.

OBS. II. — Mlle L..., d'une constitution excellente et d'un tempérammant sanguin, souffre de la tête depuis quelques jours, a la démarche titubante et ne peut rester debout. Sa parole est tremblante, ses forces nulles, et tous les soirs, vers six heures, un accès de fièvre la prend et dure toute la nuit. La mère s'aperçoit qu'elle n'a pas toujours les idées bien nettes pendant la fièvre. Le pouls est à 120, petit ; le ventre est tendu et plein de gargouillements à la fosse iliaque droite. Les gencives sont recouvertes de fuliginosités ; la poitrine est remplie de mucosités, et une toux petite et sèche ne la laisse pas en repos. Elle vient d'être réglée. Malade depuis huit jours, on espérait que la maladie se terminerait par les seuls efforts de la nature.

Auscultation. — Main droite : Bourdonnement sourd, inégal, lent, grave, quelques légères interruptions, pas de battements; petillements nombreux.

Main gauche : Bourdonnement sourd, plus égal, rapide, moins grave, continu, battements; moins de petillements.

19, 20, 21. Mêmes symptômes et même bourdonnement.

23. Le délire a augmenté; le pouls est à 126; la prostration augmente; le dos est couvert de taches lenticulaires; la malade est toujours endormie et dans un demi-sommeil, ne demande rien; la toux a diminué et elle est encore très-opiniâtre et très-pénible; le ventre est tendu, météorisé; elle a une diarrhée liquide, très-odorante de matières bilieuses; la moindre pression sur le ventre est douloureuse; les urines sont colorées; il y a de l'oppression.

Auscultation. — Main droite : Bourdonnement sourd, non continu; il est bientôt nul et entremêlé de nombreux petillements.

Main gauche : Bourdonnement sourd, continu, inégal, plus rapide; moins de petillements.

25, 28, 29. Il n'y a aucune amélioration.

30. Le délire a cessé depuis la veille, le ventre est moins sensible et moins tendu; la diarrhée moins intense; mais la toux est permanente et la poitrine remplie de râles ronflants et sibilants qui obstruent les bronches.

Auscultation. — Main droite : Bourdonnement sourd, plus bas qu'à gauche, lent, inégal et quelque peu confus; petillements.

Main gauche : Bourdonnement sonore, plus bas qu'à l'état normal, moins inégal; pas de battements.

5 avril. Recrudescence dans les symptômes. La malade se lève la nuit, elle ne sait pas où elle est; perte absolue de la mémoire; elle ne reconnaît pas de famille et se croit à la campagne; la diarrhée n'existe pas, le ventre est couvert de taches;

moins de toux, et l'auscultation pulmonaire est moins altérée.
Le poumon gauche respire mieux et est perméable à l'air.

Auscultation. — Main droite : Bourdonnement sourd, petit,
inégal ; il disparaît et revient ; pas de battements.

Main gauche : Bourdonnement sourd, plus fort, moins inégal, il est continu ; quelques battements ; pas de petillements.

Le 10 avril. Il semble qu'elle se reconnaît mieux, et elle demande à prendre des aliments ; la diarrhée n'existe plus ; la
toux est toujours pénible, il y a quelques quintes. Les taches
s'effacent, la langue et les dents se dépouillent.

Auscultation.— Main droite : Bourdonnement murmure
sourd et faible, pas de battements ; petillements.

Main gauche : Bourdonnement sourd, fort, rapide et sans
battement ; pas de petillements.

Le 20 avril, grâce à une nourriture choisie, la malade a pu
s'asseoir sur son lit ; la toux a presque disparu ; le ventre, qui
n'a plus de taches, est souple et non douloureux ; la toux est
rare, et la mémoire, qui n'est pas complète, existe cependant.

Auscultation. — Main droite : Bourdonnement sonore, petit, continu, égal, pas de battements ; petillements.

Main gauche : Bourdonnement sonore, fort, continu, égal,
quelques battements ; petillements nombreux.

Le 28 avril, Mlle L... est allée se promener dans la chambre,
appuyée sur les bras de sa famille, et se sent aussi bien que
possible ; maigreur extrême ; pouls à 80.

Auscultation. — Main droite : Bourdonnement sourd, ton
normal, continu, lent, quelques battements.

Main gauche : Bourdonnement sourd, ton normal, continu,
rapide, battements ; pas de petillements.

Résultats de la dynamoscopie. — Le bourdonnement de la
main droite est plus ou moins régulier pendant presque tout le

temps du danger, plus lent que celui de la main gauche et toujours inégal, sinon confus, nul ou absent. Le bourdonnement de la main gauche est plus bas que le ton normal, assez rapide, très-souvent sans battements, quelquefois inégal et rarement absent. Le bourdonnement droit est plus élevé qu'à gauche.

Plus on se rapproche de la guérison, plus le ton des deux côtés s'harmonise et se rapproche du ton normal; plus il y a d'égalité et de continuité, moins il y a de lenteur, et plus les battements se rapprochent. (Obs. de 1861.)

Au milieu de toutes ces variétés, l'étude de cette maladie, considérée au point de vue du bourdonnement et du petillement, se range sous les trois chefs suivants :

1° *Fièvre typhoïde légère.* — Le bourdonnement à l'état normal passe à l'état roulant; il acquiert de la force, de la vitesse, et, à l'apogée de la maladie, il est roulant, fort, rapide; à peine peut-on lui trouver quelques inégalités. Peu à peu le bourdonnement perd de sa force, de sa vitesse, et il reprend sa douceur normale. Il est alors un peu clair et peu nourri ; ce n'est que lorsqu'il joint à la force, à la douceur, l'élément qui le rend bien plein, bien nourri, que le malade est guéri.

2° *Fièvre typhoïde sérieuse.* — Dans la période de début, les prodromes et l'augmentation de la maladie, le bourdonnement de la main droite et de la main gauche subit les mêmes altérations. Il devient plus bas qu'à l'état normal, moins égal, plus rapide ou plus lent, et ses battements ou plus forts ou moins fréquents ; les petillement augmentent beaucoup.

Dans la période d'état, il y a un bourdonnement distinct pour la main droite et la main gauche. Celui de la main droite est plus altéré; il devient sourd, profond, inégal, irrégulier, lent, avec suppression instantanée; les battements sont presque imperceptibles à noter; la note est plus basse à droite qu'à gauche. Le bourdonnement de la main gauche se rapproche du type normal; il est un peu plus grave; il a des battements; il

court avec une certaine rapidité et avec régularité. Les petillements sont plus fréquents à droite qu'à gauche.

Dans la période de déclin, il y a rapprochement entre le
bourdonnement de droite et de gauche ; il peut ressembler à
un murmure ; il s'élève de ton peu à peu ; il se rapproche de la
continuité de plus en plus, et de la régularité et de la rapidité
normales ; enfin, les battements reprennent leur cours ; les petillements diminuent.

3° *Fièvre typhoïde grave.* — Dans ce cas, ou bien le malade
est frappé à mort dès qu'il est atteint, et peut, à grand' peine,
résister un septénaire ou deux ; ou bien il résiste pendant quelque temps et finit par être vaincu.

A. Dans le premier cas, on trouve qu'au cinquième jour, ou
même dès le quatrième, le bourdonnement, qui a été jusque-
là roulant, fort, rapide, devient intermittent, c'est-à-dire qu'il
paraît et disparaît. Ces apparitions et ces disparitions n'ont
rien de régulier; les disparitions sont longues et elles arrivent
brusquement ou peu à peu; alors le bourdonnement passe par
différents tons : il est rapproché et s'éloigne. Il se maintient
ainsi perverti jusqu'à la fin de l'existence; quelques heures
avant la mort, il disparaît totalement ou il prend les caractères
du bourdonnement nécroscopique.

B. Dans le second cas, le bourdonnement reste longtemps
tremblotant, roulant ; il baisse et se maintient très-bas ou se
supprime. Ces caractères sont moins tranchés que lorsque la
terminaison de la maladie est très-prompte. Avec ces caractères, le bourdonnement est le plus souvent faible, clair : l'o-
reille reste longtemps impressionnée par un pareil bourdonnement. Enfin, si les suppressions du bourdonnement sont très-
longues ou s'il est nécroscopique apparent, la mort ne tarde
pas.

Étude du bourdonnement dans le typhus.

Obs. I. — Sauvegrand (Adolphe), 25 ans, soldat, est arrivé de

Constantinople le 12 mars au soir. Il vient en France pour jouir d'un congé de convalescence qu'on lui a accordé à cause du scorbut dont il avait été atteint. Sa guérison était, dit-il, assurée, lorsqu'il a été pris de fièvre quatre jours avant de débarquer, le 7 ou 8 mars. On peut croire qu'il dit la vérité, car il jouit d'une bonne constitution, d'un tempérament sanguin non détérioré. Ses membres sont forts, volumineux : il n'est pas amaigri. Depuis qu'il a été pris de la fièvre, elle n'a pas cessé.

Aujourd'hui, 13 mars au matin, nous lui trouvons la face injectée, le regard mobile et agité ; il regarde autour de lui sans trop savoir pourquoi ; il y a de la lenteur dans ses idées et il est frappé de terreur. Il croit qu'il n'arrivera pas chez lui, parce qu'il est frappé à mort. Il n'a pas de céphalalgie ; il voit clair, mais s'il se tient debout, il est titubant. Il remue ses mains sous les couvertures. Ces mouvements sont dus à des soubresauts légers des tendons. Il est couché constamment sur le dos; sa parole est hésitante, sa voix non affaiblie. Il a une soif ardente, il demande continuellement de la tisane froide. Sa langue est humide, petite, recouverte de papilles rouges ; il n'a pas faim ; il n'est pas allé à la selle depuis hier matin. Le ventre est assez développé, c'est son état normal ; il n'est pas douloureux. Il urine rarement ; l'urine est rougeâtre, sans dépôt. La respiration n'est pas accélérée ; il tousse quelquefois. Le pouls est très-fréquent, petit, dépressible, 110. Les battements du cœur sont profonds, peu distincts. La peau est sèche, puis très-chaude. La température du corps indique, au thermomètre placé sous l'aisselle, 36 degrés.

Auscultation des deux mains. — Bourdonnement tremblotant, fort, roulant, continu, baisse, est rapide, irrégulier ; petillement quelquefois éclatant, assez rare.

Prescription.—Bouillon; diète de vin; infusion de mauve et de tilleul pour boisson; looch camphré et nitré.

1 mars. Même étonnement dans le regard, même tristesse

pour l'avenir. Le malade entend bien, il n'a pas de tintement
ni de bourdonnement d'oreille ; il voit clair, il est souvent assoupi et se réveille en sursaut ; il a de la céphalalgie de temps
en temps et sourdement. Il y a de légers soubresauts dans les
tendons. La face a toujours sur les pommettes une bande, une
tache rouge lie de vin. Le sillon labio-nasal est tranché. La
langue est lancéolée, rouge sur les bords, blanchâtre au milieu et parsemée de papilles rouges. La soif est toujours inextinguible, le malade boirait à chaque instant et toujours avec
avidité. Pas de coliques ; le ventre est indolore à la pression ;
il n'y a pas eu de garde-robe. La respiration semble difficile ;
elle n'est pas fréquente. Le malade a saigné du nez, quelques
gouttes. L'auscultation et la percussion de la poitrine font entendre quelques râles sibilants et ronflants. Le pouls est très-
fréquent, 110, 115 pulsations par minute; il est petit, dépressible. La peau semble avoir une tendance à s'humecter; la chaleur
n'en est pas âcre ; du reste, le malade a dormi pendant la nuit.

Auscultation des deux mains. — Bourdonnement roulant,
fort, rapide, ordinairement uniforme, égal, régulier, quelquefois inégal avec ressaut continu ; petillement simple, double,
fort, éclatant, quelquefois double, ni fréquent, ni rare.

Le malade a causé pendant la journée avec son voisin de lit ;
le soir, les idées de mauvais augure, les tristes présages semblent l'avoir abandonné momentanément, car il en rit quand je
lui en parle. La soif persiste ; il est allé deux fois à la selle ; les
matières rendues sont moulées, dures, et il se trouve soulagé. Il
ne se plaint d'aucun point douloureux et il semble moins
affaissé.

Auscultation des doigts des mains. — Bourdonnement roulant, fort, rapide, continu presque toujours, égal parfois, quelques ressauts, quelques irrégularités; petillement simple,
double, fort, rare.

15. Le malade a dormi dans la nuit ; il n'a pas eu de cépha-

lalgie ; il est couché sur le dos; il entend bien et répond clairement aux questions qu'on lui adresse. Les traits de la face sont
embarrassés ; le regard est terne ; la langue est un peu sèche
et rouge sur les bords; les dents sont luisantes. Il n'a pas eu de
selles et le ventre n'est pas le moins du monde douloureux. La
respiration ne présente aucun symptôme, et, excepté la soif
continuelle qui le tourmente encore, quelques légères contractions tendineuses, un peu d'embarras dans la parole et le pouls
d'une fréquence extrême, nous le croirions hors de tout
danger.

Auscultation des doigts des mains. —Bourdonnement sourd,
roulant, rapide, égal ; presque toujours il est bruyant, sonore,
continu, quelques ressauts, petillement quelquefois fréquent,
simple, éteint, quelquefois rapide, multiple et rare.

16. Le malade a été assoupi toute la nuit; il entend bien et
quelquefois il accuse des tintements d'oreille ; pas de céphalalgie; il voit bien ce qui se passe autour de lui Le tremblement
des mains n'est pas aussi évident, cependant il existe. Le malade est couché sur le dos et paraît plus affaissé qu'il n'a jamais
été. Les traits ne se recomposent pas ; les narines semblent plus
dilatées ; la langue est un peu moins sèche, mais il continue
d'être poursuivi par le besoin incessant de boire. Il n'est pas
allé à la selle; il ne souffre nullement dans la longueur du tube
digestif; le ventre n'est pas météorisé. La respiration est de
temps en temps fréquente, difficile; il tousse quelquefois, et la
matière des crachats est muqueuse. Le pouls est un peu irrégulier, petit, très-fréquent, 120. La peau est chaude, sèche ; il
n'a pas de plaques sur le corps; il n'a que de vieilles taches de
scorbut. Les urines sont rares et sédimenteuses, chargées de
sels ammoniacaux.

Auscultation. — Bourdonnement roulant, uniforme, mêlé
de tremblotements; il est clair, il baisse, il est continu, la rapidité diminue ; petillement nul ou petit.

Le soir. Le malade a dormi un peu dans la journée; c'est de

l'assoupissement. Réveil souvent brusque ; il entend bien. La face est plus animée qu'elle ne l'était ; la parole est hésitante , le tremblement des mains plus évident que le matin ; il n'a pas eu de selle, pas de coliques ; mais la soif est toujours vive et la langue a de la tendance à sécher ; elle est petite, et le malade, faisant effort pour la tirer hors de la bouche, elle tremble et ne dépasse pas l'arcade dentaire ; il est couché sur le côté. Le pouls est mou, fréquent, 125, flasque, petit. La peau est chaude, sèche.

Auscultation. — Bourdonnement roulant, ni fort, ni faible, un peu rapide, assez égal, continu ; petillement nul.

Le 17 au soir. Le malade a dormi et assure qu'il se trouve bien ; plus d'idées tristes ; il entend bien et il voit ce qui se passe autour de lui ; il n'est pas aussi rouge ; il a pâli. La langue se sèche de plus en plus ; il a toujours la même soif. Il est allé deux fois à la selle abondamment et sans diarrhée. Il tousse un peu, mais la respiration n'est pas embarrassée. Le pouls est toujours très-fréquent, 120, avec les mêmes caractères. Les urines sont rouges et contiennent peu de sédiment. La peau est chaude, sèche ; température 37°.

Auscultation. — Bourdonnement roulant, rapide, irrégulier ; il baisse et diminue de rapidité ; il semble qu'il y ait des mouvements brusques d'arrêts ; petillement fréquent, simple, petit.

18. Le malade a dormi pendant la nuit : c'est de l'assoupissement. Il est couché sur le dos ; il entend bien et il répond nettement aux questions qu'on lui adresse ; mais il est difficile de le comprendre, car sa parole est hésitante et peu accentuée. Les traits sont plus embarrassés que la veille, la figure est recouverte d'une large tache diffuse d'un rouge sombre. Les narines sont dilatées et pulvérulantes ; les lèvres sont sèches ; les dents sont recouvertes de fuliginosités. La langue s'épaissit, se sèche ; elle est recouverte à son milieu d'un enduit brunâtre,

sec. La soif est inextinguible ; il n'a pas de douleur le long du tube digestif; il est allé cinq fois à la selle ; il a uriné plus abondamment que les jours précédents. Il respire sans difficulté et ne tousse pas. Le pouls est petit, dépressible, moins fréquent que la veille, 108. Le malade n'a pas un sommeil troublé de rêves ; les soubresauts des tendons semblent moindres. La peau est sèche; il y a des moments où elle se couvre de sueur. La température sous l'aisselle est à 36°.

Auscultation. — Bourdonnement roulant, uniforme et roulant, tremblotant; il baisse et il devient doux, petit, peu nourri ; petillement rare, simple, petit et nul.

19. La couleur rouge de la figure s'efface; les ailes du nez sont moins dilatées ; le pourtour des lèvres pâlit. Les dents supérieures sont couvertes de fuliginosités, et la langue est sèche. Pas de selles; le ventre semble météorisé, mais il n'est pas douloureux à la pression. Les urines sont sédimenteuses. L'intelligence du malade est très-bonne : il nous dit qu'il a été tracassé toute la nuit par des rêves sinistres. Il articule difficilement à cause de la sécheresse de la langue et de la bouche. Il y a des tremblements tendineux continuels. La respiration est bruyante et un peu fréquente, 20 ; il ne tousse pas. La peau est sèche et couverte sur le ventre d'un pointillé qui ne s'efface pas à la pression : ce sont des pétéchies. La chaleur est âcre ; le thermomètre, sous l'aisselle, marque 36°. Le pouls est fréquent, petit, 115 pulsations. Tous ces symptômes sont beaucoup plus alarmants que ceux que le malade a jamais présentés.

Auscultation. — Bourdonnement roulant, bas et presque toujours tremblotant, non rapide, continu, irrégulier ; petillement nul.

Le soir, la soif tourmente sans cesse le malade ; il paraît moins affaissé que le matin ; il est allé une fois à la selle.

Auscultation. — Bourdonnement roulant, tremblotant; il

se supprime un instant et en baissant; petillement nul ou bas, simple.

20. La face a pâli; le malade a été assoupi dans la nuit; il n'a souffert de rien; les dents supérieures ne sont pas couvertes de fuliginosités. La langue est moins sèche; elle est un peu humide; le malade a toujours soif; cependant elle est un peu moindre. Le ventre est un peu plus souple et les taches qui le recouvraient ont disparu. Il est allé plusieurs fois à la selle. La respiration semble plus difficile. Il ne tousse pas. Le pouls est toujours très-fréquent, 110, inégal, un peu irrégulier. La peau est sèche, moins chaude; il n'a pas sué; il n'a pas eu de céphalalgie; il entend bien et il voit ce qui se passe autou r de lui; le regard est terne. Il y a quelques soubresauts dans les tendons.

Auscultation.—Bourdonnement petit, clair, continu; il baisse et semble disparaître. Si le malade se remue, le bourdonnement devient grondant et baisse; petillement petit, simple.

21. Le malade m'adresse la parole dès qu'il me voit auprès de son lit, et il m'annonce qu'il se trouve mieux en me demandant à boire. Il parle avec plus de facilité; il y a plus d'agilité dans tous ses sens; la figure est plus colorée; les traits sont moins douteux, plus expressifs. La langue et la bouche sont humides. La langue s'est rapetissée et elle est un peu rouge. Le ventre ne lui donne aucune souffrance; il n'est pas allé à la selle. Les urines sont plus abondantes et moins rouges, quoique sédimenteuses. Le pouls est un peu plus développé, moins fréquent, 96; il est régulier, égal, moins dépressible. La respiration est douce, un peu fréquente; le malade ne tousse pas. La peau est sèche, la chaleur moins forte; le thermomère placé sous l'aisselle indique 35°.

Auscultation. — Bourdonnement petit, clair, continu; il baisse, disparaît, et en écoutant avec beaucoup d'attention, on voit qu'il se prolonge très-profondément; petillement petit; simple, doux, fréquent et rare.

22. Le malade a rêvé beaucoup dans la nuit; il est couché sur le côté droit. La langue est moins humide que la veille; elle est même un peu sèche au milieu, où l'on trouve quelque points blancs. Il n'exprime aucune souffrance; il est allé à la selle, et quand il s'est levé, il a été si faible qu'on a été obligé de le soutenir. La respiration est normale. Le pouls est moins fréquent que la veille, 85; il est moins dépressible, régulier, égal. La peau est chaude; il n'y a plus de soubresauts dans les tendons.

Auscultation. — Bourdonnement fort, roulant, rapide, égal; il devient un peu tremblotant, comparable au bruit que produit le chemin de fer; il baisse, et, revenu à lui-même, il reste petit, clair, profond, égal, peu nourri, régulier.

23. La figure est plus nette; les couleurs y sont plus vives. L'intelligence, que le malade a toujours conservée, est un peu plus active; il se couche sur le côté, et il n'y a plus de tremblement tendineux. Il a dormi toute la nuit. La soif est loin d'être aussi intense; la langue est dépouillée de tout enduit; elle est humide, uniforme. Le malade respire librement. Le pouls est tombé à 75 pulsations; il est égal, régulier. Les bruits du cœur ne sont plus tumultueux et profonds. La peau n'est pas aussi sèche; elle est moins chaude. Tous les signes indiquent une amélioration générale.

Auscultation. — Le bourdonnement reste un peu profond, mais il a une douceur qu'il n'avait pas; il est plus fort, égal, régulier.

24. Les symptômes sont les mêmes que la veille; le pouls est à **80**. Le malade est allé deux fois à la selle en diarrhée; les matières sont un peu jaunâtres, bilieuses. La soif s'éteint et la sécheresse de la peau n'est plus aussi grande. Le malade a pu parler avec son voisin une grande partie de la journée.

Auscultation. — Bourdonnement doux, égal, régulier, continu, un peu clair, ni lent, ni rapide. On dirait de loin en loin quelques ressauts; petillement petit, fréquent, simple.

25. Le malade est couché sur le côté; il a dormi la nuit. Sa figure a repris l'expression d'une santé en train de se refaire; il n'a plus soif, ce n'est plus son tourment; sa respiration est normale. Il demande à manger. La peau est un peu moite. Tout annonce une guérison prochaine.

Auscultation. — Bourdonnement doux, moelleux, uniforme, continu, un peu clair, régulier; petillement petit, fréquent.

26, 27. L'amélioration continue; c'est ainsi que le malade va une fois seulement à la selle dans la journée; la langue est humide, petite, sans enduit; il n'est plus tracassé par la soif; il dort bien; il jouit de l'intégrité de ses sens et il sent que ses forces reviennent. Ses urines sont devenues limpides, claires. Le pouls est à 68 pulsations; il est égal, non dépressible, régulier. La peau est fraîche.

Auscultation. — Le bourdonnement est assez développé, doux, égal, continu, régulier, ni rapide, ni lent.

28, 29. Le malade a pu se lever une demi-heure dans la journée, et il n'en a éprouvé aucun inconvénient. Au contraire, il se sent plus fort, et, ne constatant rien qui trouble les organes et les fonctions, qui reprennent leur jeu normal, nous pratiquons l'*auscultation :* elle nous indique qu'elle a repris les caractères du bourdonnement de l'état de santé chez l'homme. Le bourdonnement paraît seulement moins fort, et il lui manque d'être bien nourri et un peu rude.

Le 5 avril, nous trouvons Sauvegrand se promenant dans la salle et parfaitement rétabli. Il n'attend plus, pour quitter l'hôpital, que la visite du général, qui doit lui accorder la confirmation de son congé de convalescence.

Auscultation. — Bourdonnement fort, doux, égal, continu, régulier et bien nourri, un peu rapide; petillement rare, assez fort et simple.

Résultats de la dynamoscopie. — Le malade est entré à l'hôpital le 13 mars. Ausculté le même jour : Bourdonnement tremblotant, fort, roulant, continu, baisse, est rapide, irrégulier; petillement quelquefois éclatant, assez rare. Le 14, bourdonnement fort, rapide, uniforme, égal, régulier, inégal avec ressauts, continu; petillement simple, double, fort, éclatant, ni fréquent, ni rare. Le soir, bourdonnement roulant, fort, rapide, continu, égal, ressauts, irrégulier; petillement simple, double, fort, rare. Le 15, bourdonnement sourd, roulant, rapide, égal, bruyant, sonore, continu, ressauts; petillement fréquent, simple, éteint, rapide, multiple et rare. Le 16, bourdonnement roulant, uniforme, mêlé de tremblotements, clair, il baisse, continu, moins rapide; petillement nul ou petit. Le soir, bourdonnement roulant, ni fort, ni faible, un peu rapide, assez continu; petillement nul. Le 17, bourdonnement roulant, rapide, irrégulier, il baisse et diminue de rapidité; petillement fréquent, simple, petit. Le 18, bourdonnement roulant, uniforme, tremblotant, il baisse, devient doux, petit, peu nourri; petillement rare, simple, petit et nul. Le 19, bourdonnement roulant, bas, tremblotant, non rapide, continu, irrégulier; petillement nul. Le soir, bourdonnement roulant, tremblotant, se supprime un instant et en baissant; petillement nul ou bas, simple. Le 20, bourdonnement petit, clair, continu, il baisse et semble disparaître, devient grondant et baisse quand le malade se remue; petillement petit, simple. Le 21, bourdonnement petit, clair, continu, il baisse, disparaît; petillement petit, simple, doux, fréquent et rare. Le 22, bourdonnement fort, roulant, rapide, égal, un peu tremblotant, baisse, petit, clair, profond, égal, peu nourri, régulier. Le 23, bourdonnement un peu profond, mais doux, plus fort, égal, régulier. Le 14, bourdonnement doux, égal, régulier, continu, un peu clair, ni lent, ni rapide; petillement petit, fréquent, simple. Le 25, bourdonnement doux, moelleux, uniforme, continu, un peu clair, régulier; petillement petit, fréquent. Les 26 et 27, bourdonnement assez développé, doux, égal, régulier, continu, ni

rapide, ni lent. Les 28 et 29, bourdonnement paraissant comme
à l'état de santé, seulement moins nourri et moins rude. Le 5
avril, après guérison, bourdonnement fort, doux, égal, continu, régulier, bien nourri, un peu rapide; petillement rare,
assez fort et simple.

OBS. II. — Geoffres (Jean), 24 ans, arrive de Constantinople
le 12 mars au soir. Il a eu la fièvre et le scorbut aux jambes. La
fièvre l'a repris le 8 mars sur le bâtiment; pourtant il n'est pas
amaigri; il est fort; tempérament sanguin. Entré à l'hôpital
le 12 mars au soir, il peut difficilement répondre aux questions qu'on lui adresse, car il dit qu'il est fatigué, et s'il
marmotte entre les dents, c'est qu'on l'ennuie à force d'inter-
rogation; il a le ventre étroit; il en souffre très-peu; il est allé
à la selle trois fois en diarrhée; la face est congestionnée et il
n'a pas de sommeil; il est couché sur le dos et est très-calme;
il sue un peu, n'a pas de céphalalgie; il a les yeux injectés.

Auscultation. — Doigt indicateur gauche : Bourdonnement
petit, lent; il devient un peu roide à mesure qu'on reste davantage, mais ne disparaît pas; petillement simple, obscur. Au
médius, le bourdonnement est plus clair, plus évident qu'au
doigt précédent. A l'annuaire, le bourdonnement se suspend,
s'arrête après avoir suivi une gradation insensible et ne reparaît pas.

14. Même disposition que la veille quant à son esprit. Il
répond difficilement. La langue est sèche, non brune. On le
croirait assoupi, tant il y a de calme dans ses traits; couleur
jaune sombre de la face; elle est couverte de sueur. Le malade
n'a pas de bourdonnement dans les oreilles; il ne souffre pas
du ventre ni de la diarrhée. Il a perdu l'appétit, mais il a une
soif des plus intenses. La sueur qui le couvre tout entier est
halitueuse, douce. Le pouls est égal, régulier, fréquent, 105.
(Rôti, quart de vin, looch, orge.)

Auscultation. — Doigt indicateur droit (une minute) ; Bourdonnement clair (avec trouble musculaire); il dure ainsi pendant dix secondes; il baisse et conserve le même caractère; il est continu, égal; il est par intervalle tremblotant, et, en diminuant de ton, il diminue d'intensité. Il ne se supprime pas.

14 au soir. Le malade est allé une fois à la selle; il a dormi un peu; il est couché sur le dos et semble complétement affaissé; il ne bouge pas de l'endroit où il est. La langue est sèche, dépouillée. Pouls 120, dépressible, inégal, régulier. La peau est chaude et non humectée.

Auscultation du côté droit (bras croisés sur la poitrine pour ne point prendre mal).— Bourdonnement d'abord fort et tremblotant; puis il baisse; il y a du retard dans les tremblotements; enfin il s'éteint. Au médius et à l'annuaire, il reste éteint.

Du côté gauche. — Indicateur (la main et le bras sont étendus); pas de bruit entendu; de même au médius; à l'annulaire, le bruit, d'abord continu, actif, finit par disparaître pour ne pas revenir.

15. Le malade est couvert de sueur; on vient pourtant de le changer de chemise; une selle en diarrhée; il a un peu de céphalalgie et une soif excessive. Même immobilité que la veille. La face est couverte de sueur et exprime une couleur jaune sombre, brune.

Auscultation de la main gauche, sur l'épaule. — Indicateur (une minute) : Bourdonnement profond, sourd, tremblotant, fort, éloigné; il est entendu pendant tout le temps. Médius : Bourdonnement profond, tremblotant; il s'arrête parfois, mais il reprend de suite et avec le même caractère. Annulaire: Bourdonnement petit, profond, continu; le petillement passe inaperçu.

Main droite : Bourdonnement petit, tremblotant, disparaît. Médius et annulaire, idem. Petillement fort.

16. Le malade n'a pas sué; la chaleur est naturelle; il a dormi toute la nuit; il se sent faible; il est couché sur le dos; la langue

est lancéolée, un peu humide, rouge ; nulle souffrance ; il a peur de ne plus revoir sa famille.

Auscultation de la main droite. — Indicateur, médius et annulaire : Bourdonnement tremblotant, lent, inégal ; il dispaaît, reparaît et disparaît en baissant ; il se supprime.

Main gauche : idem, idem. Bourdonnement moins tremblotant ; il n'arrive que par intervalles, et ses intermittences sont plus longues.

Le soir, le malade a toujours bien soif ; il est allé deux fois à la selle ; il ne sue pas ; il y a de la moiteur. Pouls fréquent, mou, régulier.

Auscultation. — Bourdonnement tremblotant ; il baisse, devient uniforme et extrêmement petit ; il baisse tellement qu'il se supprime.

17. Le malade a dormi d'un sommeil assez tranquille ; il lui semble qu'il est un peu plus fort qu'il n'était. Il n'a pas autant de soif. Amélioration ; sueur.

Auscultation. — Main droite : Bourdonnement tremblotant, qui s'arrête et reprend.

Le soir, le malade ne se trouve pas plus mal. Pouls 90, inégal, comprimé.

Auscultation. — Main gauche : Bourdonnement caractérisé par des fusées, tremblotant. Au médius, aucun bruit. Annulaire : Bourdonnement éloigné.

18. Le malade n'est pas comme les jours précédents. Complétement couché sur le dos, il est un peu penché sur le côté gauche ; il ne transpire pas, mais il a eu un peu de sueur. Il a dormi cette nuit et ne souffre nulle part. La langue est un peu humide. Il y a de l'amélioration. Le malade ne se sent pas plus fort ; il est allé à la selle deux fois cette nuit. Il ne tousse pas beaucoup. Pouls 85, inégal, irrégulier, petit ; peau sèche.

Auscultation. — Main gauche : Bourdonnement n'arrivant

que par fusées, quelquefois tremblotant et aux trois doigts; il
finit par se supprimer.

Le soir, le malade dit qu'il ne se sent pas plus mal. L'expression de la figure est la même; grande tranquillité; il est allé
deux fois à la selle. Langue humide; il a toujours soif; il n'a
pas sué; il ne souffre pas du ventre. La respiration est normale; il a saigné un peu du nez. Pouls à 80, faible, inégal, régulier. Le malade a voulu se lever et la tête lui a fait mal; il
n'y voyait plus.

Auscultation. — Main droite : Aucun bruit à l'annulaire.
Bourdonnement tremblotant au médius et n'apparaissant que
par moments.

20. Le malade se trouve bien mieux; il n'a pas, en effet, autant de fièvre que les autres jours. La langue est humide, d'un
rouge vineux; il a toujours soif; il est allé une fois à la selle;
il n'a pas sué; il avait froid ce matin. Pouls régulier, égal, 65
pulsations, lent. La peau est chaude, moite.

Auscultation. — Main gauche (3 doigts) : Le bourdonnement
semble reprendre le timbre normal; il est égal, continu, régulier; sa force est à remarquer; il baisse pourtant et se maintient ainsi; il est égal, régulier et dur.

Main droite : Le bourdonnement présente les mêmes caractères.

21. Le malade est assoupi; il dit qu'il dort toujours; il est
plus décomposé que la veille. Il semble que les ailes du nez se
rapprochent de la cloison médiane. Il montre la langue quand
on le lui dit : elle est sèche; il laisse la bouche ouverte et s'endort. La respiration est normale. Pouls 59, inégal, régulier,
lent et faible. Un peu de moiteur à la peau.

Auscultation. — Main gauche : Bourdonnement nul; il y a
quelques petillements simples, forts. On voit qu'à cet état correspond une plus mauvaise disposition que la veille. (Prescription : eau gommée, 100 grammes; vin, 50 grammes; extrait

de quinquina , 6 grammes; sirop de capillaire, 30 grammes).

22. Le malade se trouve dans le même état.

Auscultation. — Le bourdonnement, constaté par M. Espagne, est inégal, irrégulier; il baisse et change de caractère; il est pourtant toujours entendu.

24 au soir. Le malade s'est levé deux fois depuis hier ; la figure est bonne ; la peau est sèche ; la langue humide, rouge. Il n'y a pas de fièvre; chaleur normale. Il n'a pas sué ; il ne souffre nulle part, il est faible. Le pouls est régulier, résistant, 79 pulsations, égal, régulier. Il y a de la soif.

Auscultation. — Main droite (3 doigts) : Bourdonnement très-régulier, sourd, un peu mugissant quand il y a un certain temps qu'on l'entend. Il se supprime brusquement, il baisse et devient lointain; petillement très-fréquent.

25 au soir. Il semble qu'il y a amélioration légère. Le malade mange le quart.

Auscultation. — Bourdonnement sourd, uniforme (chemin de fer); il baisse quelquefois et ne se supprime pas.

28 au soir. L'amélioration est notable; le malade est resté levé pendant deux heures, et il a dû se recoucher après avoir eu froid aux pieds. La peau est fraîche ; pas de sueur ; une selle ; respiration normale.

Auscultation. — Bourdonnement petit, continu, égal, régulier, modéré.

Le sujet de cette observation avait le scorbut avant d'avoir les fièvres.

5 avril. Le malade s'est levé; il n'en a pas éprouvé de mal ; il mange la demie sans inconvénient. Il dit qu'il se porte bien. En effet, la respiration est bonne ; le malade n'accuse aucune douleur. Le pouls est normal. Bonne convalescence.

Auscultation. — Bourdonnement petit, continu, doux, égal, régulier.

Le malade sort guéri le 8 avril.

Résultats de la dynamoscopie. — Malade entré le 12 mars au soir. Ausculté le même jour : Bourdonnement petit, lent, peu évident, ne disparaît pas, clair, se suspend, s'arrête et ne reparaît pas ; petillement simple, obscur. Le 14, bourdonnement clair, baisse, continu, égal, tremblotant, inégal. Le soir, bourdonnement fort, tremblotant, baisse et s'éteint. Le 15, bourdonnement profond, sourd, tremblotant, éloigné ; le petillement passe inaperçu. Le 16, bourdonnement tremblotant, lent, inégal, disparaît, reparaît et se supprime. Le soir, bourdonnement tremblotant, uniforme, très-petit, baisse et se supprime. Le 17, bourdonnement tremblotant, s'arrête et reprend. Le soir, fusées de bourdonnement, tremblotant, éloigné. Le 18, id., tremblotant. Le 19, bourdonnement tremblotant et n'apparaissant que par moments. Le 20, bourdonnement normal, égal, continu, régulier, dur, baisse. Le 21, bourdonnement nul ; petillement simple, fort. Le 22, bourdonnement inégal, irrégulier, baisse. Le 24, bourdonnement irrégulier, sourd, mugissant, se supprime, baisse et devient lointain ; petillement très-fréquent. Le 25, bourdonnement sourd, uniforme (chemin de fer), baisse. Le 28, bourdonnement petit, continu, égal, régulier, modéré. Le 5 avril, bourdonnement petit, continu, doux, égal, régulier. Guérison le 8 avril.

Obs. III. — Martin (Pierre), 22 ans, tempérament lymphatique, entre à l'hôpital le 27 mars. Il est malade depuis le 23 mars, jour où il est débarqué ; la fièvre a commencé, la tête lui a tourné, et il présente tous les caractères marqués du typhus peau chaude, pouls très-fréquent, diarrhée. Si on demande au malade où il souffre, il répond qu'il ne souffre nulle part.

Auscultation. — Bourdonnement inégal, continu, mais non toujours tremblotant.

29. Le malade se trouve mieux ; la respiration est bonne ; il n'a qu'une garde-robe ; il tousse encore un peu. Le ventre n'est pas douloureux. Pouls à 80. La guérison n'est pas encore accomplie.

Auscultation. — Bourdonnement roulant, mêlé de tremblotements.

5 avril. Il y a de la fréquence dans le pouls ; mais le malade
a bon appétit.

7. Plus de fièvre ; continuation de l'amélioration.

Auscultation — Bourdonnement doux, clair, peu nourri,
assez doux, continu, égal. Sorti pour la convalescence.

Résultats de la dynamoscopie. — Malade entré le 27 mars.
Ausculté le même jour : Bourdonnement inégal, continu, tremblotant. Le 29, bourdonnement roulant, tremblotant. Le 5
avril, bourdonnement doux, clair, peu nourri, continu, égal.
Sorti convalescent.

Obs. IV. — Godin, 23 ans, arrivant de Constantinople, entre
à l'hôpital de la Citadelle le 27 mars pour le scorbut. Depuis
sept jours, il est pris du typhus. Il y a des taches rosées sur
tout le corps, Il a déliré la nuit dernière ; il a eu quatre selles
très-jaunes, presque crèmeuses. Il y a de l'hébétude, un peu
de surdité, de la lenteur dans le regard, de l'altération dans les
traits. Pouls fréquent, petit, inégal, intermittent ; chaleur âcre ;
pas de sueur ; respiration normale.

Auscultation. — Bourdonnement sourd, continu, roulant,
tremblotant ; mais il n'y a pas une égalité parfaite entre les tremblotements.

29 mars. La voix est affaiblie ; les ailes du nez semblent se
rapprocher de la cloison médiane ; il y a de la pâleur ; la face
est un peu violacée. La respiration est difficile, 34 ; râle trachéal ; langue rôtie, brune. Pouls fréquent, 105, assez développé. Le malade n'accuse de douleur nulle part.

Auscultation. — Bourdonnement tremblotant, rare, sourd,
mais il se supprime parfois, reprend et baisse profondément.

30. La respiration est difficile, la voix altérée ; il y a assoupissement presque continuel ; râle trachéal ; figure et traits

bouleversés. Le pouls est petit, profond, irrégulier, inégal. M. Fuster, professeur à la Faculté de Montpellier, pense que ce malade mourra bientôt, peut-être dans la nuit.

Auscultation. — Bourdonnement tremblotant, baissant et disparaissant, bas, roulant ; il n'est ni nourri, ni plein.

31. Le malade a la figure bouleversée ; les narines sont blanches. Il dit qu'il va bien ; il est sourd ; il n'a pas de diarrhée ; il ne fait pas sous lui. Pouls irrégulier, **100.**

Auscultation. —Bourdonnement sourd, bruyant, fort ; il est plus souvent tremblotant qu'uniforme ; il s'arrête quelqufois subitement ; le temps d'arrêt est très-court ; il y a des mouvements de tremblotements assez longs ; il conserve assez la même note.

A midi, nous observons le malade, M. Fuster et moi : langue sèche, brune, recouverte d'une bande brun-noirâtre ; chaleur non très-élevée, mais âcre ; narines pulvérulentes.

Auscultation. — Bourdonnement tremblotant, roulant, se supprimant quelquefois tout à coup, d'autres fois peu à peu.

Il y a un assoupissement presque continuel.

Auscultation à midi. — Bourdonnement éteint.

1ᵉʳ avril. Le malade meurt à huit heures et demie du soir.

*Auscultation le **2** avril, **16** heures après la mort.* — Bourdonnement incomplet, vague, mais évident à la région précordiale ; silence partout.

Les faits sont contrôlés par M. Fuster.

Autopsie. — État de maigreur extrême.

Tête : Injection des méninges ; épanchement séreux à la base du cerveau, dans les ventricules, et substance cérébrale ramollie.

Poitrine : Poumons engorgés de sang noir.

Cœur petit, mou, deux caillots dans le ventricule.

Ventre : Intestin rempli de liquide jaunâtre crasseux. L'intestin lavé est décoloré, n'a ni plaies ni lésions des follicules intestinaux ; pas d'engorgement des glandes mésentériques. Le foie et la rate n'ont pas augmenté de volume.

RÉSULTATS DE LA DYNOMOSCOPIE. — Malade entré le 27 mars. Ausculté le même jour : Bourdonnement sourd, continu, roulant, tremblotant. Le 29, bourdonnement tremblotant, rare, sourd, se supprime, revient et baisse. Le 30, bourdonnement sourd, bruyant, fort, plus souvent tremblotant qu'uniforme, s'arrête. A midi, bourdonnement tremblotant, roulant, se supprime. Le 1er avril à midi, bourdonnement éteint. Mort à huit heures et demie du soir. Le 2, seize heures après la mort, bourdonnement incomplet, vague, mais évident à la région précordiale.

OBS. V. — Noyer (Joseph), 22 ans, tempérament sanguin. Entré à l'hôpital le 27 mars. Il y a douze jours qu'il a pris la fièvre sur le bâtiment. Le malade était convalescent du scorbut ; il a tous les caractères des typhiques ; il a été plus malade qu'il n'est à son entrée ; mais les symptômes ne sont pas aussi violents ; les idées sont plus claires ; il ne souffre nulle part ; deux selles jaunâtres. Le malade est arrivé le 23 mars.

Auscultation. — Bourdonnement tremblotant, doux, continu, petit, roulant, sourd.

28. Fièvre ; trois selles jaunes ; langue un peu sèche ; hébétude, surdité légère ; soif.

Auscultation. — Bourdonnement tremblotant, roulant.

29. Le malade va une fois à la selle par jour ; ses jambes sont malades ; il a des taches scorbutiques.

Auscultation. — Bourdonnement petit.

7 avril. Il y a toujours de la diarrhée, et c'est ce qui le maintient dans un affaiblissement considérable. Les matières de la diarrhée sont blanchâtres ; le ventre est aplati et

ses parois sont affaissées contre la colonne vertébrale. Tous les caractères qui ont pu appartenir au typhus ont disparu; il ne reste plus que l'état d'affaiblissement, de dépérissement des suites du scorbut et de la maladie. Le pouls est petit, à impulsion franche, non fréquent. La langue est belle, humide, un peu rouge.

Auscultation. — Bourdonnement un peu sourd, petit, profond, roulant.

13. Le malade est levé depuis onze heures; la figure est meilleure; il a encore eu trois selles en diarrhée dans le jour. Il est fort amaigri; cependant cette diarrhée ne l'empêche pas de manger. Il a des taches nombreuses de scorbut sur le corps; il tousse beaucoup; la langue est belle; les membres pelviens ne se gonflent pas. Pouls petit, fréquent; pas de céphalalgie.

Auscultation. — Bourdonnement petit, peu nourri, continu, égal.

22. L'amélioration se fait de plus en plus sentir; le malade mange et digère très-bien. Il se lève toute la journée; ses jambes ont du mal à se remettre.

Auscultation. — Bourdonnement petit, doux, peu nourri, plus fort que précédemment.

Le malade sort le 30 mai pour aller chez lui.

Auscultation. — Bourdonnement doux.

Résultats de la dynamoscopie. —Malade entré le 27 mars. Ausculté le même jour : Bourdonnement tremblotant, doux, continu, petit, roulant, sourd. Le 28, bourdonnement tremblotant, roulant. Le 29, bourdonnement petit. Le 7 avril, bourdonnement un peu sourd, petit, profond, roulant. Le 13, bourdonnement petit, doux, peu nourri, continu, égal. Le 22, bourdonnement idem, idem, plus fort. Sorti le 3 mai, bourdonnement doux.

Obs. VI. — Meta nelly,   infirmier, tempéramment
sanguin. Il est très-fort. Ce malade est pris de céphalalgie, tournoiement de tête ; fièvre avec frisson et chaleur ; la langue est
un peu jaunâtre au milieu ; la fièvre est violente. Pouls dépressible, mais à 80 pulsations ; pas de coliques ; respiration bonne ;
peau très-chaude.

Auscultation. — Bourd. nement roulant, fort, continu, régulier, égal, rapide.

14. Le malade est allé de   fois à la selle en diarrhée ; il
est resté assoupi toute la journée et toute la nuit : céphalalgie ;
soif excessive ; langue rouge ; idées tristes ; il s'alarme sur le
résultat de sa maladie ; chaleur avec peu de sueur ; le ventre
n'est pas douloureux. Le malade n'a pas d'appétit. Pouls à 100
pulsations ; figure abattue. (Limonade tartrique ; potion de
sulfate de quinine, 60 centigrammes).

Auscultation. —Bourdonnement roulant, rapide et tremblotant (chemin de fer); les tremblotements sont rares ; il baisse.

15. L'assoupissement persiste. Le malade a sué cette nuit ; il
a eu très chaud ; la céphalalgie semble diminuer ; la soif est
excessive ; la fièvre est violente. Pouls à 80, il résiste. Le malade répond bien aux questions qu'on lui adresse ; il a été deux
fois à la selle, ni trop mou, ni dur ; il tousse quelquefois ; ventre
non douloureux.

Auscultation. — Bourdonnement fort, rude, roulant, tremblotant ; petillements nombreux.

17. Il n'y a pas de céphalalgie. Le pouls n'est pas aussi fréquent. Le malade a continué de suer beaucoup ; il n'est pas allé
à la selle hier, une fois dans la nuit, mou ; la figure semble
meilleure ; car il rit et se trouve mieux. Les urines sont troubles. La chaleur de la peau est moite. .

Auscultation. — Bourdonnement roulant et baissant, mais il
ne disparaît pas, il est doux.

19. Le malade est rouge ; la céphalalgie n'a pas reparu ; il a

eu quatre selles en diarrhée. Le pouls est bon, car il n'y a que 75 pulsations. La langue est rouge sur le bord; le malade n'a plus autant soif et il boit le bouillon avec plaisir. Il ne sue pas autant; les jambes ne sont pas fortes et lui font défaut s'il se lève pour faire ses besoins.

Auscultation. — Bourdonnement fort, rude, continu, régulier, roulant; il est moins rapide, mais pas aussi nourri.

Le 20, bourdonnement fort, rude, continu.

23. Bourdonnement pas trop fort, continu, rare.

25. Bourdonnement continu, doux, égal. Il n'y a pas de fièvre; l'amélioration est notable.

29. Le malade s'est levé ; il est en pleine convalescence.

5 avril. Sorti guéri.

RÉSULTATS DE LA DYNAMOSCOPIE. — Malade entré le 13 mars. Ausculté le même jour : Bourdonnement roulant, fort, continu, régulier, égal, rapide. Le 14, bourdonnement roulant, rapide, tremblotant, baisse. Le 15, bourdonnement fort, rude, roulant, tremblotant, petillements nombreux. Le 17, bourdonnement roulant, baisse, doux. Le 19, bourdonnement fort, rude, continu, régulier, roulant, moins rapide, moins nourri. Le 20, bourdonnement fort, rude, continu. Le 23, bourdonnement pas trop fort, continu, rare. Le 25, bourdonnement continu, doux, égal. Guérison le 5 avril.

OBS. VII. — Dezubé, 20 ans, tempéramment bilioso-nerveux, entré à l'hôpital le 12 mars pour une blessure à la jambe dont il guérit.

Le 18, le malade est pris de fièvre intense.

Le 20, il présente un état fébrile des plus forts; il ne peut aller aux lieux sans être soutenu; il a de la diarrhée couleur crèmeuse. La face est altérée, la parole est difficile; le malade est un peu sourd; la langue est brune, légèrement rouge et blanchâtre sur les bords; chaleur âcre de la peau. Pouls très-fréquent.

Auscultation. — Bourdonnement d'abord rapide et sourd, fort ; mais il est entremêlé de tremblotement, variété chemin de fer ; il baisse, mais ne se supprime pas.

23. Le bourdonnement a les mêmes caractères.

27. Il y a un état de faiblesse plus grand ; il semble que le malade soit moins bien.

Auscultation. — Côté gauche : Bourdonnement tremblotant, bas, se supprime.

Côté droit : Bourdonnement tremblotant, bas, inégal, ne se supprime pas.

29. Face moins altérée ; yeux humides, rouges ; teinte encore ictérique ; surdité un peu moins forte. Le malade est allé quatre fois à la selle ; les matières sont jaunes ; il ne tousse que rarement ; il ne peut pas se tenir debout, la tête lui tourne. Il n'a pas de taches sur le corps. Pouls à 85, fort, plein ; il ne disparaît que difficilement à la pression.

Auscultation. — Bourdonnement uniforme, mêlé de tremblotements ; les uniformités sont plus longues ; les tremblotements sont plus courts. Le timbre est clair, distinct, continu, rapide.

5 avril. Le malade va bien mieux ; la fièvre s'est amendée ; la respiration est plus facile ; il est amaigri ; il ne tousse presque plus. La diarrhée a cessé. Le malade n'est plus sourd ; plus de fièvre. La température de la peau est fraîche.

Auscultation. — Bourdonnement petit, profond, doux ; il rappelle le bourdonnement du scorbut.

13. La figure a repris l'expression de la santé ; le malade se porte bien ; il est resté quatre heures levé. Le pouls n'est pas fréquent, il est bon ; plus de diarrhée ; pas de soif. Il mange avec beaucoup d'appétit ; il voudrait manger davantage.

Auscultation. — Bourdonnement doux, petit, peu nourri, normal, de scorbut et malade convalescent affaibli.

RÉSULTATS DE LA DYNAMOSCOPIE. — Malade entré le **12** mars. Ausculté le **20** : Bourdonnement rapide, sourd, fort, tremblotant (chemin de fer), baisse. Le **23**, idem. Le **27**, bourdonnement tremblotant, bas, inégal, irrégulier, se supprime d'un côté. Le **29**, bourdonnement uniforme, tremblotant, clair, distinct, continu, rapide. Le **5** avril, bourdonnement petit, profond, doux. Le **13**, bourdonnement doux, petit, peu nourri, normal de scorbut et malade convalescent affaibli.

OBS. VIII. — Chaux (Claude), **23** ans, tempérament sanguin, soldat au **84**ᵉ de ligne. Entré à l'hôpital le **25** mars. Il a pris sa maladie sur le bâtiment le **9** mars. Il revenait en France pour le scorbut. Symptômes : fièvre ; pouls **105**, mou ; soif excessive ; faiblesse générale ; céphalalgie et surdité complète, surtout de l'oreille droite, où il n'y a rien de visible. Le malade va à la selle trois fois par jour, matières bilieuses. Pas de douleurs de ventre ; il est souple ; le malade tousse un peu ; il urine bien, sans douleur ; maigreur très-forte. (Orge miellé ; potion avec sulfate de quinine, **13** centigr.)

Auscultation (faite avec **M.** le professeur Fuster). — Bourdonnement sourd, un peu tremblotant.

Le **27**, à onze heures du soir, le malade dort.

Auscultation. — Bourdonnement doux ; il n'est pas complétement égal ; le timbre varie un peu, il est ordinairement petit, clair, tremblotant faiblement.

28. Il est levé à trois heures ; il se dit guéri ; pourtant il y a de la fièvre. Le pouls dépasse **100** ; il y a de la faiblesse. Ce malade, comme beaucoup d'autres, en dormant la bouche ouverte, salive une matière liquide et filante.

29. Le malade va bien ; la peau est fraîche ; le pouls est à **75**. Il y a encore un peu de salivation ; il n'accuse aucune douleur.

Auscultation. — Bourdonnement doux, égal, régulier, continu.

30, 31. Le malade va bien; il salive toujours; il y a une légère exacerbation fébrile. Le malade conserve toujours sa surdité.

2 avril. Le malade semble moins sourd; il le constate lui-même. Le pouls est petit, fréquent.

4. Le malade a de la fièvre; il est sourd; il s'écoule de son oreille des matières purulentes. (Vésicatoire derrière les oreilles.)

5. Le vésicatoire a donné et a soulagé la tête du malade. Il y avait hier au soir un rehaussement dans les symptômes fébriles.

Auscultation. — Bourdonnement roulant et tremblotant.

Le soir, à onze heures, il y a beaucoup plus de fièvre, plus de chaleur; rehaussement des symptômes fébriles.

Auscultation. — Bourdonnement par fusées, petit, doux, un peu sifflant.

6 au soir. Je trouve le malade tout habillé couché sur son lit; il a de la fièvre; la peau est froide au toucher. Il a pleuré parce qu'on ne lui a pas donné à manger; il est tranquille; il dit que le lit le fatiguait. Il semble qu'il entende un peu mieux.

Auscultation. — Bourdonnement obscur, vague, profond, sourd, continu.

8. La langue est humide, naturelle. L'expression de la figure est plus altérée; le malade est pâle; la chaleur n'est pas forte; la respiration est normale. Il n'y a pas moyen de lui faire rien entendre. Comme il éprouve quelques difficultés en avalant, je regarde le fond de la bouche et ne trouve rien.

Auscultation. — Bourdonnement petit, doux, égal, continu.

9. Le malade est allé assez souvent à la selle hier, contre son habitude. Le pouls est plus calme que les autres jours. Le ma-

lade est toujours très-sourd, il n'entend presque rien. La peau
est fraîche ; il ne tousse pas ; il a bon appétit et mange très-bien.

Auscultation. —Bourdonnement roulant, quelques ressauts ;
il est inégal.

11. Pas de diarrhée ; le malade est toujours un peu enrhumé;
sa figure semble plus malade que les autres jours. Il y a aussi
plus de fréquence dans le pouls. Il ne se plaint de nulle souffrance ; la chaleur est bonne. Il se lève un peu dans la journée.
La respiration est un peu difficile. Il n'y a que les oreilles, dit
le malade, qui lui font mal.

Auscultation. — Bourdonnement roulant, uniforme.

13. Le malade n'est allé qu'une fois à la selle ; il est bien
moins sourd ; il est calme ; il ne tousse pas ; il a très-bon appétit. Le pouls est normal.

Auscultation. — Bourdonnement rare, doux, petit, continu,
égal.

L'état n'ayant pas changé depuis le 16, le bourdonnement est
toujours le·même.

23 avril. Respiration difficile ; le malade n'entend rien ; il
est très-pâle, très-affaibli ; il a la voix forte ; il souffre beaucoup
de l'oreille ; il est plus triste. Pas de diarrhée. Le pouls est fréquent, petit, faible, à 85.

Auscultation. — Bourdonnement bas, roulant, très-sourd,
petit, profond ; il est mêlé de tremblotements. Avec M. Fuster,
à midi : Bourdonnement quelquefois continu, uniforme, le plus
souvent tremblotant, il semble baisser.

24. Le malade sue beaucoup; il a de la fièvre. Il a un abcès
derrière l'oreille droite, qui s'ouvre dans l'oreille ; il s'en écoule
beaucoup de pus ; cela le soulage ; fièvre ; pas d'autres phénomènes.

Auscultation. — Bourdonnement roulant et hésitant, rapide.

Le malade sort le 8 mai.

RÉSULTATS DE LA DYNAMOSCOPIE. — Malade entré le 25 mars. Ausculté le même jour : Bourdonnement sourd, un peu tremblotant. Le soir, bourdonnement doux, pas tout à fait égal, petit, clair, faible tremblotement. Le 29, bourdonnement doux, égal, régulier, continu. Le 3 avril, bourdonnement roulant, tremblotant. Le soir, bourdonnement par fusées, petit, doux, un peu sifflant. Le 6 au soir, bourdonnement obscur, vague, profond, sourd, continu. Le 8, bourdonnement petit, doux, égal, continu. Le 9, bourdonnement roulant, quelques ressauts, inégal. Le 11, bourdonnement roulant, uniforme. Le 13, bourdonnement rare, doux, petit, continu, égal. Le 23, bourdonnement bas, roulant, très-sourd, petit, profond, tremblotant. A midi. : bourdonnement continu, uniforme, tremblotant, semble baisser. Le 24, bourdonnement roulant, hésitant, rapide. Sorti le 8 mai.

OBS. IX. — Leroy (Michel), 23 ans, tempérament lymphatique. Il a le scorbut aux jambes et il est envoyé en France pour cette raison. Il a eu deux accès de fièvre intermittente à Constantinople. La fièvre qu'il a a débuté sur le bâtiment le 8 mars; il est resté seize jours en route; la fièvre a débuté trois jours après l'embarquement; depuis lors, elle n'a pas cessé. Parti de Constantinople du 1er au 5 mars, il est arrivé le 20. Entré à l'hôpital le 28 mars, il présente les symptômes suivants : pouls fréquent, régulier, égal ; le malade ne se plaint que de la tête, qui est lourde. Le ventre n'est pas douloureux; le malade crache et tousse un peu. La diarrhée est jaune; chaleur âcre; il ne salive pas. (Tisane de riz édulcorée ; emplâtre stibié.)

Auscultation. — Main droite : Bourdonnement doux, égal, continu; il baisse à l'indicateur. A la main gauche, il est quelquefois tremblotant.

Auscultation le 29 *avec* **M.** *le professeur Fuster.* — Le bourdonnement a quelques inégalités, il est sourd, profond.

30. Le malade va bien ; le pouls est moins fréquent que la
veille ; la figure est meilleure. (Application de deux vésicatoires).
Il y a deux selles.

Auscultation. — Bourdonnement doux, continu, égal, régulier.

1ᵉʳ avril. Deux vésicatoires aux bras. Le malade a de la fièvre ; il ne faiblit pas ; il tousse, crache un peu ; il ne souffre
nulle part ; il a grand'soif. Il se maintient sans empirer. Le
pouls est fréquent ; trois selles en diarrhée.

4. L'amélioration continue.

Auscultation. — Bourdonnement doux, égal, continu.

7. Le malade va très-bien.

Auscultation. — Bourdonnement idem, peu nourri.

8. Le malade s'est levé et se lève ordinairement presque toute
la journée. Il mange avec appétit. Le pouls est rare, non fréquent, assez petit. Il est un peu pâle et faible. La respiration
et le ventre n'offrent rien de particulier. Le malade a une selle
par jour ; il semble que le typhus a passé et que le scorbut a
repris sa marche.

Auscultation. — Bourdonnement un peu rapide, mais doux,
égal, régulier, continu.

22 avril. Le malade sort guéri.

Résultats de la dynamoscopie. — Malade entré le 28 mars.
Ausculté le même jour : Bourdonnement doux, égal, continu,
baisse, tremblotant. Le 29, bourdonnement inégal, sourd, profond. Le 30, bourdonnement doux, continu, égal, régulier. Le
4 avril, bourdonnement idem. Le 7, bourdonnement idem, peu
nourri. Le 8, bourdonnement rapide, doux, égal, régulier,
continu. Sorti guéri le 22 avril.

Obs. X. — Sonnegrand, 25 ans, tempérament nervoso-sanguin, tombe malade sur le bâtiment. Il revenait en France pour cause de scorbut. Entré à l'hôpital le 20 mars, atteint de typhus. Parti de Constantinople.

Caractères de la maladie : Taches rosées ; somnolence presque continuelle ; langue humide ; soif excessive ; un peu de surdité ; face altérée ; nulle souffrance ; pas de diarrhée ; crachats muqueux ; un peu de toux. L'auscultation de la poitrine fait entendre un râle sibilant et renflements seulement.

Auscultation le 25 (*observée avec M. le professeur Fuster.* — Bourdonnement irrégulier, léger, bruyant, inégal, roulant.

27 au soir. Le malade ne dort pas ; il finit par s'endormir à onze heures du soir.

Auscultation. — Bourdonnement petit, tremblotant ; il n'est pas rude, il est petit, bas. Après le sommeil, il est fort, moins uni.

29. Le malade est endormi. Au réveil, il n'accuse aucune souffrance, mais il est lourd dans ses réponses. Il y a une tendance continuelle à l'assoupissement. La face est altérée ; le pouls est très-fréquent ; 115 pulsations. Il y a un peu de toux, et les crachats sont muqueux, souvent mêlés à un peu de sang. Les urines sont rouges et il y a une diarrhée assez abondante. (Limonade végétale ; 6 bols camphrés et nitrés ; 50 centigrammes de sulfate de quinine).

Auscultation (avec M. Fuster). — Bourdonnement grondant, puis tremblotant ; il se supprime. La suppression de tremblotement n'est pas définitive, elle arrive seulement assez fréquemment.

30. Langue rouge, humide un peu. Le malade a toujours soif ; respiration difficile.

Auscultation. — Bourdonnement irrégulier, quelquefois tremblotant. Il y a des suppressions fort longues : il est fort, partie dur, partie roulant ; il baisse brusquement.

31. Le malade s'est levé une fois pour uriner; il a parlé tout seul, ce qu'il n'avait pas encore fait; il a déliré; la respiration est difficile; il est un peu assoupi; il tousse et crache.

Auscultation (vérifiée par M. Fuster). — Bourdonnement très-petit, faible, mais doux; il baisse; il y a des moments remplis par le tremblotement. Ces tremblotements, d'abord petits, deviennent plus fréquents et finissent par dominer; et enfin le bourdonnement s'éteint; il y a des pétillements pendant l'intervalle de repos.

Le 2 avril, il semble qu'il y ait une légère amélioration. Le malade ne tousse pas autant; il dit qu'il se trouve mieux; il est un peu plus tranquille; il s'est levé trois fois dans la nuit. La lange est humide et dépouillée; la figure est moins abattue. Le pouls est à 85, petit, assez régulier, inégal parfois.

Auscultation. — Bourdonnement à temps d'arrêt et à ressauts; il est continu, rude, assez fort; il est lent et semble s'arrêter de temps en temps; mais ce n'est pas le bourdonnement tremblotant.

4 avril. Il semble qu'il y ait de l'amélioration; le malade est moins assoupi; il est toujours sourd. La langue est humide, mais pas du tout malade. La chaleur est âcre; pas de sueur, pouls fébrile, petit. Deux selles en diarrhée.

Auscultation (avec M. Fuster). — Bourdonnement petit, profond, rare, tremblotant; il disparaît en baissant.

5 avril. Peau chaude, non âcre; attitude abandonnée; expiration gênée, gémissante par moment; réponses brusques; un peu de surdité. Température normale; crachats muqueux, blancs-jaunâtres. Face jaune; toux fréquente; pouls fréquent, petit.

Auscultation. — Bourdonnement roulant, petit, tremblotant; il baisse et disparaît, peu nourri.

7. Le malade crache encore épais, blanc-jaunâtre. Il entend

bien mieux ; il y a amendement général ; le malade respire bien ;
les joues reprennent du coloris ; langue rouge sur les bords,
blanche au milieu. Le pouls est moins fréquent. Le malade ne
souffre nulle part.

Auscultation. — Bourdonnement petit, roulant et tremblotant, baisse et se supprime.

8. Le malade tousse beaucoup ; il crache assez facilement ;
les crachats sont spumeux. Il a meilleure figure que les autres
jours ; il ne souffre pas de la tête. Le pouls est rare, 55. Le malade n'a plus de diarrhée. La peau est un peu chaude ; il n'y a
pas de sueur.

Auscultation. — Bourdonnement petit, doux, quelques tremblotements, régulier, continu. A midi (avec M. Fuster) : bourdonnement petit, profond ; il semble manquer et revenir.

9. Le malade semble plus pâle que les autres jours. Il y a
quelques filets de sang dans les crachats : ce sont des crachats
sanguins. L'auscultation de la poitrine ne permet pas de constater aucun râle. Il a eu une selle ; pas de douleur ; il se trouve
bien mieux.

Auscultation. Bourdonnement excessivement doux, petit,
très-difficile à entendre ; petillements nombreux.

11. Le malade est mieux ; sa figure est un peu expressive ;
ses yeux sont clairs ; la langue est humide et il n'a plus autant
soif. Il n'est plus aussi sourd ; il ne dort pas dans la nuit ; il
tousse moins ; il crache très-peu. La diarrhée est passée ; pas de
coliques. Pouls excessivement lent, 44, égal, assez profond,
régulier.

Auscultation. — Bourdonnement petit, profond, doux, continu, quelques inégalités ; petillement.

13 avril. Le malade n'a pas bien dormi ; il est toujours un
peu sourd. Il n'a pas de céphalalgie. La langue est un peu hu-

mide ; il tousse et crache un peu. La température de la peau est douce ; pas de diarrhée ni de coliques. Le pouls est rare.

Auscultation. — Bourdonnement très-petit, doux, profond, continu, régulier.

16. La face a repris sa coloration normale. Le pouls est rare et assez petit. Le malade s'est levé un peu la veille ; il ne tousse plus. Il n'est pas allé à la selle depuis deux jours. Il est en convalescence.

Auscultation. — Bourdonnement petit, égal, doux.

20. Le malade est guéri. Il a repris sa coloration habituelle. Tout est normal.

Auscultation. — Bourdonnement petit, égal, profond, continu, peu nourri, peu rapide. Il rappelle le bourdonnement du scorbut.

23 avril. Bourdonnement sourd, doux, petit, profond, se développant lentement et uniformément,

Sorti guéri le 8 mai.

RÉSULTATS DE LA DYNAMOSCOPIE. — Malade entré le 20 mars. Ausculté le 25 : Bourdonnement irrégulier, légèrement bruyant, inégal, roulant. Le 27 au soir, bourdonnement petit, tremblotant, petit, bas ; au réveil, fort, moins uni. Le 29, bourdonnement grondant, tremblotant, se supprime. Le 30, bourdonnement irrégulier, tumultueux, se supprime, fort, dur, roulant, baisse brusquement. Le 31, bourdonnement très-petit, faible, doux, baisse, tremblotements petits et fréquents, s'éteint ; petilments dans l'intervalle des repos. Le 2 avril, bourdonnement à temps d'arrêt ou à ressauts, continu, rude, fort, lent. Le 4, bourdonnement petit, profond, rare, tremblotant, disparaît en baissant. Le 5, bourdonnement roulant, petit, tremblotant, baisse et disparaît, peu nourri. Le 7, bourdonnement petit, roulant, tremblotant, baisse, se supprime. Le 8, bourdonnement petit, doux, tremblotant, régulier, continu ; à midi, petit, profond, semble manquer et revenir. Le 9, bourdonnement excessivement doux, petit, difficile à entendre ; petillements nombreux. Le 11, bourdonnement petit, profond, doux, continu, régulier, inégal, crépitant. Le 13, bourdonnement très-petit, doux, profond, égal, continu, régulier. Le 16, bourdonnement petit, profond, égal, doux. Le 20, bourdonnement petit, égal, profond, continu, peu nourri, peu rapide. Le 23 (guérison), bourdonnement sourd, doux, petit, profond. Sorti le 8 mai.

Obs. XI. — Charayac (Vincent). Entré à l'hôpital le 23 mars. Venu en France pour le scorbut à la bouche et aux jambes. La fièvre ne l'a pris qu'en débarquant, le 22. État actuel : la figure est altérée, pâle ; le malade est couché sur le dos. La langue est rouge, sèche ; pas d'appétit, grand'soif ; pas de diarrhée. Il tousse et crache des matières muqueuses teintes en jaune. Il a un grand mal de tête, surtout du côté gauche. Le ventre est souple ; la respiration est difficile ; il y a des filets de sang dans quelques crachats. Pouls très-fréquent, mou, dépressible ; grande chaleur à la peau.

Auscultation, le 25 (avec M. Fuster). — Bourdonnement fort, il baisse par le repos de la main, roulant.

27 au soir. Le malade est dans le même état que la veille ; il est assoupi, assez souvent deux selles ; céphalalgie ; pouls fréquent, chaleur à la peau.

Auscultation (onze heures du soir). — Bourdonnement dur, âpre, inégal, légèrement tremblotant, entremêlé de petillements, uniforme.

Le 28. Pouls à 125.

Auscultation. — Bourdonnement fort, roulant, uniforme, mêlé de tremblotements légers ; l'uniformité l'emporte.

29. Le malade se trouve un peu mieux ; il se plaint de la

gorge; il a de la fièvre; il n'accuse aucune souffrance. La poitrine est un peu chargée; il y a de l'expectoration; léger catarrhe (presque tous les malades en sont atteints). (Limonade végétale; six bols camphrés et nitrés.)

Auscultation. — Le bourdonnement n'a pour caractère que de baisser un peu; il remonte ensuite; est roulant, dur.

30. Le malade va assez bien; ses réponses sont assez précises aux questions qu'on lui adresse.

31. Le malade va bien plus mal; les traits se sont altérés; la parole est hésitante; il y a un peu de surdité. La langue, quoique humide, est un peu sèche. Il est très-affaibli; il a soif; il sue. Il semble qu'il y ait une éruption qui s'efface à la pression. La voix est altérée; assoupissement presque continu. Le pouls indique 100 pulsations, il est petit, inégal, irrégulier.

Auscultation. — Bourdonnement petit, mais doux, profond. Il est remplacé quelquefois par un tremblotement rapide, chemin de fer; c'est le bruit de mouvement de la locomotive.

2 avril. Le malade a déliré toute la nuit; la face n'a pas bien changé de caractère; elle exprime la faiblesse. Il tousse et crache souvent; il y a quelques crachats sanguinolents. Il se plaint d'une douleur du côté gauche. L'auscultation de la poitrine fait entendre quelques râles muqueux pendant l'expiration seulement. Le pouls est petit, fréquent; la peau d'une chaleur assez douce, langue humide. (Vésicatoire sur le côté.)

Auscultation. — Bourdonnement petit, assez doux, roulant, quelques essais de tremblotements, qui se suppriment bientôt.

4 avril. Le malade est très-sourd. La langue est sèche, mais n'est couverte d'aucun enduit. Il est ordinairement assoupi; il dit qu'il a dormi. Il a des tournoiements de tête ; il est couché sur le dos; les traits sont altérés; le pouls petit, fréquent. Peau chaude, humide,

Auscultation (avec M. Fuster). — Bourdonnement petit, profond, sourd, roulant et parfois tremblotant, il baisse et tend à se supprimer par gradation.

5. (Observé avec M. le professeur Fuster). Pouls large, disparaissant fréquemment; teinte jaunâtre; un peu de sueur. Le malade est affaissé, étonné ; respiration difficile; il crache ; la tête lui fait grand mal, surtout du côté gauche. Il n'est pas allé à la selle depuis quatre jours. Il crache et tousse souvent. La peau est chaude.

Auscultation. — Le bourdonnement baisse sans disparaître, non rapide, tremblotant, non égal.

Le malade se plaint de bourdonnement dans les oreilles.

Le soir, le malade semble aller mieux; mais il y a une faiblesse excessive.

Auscultation. — Bourdonnement fort, roulant; quelques essais·de tremblotements. Il est, du reste, égal, continu.

6 et 7. Le malade semble mieux. La face est assez colorée. Il désire manger. Le vésicatoire le fait bien souffrir. Il a encore un peu de céphalalgie. Il paraît ne pas être aussi sourd; il n'a pas de diarrhée. La peau est sèche; il ne sue pas.

Auscultation. — Bourdonnement petit, continu, doux, quelques essais de tremblotement.

8. Le pouls est rare ; la tête est fort douloureuse. Le malade a une soif des plus intenses. La langue est rouge sur les bords, blanche au milieu. Il tousse beaucoup; il est souvent assoupi.

Auscultation. — Bourdonnement petit, égal, profond, peu nourri, sourd, régulier, rare.

9. Le malade tousse beaucoup; les crachats qu'il expectore sont bleus, spumeux ; il y a des mucosités blanches et quelques filets de sang. L'auscultation de la poitrine fait entendre des bulles muqueuses à la base de la poitrine et sous l'aisselle, sur-

tout à la partie postérieure. Pas de fièvre ; le malade a dormi. La chaleur de la peau est douce.

Auscultation. — Bourdonnement sourd, petit, profond, régulier, égal.

11 avril. Le malade a bien dormi. La langue est humide, un peu blanche au milieu ; il n'a pas autant soif ; il entend mieux ; il se plaint toujours de la tête et du côté gauche. Il tousse, crache moins ; les crachats sont blancs ; pas de diarrhée ; pouls calme et rare. Les urines sont claires ; le malade a sué un peu.

Auscultation. — Bourdonnnement continu, un peu rude, égal, uniforme, faible, régulier.

13. Le malade a dormi dans la nuit ; il tousse toujours beaucoup, et les crachats contiennent du pus mêlé aux mucosités ; il n'a pas de céphalalgie ; il entend toujours un bruit dans les oreilles ; il est pourtant dans un meilleur état. L'auscultation de la poitrine montre que la respiration est pénible, difficile du côté droit. Il n'y a pourtant pas de matité ; le malade respire mieux du poumon gauche ; à la partie postérieure et à la base des deux poumons, il y a du râle crépitant.

Auscultation. — Bourdonnement doux, un peu roulant, égal, continu, régulier.

16. Le malade s'est levé hier pendant quatre heures ; il mange la demie sans inconvénient ; il n'a pas de diarrhée. Il est en convalescence. Pouls petit, égal, assez rare.

Auscultation. — Bourdonnement doux, petit, agréable, moelleux.

20. L'amélioration continue ; le malade a pu se lever et sortir ; sa figure est pâle ; les forces reviennent lentement ; il tousse et crache. Il mange avec appétit ; il ne se sent pas malade. L'auscultation de la poitrine donne un peu plus de sonorité à droite qu'à gauche ; du côté droit, l'auscultation fait entendre

quelque frottement pleural ; à gauche, l'auscultation est bonne. Le malade n'a pas soif ; il est guéri.

Auscultation. — Bourdonnement doux, moelleux, égal, continu, uniforme.

24, 26. État normal.

8 mai. Sorti guéri.

RÉSULTATS DE LA DYNAMOSCOPIE. — Malade entré le 23 mars. Ausculté le 25 : Bourdonnement fort, baisse, roulant. Le 27 au soir, bourdonnement dur, âpre, inégal, tremblotant, uniforme. Le 28, bourdonnement fort, roulant, uniforme, tremblotements légers. Le 29, bourdonnement baissant et remontant ensuite, roulant, dur. Le 31, bourdonnement petit, doux, profond, rapide, quelquefois tremblotement rapide (chemin de fer). Le 2 avril, bourdonnement petit, assez doux, roulant, essais de tremblotement, se supprime. Le 4, bourdonnement petit, profond, sourd, roulant, tremblotant, baisse et tend à se supprimer. Le 5, bourdonnement baissant sans disparaître, non rapide, tremblotant, non égal. Le soir, bourdonnement fort, roulant, essais de tremblotement, égal, continu. Les 6 et 7, bourdonnement petit, continu, essais de tremblotement. Le 8, bourdonnement petit, égal, profond, peu nourri, sourd, régulier, rare. Le 9, bourdonnement sourd, petit, profond, régulier, égal. Le 11, bourdonnement continu, un peu rude, égal, uniforme, faible, régulier. Le 13, bourdonnement doux, un peu roulant, égal, continu, régulier. Le 16, bourdonnement doux, petit, agréable, moelleux. Le 20, bourdonnement doux, moelleux, égal, continu, uniforme. Sorti guéri le 8 mai.

OBS. XII. — Riboulat, 26 ans, tempérament sanguin, est venu en France pour le scorbut. Il a pris la fièvre le 13 mars sur le bâtiment. Il présente les symptômes suivants : figure d'un rouge sombre ; le sillon labio-nasal un peu jaunâtre ; l'œil un peu terne ; la langue dépouillée, décolorée ; la respiration difficile ;

le pouls fréquent, irrégulier. Il n'y a pas de météorisme ni de gargouillement au ventre; **110** pulsations; il y a de la diarrhée jaune.

Auscultation le **21** (avec **M. Fuster**). — Le bourdonnement est rude et veut se faire tremblotant, c'est-à-dire que le tremblotement n'est pas bien apparent et qu'il n'apparaît qu'à certains moments; par suite, il est inégal, irrégulier.

Le **27**, à onze heures du soir. Pendant le sommeil, qui est très-profond, modifications remarquables; le bourdonnement est petit, non filiforme, pourtant bas et clair, profond et doux. Il varie de timbre très-légèrement et est inégal, car il y a des moments où il y a des tremblotements; mais il faut de la délicatesse dans l'ouïe pour le bien distinguer. Le malade se réveille pendant l'expérience, le bourdonnement change de suite de caractère, il est rude, sourd, fort, tremblotant, mais non continuellement, car il y a des moments d'uniformité.

28. Assoupissement; figure embarrassée; yeux ternes; teinte jaunâtre; quatre selles; ventre développé, mais non ballonné; chaleur âcre; pouls fréquent; soif excessive.

Auscultation. — Bourdonnement tremblotant, rude, uniforme de temps en temps.

29. L'amélioration est sensible. Pouls à **85**, égal, régulier, résistant; chaleur vive.

Auscultation. — Bourdonnement rude, égal, continu, presque doux.

30 mars. L'amélioration est prononcée. Le pouls est à **75**; la figure n'est plus altérée; la peau est chaude, moite; la respiration est normale; le malade ne demande qu'à manger.

Auscultation. — Bourdonnement doux et rude, continu, égal.

31. Même état, même amélioration.

2 avril. Le malade ne tousse plus; il désire manger davantage. La figure a repris l'expression de la santé; il n'accuse aucune souffrance; pas de diarrhée.

Auscultation. — Bourdonnement doux, petit, égal, régulier, assez lent.

4. L'amélioration est marquée. Le malade est en convalescence. Il n'aspire qu'après la vue de sa mère.

Auscultation. — Bourdonnement doux, fort, roulant, égal, continu, régulier.

5. L'amélioration continue.
6. Guérison.
8. Le malade est rétabli ; plus de fièvre ; plus de céphalalgie ; il digère tout ce qu'il mange.

Auscultation. — Bourdonnement doux, moelleux, égal, uniforme, régulier, continu.

10 avril. Le malade sort de l'hôpital et va en convalescence.

Résultats de la dynamoscopie. — Malade entré le 21 mars. Ausculté le même jour : Bourdonnement rude, tremblotement peu apparent, inégal, irrégulier. Le 27, pendant le sommeil, bourdonnement petit, non filiforme, bas, clair, profond, doux, inégal ; au réveil, bourdonnement rude, sourd, fort, tremblotant, uniforme parfois. Le 28, bourdonnement tremblotant, rude, uniforme. Le 29, bourdonnement rude, égal, continu, presque doux. Le 30, bourdonnement doux, rude, continu, égal. Le 2 avril, bourdonnement doux, petit, égal, régulier, assez lent. Le 4, bourdonnement doux, fort, roulant, égal, continu, régulier. Le 8, bourdonnement doux, moelleux, égal, uniforme, régulier, continu. Sorti guéri le 10 avril.

Obs. XIII. — Vigroux (Eugène), 33 ans. Il est arrivé le 23 mars ; la fièvre a débuté dans la traversée. État actuel : le malade délire toujours, se lève sans savoir où il est ; le délire est calme ; fièvre intense ; il n'a pas de selle ; il va une fois dans le jour, liquide, jaunâtre ; céphalalgie ; mal de gorge ; il crache souvent et tousse peu ; la matière est jaunâtre ; il boit très-souvent. Le ventre est souple ; il n'en souffre pas. Le délire est continuel ; le plus souvent il est doux ; le malade divague ; il ne voit pas bien ce qui l'entoure.

25 mars. (Observé avec **M.** le professeur Fuster). Il y a de l'ivresse dans la face ; réponses brèves ; exaltation dans les idées.

Auscultation. — Bourdonnement rude. On pourrait appeler ce bourdonnement roulant ; il y a aussi le tremblotement varié chemin de fer ; il est rapide.

27, onze heures du soir. Le malade veut se lever ; il délire ; il crie ; il croit ne pas être dans son lit. Il est plus malade ; la figure est plus crispée, le délire plus violent ; le pouls excessivement fréquent. Le malade ne se plaint que de la tête et du gosier ; il n'est pas allé à la selle.

Auscultation. — Le bourdonnement s'arrête à certains intervalles et brusquement ; il paraît sourd, obscur, tremblotant. Il s'arrête souvent et reprend aussi vite.

28. *Auscultation.* — Bourdonnement rapide ; il baisse de ton et devient excessivement profond ; petillement très-dur.

29. Le malade délire encore ; il est un peu pâle ; il y a un état ataxique évident.

Auscultation. — Bourdonnement assez régulier, rapide ; il se maintient égal et continu, un peu profond.

30. Depuis le 25, onze heures du soir, le délire n'existe pas ostensiblement. Le malade ne crie plus, il ne s'agite plus. Il est affaissé ; il est continuellement assoupi. La respiration est difficile ; les traits sont affaissés ; il semble que les ailes du nez se soient décolorées. La langue est humide. Le malade n'accuse aucune souffrance ; si on le réveille, il ne sait pas où il est. Il y a une sensibilité générale exagérée.

Auscultation. — Bourdonnement faible, petit, assez doux, irrégulier ; il s'arrête. Observé avec M. Fuster, nous le trouvons peu nourri, bas, quelquefois tremblotant, quelquefois se supprimant.

31. Le malade a dormi toute la nuit ; il n'a pas rêvé ; il se plaint d'un grand mal de tête et du fond de la gorge. Le ventre est souple ; l'endolorissement général existe, mais n'est pas aussi prononcé que la veille. Il est allé cinq fois à la selle. Il répond bien, assez facilement ; il demande où il est. Quoiqu'il n'ait pas ses idées très-saines, il n'est pas aussi accablé ni aussi divagant. L'auscultation de la poitrine ne fait entendre qu'un râle sibilant et ronflant ; 80 pulsations, quelques inégalités ; le pouls est assez bon.

Auscultation. — Bourdonnement continu, uniforme, doux, assez clair, quelques renforcements et des essais de tremblotement. Avec M. Fuster, bourdonnement continu, roulant, sans être dur ; il baisse et se relève de suite ; quelques essais de tremblotement. Le malade est mieux ; il est couché sur le côté.

2 avril. Le malade s'agite toujours ; il croit qu'il va repartir pour la Crimée ; il est dans un délire qui lui fait avoir de fausses sensations et qui le fait marcher où son esprit trompé le dirige. Il se plaint de la tête et de la gorge ; il tousse. La physionomie est pâle ; elle indique un état nerveux. Le malade conserve de la diarrhée. Pouls petit, prompt, vite, égal, régulier, 75. Langue brune, très-sèche. Il a soif. (Limonade végétale ; huile d'amandes douces ; quatre bols camphrés et nitrés ; 4 grammes de sulfate de quinine.)

Auscultation. — Bourdonnement doux, petit, faible, quelques essais de tremblotement incomplet.

4. Le malade est un peu assoupi, affaissé, mais il n'a pas ses idées nettes. Il a moins de soif ; il semble mieux. Les traits

ne sont pas aussi altérés. Il n'est pas allé à la selle de la nuit. La peau est fraîche.

Auscultation. — Bourdonnement rapide, roulant ; le roulement n'est pas pur ; il y a quelques ressauts.

5. Même état.

Auscultation. — Bourdonnement doux, un peu fort.

7. Le malade va bien et semble guéri ; pourtant il n'a pas encore les idées très-saines. Il est souvent assoupi. Le pouls est excellent.

8. Le malade n'a qu'une selle par jour. La tête n'est pas douloureuse ; il n'a plus de délire. Le pouls est calme, ni fréquent ni rare. Il n'a pas autant de soif ; il ne souffre nulle part ; la toux s'est bien modérée.

Auscultation. — Bourdonnement grondant.

11. Le malade s'est levé un peu le 10, et il s'est recouché une heure après, à cause de sa faiblesse. Il est souvent porté au sommeil et voit quelquefois du brouillard devant ses yeux. La langue est légère un peu, couleur rouge vineux. Il n'a plus soif ; il tousse très-peu et se trouve soulagé beaucoup ; plus de diarrhée, de mal de tête, ni de gorge. Pouls à 70, petit, mou, faible.

Auscultation. — Bourdonnement roulant, doux, petit, rapide, continu, égal, régulier.

23 avril. Le malade est guéri.

Auscultation. — Bourdonnement doux, petit, égal, continu, peu nourri.

Le malade sort le 8 mai.

Résultats de la dynamoscopie. — Malade entré le 23 mars. Ausculté le 25 : Bourdonnement rude, tremblotant, (chemin de fer). Le 27 au soir, bourdonnement s'arrêtant à intervalles et brusquement, sourd, obscur, tremblotant. Le 28, bourdonnement rapide, baisse, très-profond; petillement très-dur. Le 29, bourdonnement assez régulier, rapide, égal, continu, un peu profond. Le 30, bourdonnement faible, petit, assez doux, irrégulier, s'arrête, peu nourri, tremblotant, se supprime. Le 31, bourdonnement continu, uniforme, doux, assez clair, renforcements et essais de tremblotement. Le 2 avril, bourdonnement doux, petit, faible, essais de tremblotement incomplet. Le 4, bourdonnement rapide, roulant, ressauts. Le 5, bourdonnement doux, un peu fort. Le 8, bourdonnement grondant. Le 11, bourdonnement roulant, doux, petit, rapide, continu, égal, régulier. Le 23, bourdonnement doux, petit, égal, continu, peu nourri. Sorti guéri le 8 mai.

Obs. XIV. — Cousin (Isidore), 23 ans, tempérament lymphatique, est rentré en France pour le scorbut. Il entre à l'hôpital le 23 mars. La fièvre a débuté le jour de son débarquement. Il présente tous les caractères des typhiques; il a de la fièvre, langue sèche, peu de céphalalgie; ventre souple; pouls très-fréquent.

Auscultation le 28. — Bourdonnement tremblotant; il l'est par fusées non marquées. Tous les symptômes tendent à l'amélioration.

29. Le malade semble aller mieux. En effet, les traits de la face sont meilleurs; il n'y a eu qu'une selle depuis hier. Il n'accuse aucune souffrance. (Limonade végétale.)

Auscultation pratiquée par M. Fuster. — Bourdonnement profond, assez doux; de loin en loin quelques inégalités; enfin il est régulier.

30 et 31. Amélioration notable le 31; une selle.
2 avril. L'amélioration continue; le malade tousse peu; il se sent plus fort; il ne va à la selle qu'une fois le jour, et natu-

rellement. Langue assez décolorée, humide; peau sèche, rude, comme dans l'état scorbutique; pas de fièvre.

Auscultation. — Bourdonnement doux, petit, égal, continu, régulier, lent.

4 avril. Amélioration. C'est le scorbut qui a repris le dessus.

5. On ne remarque que le scorbut.

7. L'amélioration continue.

8. La figure est pâle; le malade ne peut rester levé long-temps à cause de la faiblesse dans laquelle il se trouve. Le pouls est petit, ni fréquent, ni rare. Le malade mange avec appétit, digère bien. Rien n'est malade. Le scorbut est aux jambes; elles ne sont pas gonflées.

Auscultation. — Bourdonnement petit, faible, doux, continu, égal, régulier.

13. Toutes les fonctions se font avec régularité; le malade n'est que faible.

Auscultation. — Bourdonnement rapide, doux, petit, égal, continu.

16. Le malade continue à être calme; il est en convalescence.

Auscultation. — Bourdonnement doux, moelleux, petit, con-tinu.

8 mai. Le malade sort. Guéri depuis le 22 avril.

Résultats de la dynamoscopie. — Malade entré le 23 mars. Ausculté le 28 : Bourdonnement tremblotant, par fusées non marquées. Le 29, bourdonnement profond, assez doux, inégal, régulier. Le 4 avril, bourdonnement doux, petit, égal, continu, régulier, lent. Le 8, bourdonnement petit, faible, doux, con-tinu, égal, régulier. Le 13, bourdonnement rapide, doux, petit, égal, continu. Le **16**, bourdonnement moelleux, petit, continu. Sorti guéri le **8** mai.

Obs. XV. — Journay (Joseph), 23 ans, tempérament nerveux, a été embarqué le **7** mars pour revenir en France comme convalescent du scorbut qu'il avait depuis deux mois. La fièvre l'a pris sur le bâtiment trois jours après son embarquement. Il entre à l'hôpital le 31 mars. Il est très-amaigri; il a de la diarrhée; il est un peu sourd. Les camarades qui sont à ses côtés font la description de sa force avant de tomber malade, et de sa gaieté incomparable, pour me faire juger de la différence avec l'état actuel. Le pouls est petit, faible, peu fréquent; la langue sèche; la face altérée. Il y a cependant un peu d'amélioration, d'après le rapport des voisins.

Auscultation. — Bourdonnement continu, égal, de temps en temps quelques petits tremblotements; il est clair, petit, faible, d'un timbre égal, roulant, élevé.

7 avril. Le malade est toujours très-affaibli; la voix est faible; il est fort amaigri; il est couché sur le côté; la chaleur âcre; le pouls fréquent. Il est allé six fois à la selle dans la journée d'hier, et la diarrhée avait cessé les jours précédents. Il a le teint jaune. La langue est rouge sur les bords, blanchâtre sur le milieu, avec du pointillé rouge.

Auscultation. — Bourdonnement grondant, égal, uniforme, continu.

9 avril. Il semble que la figure soit meilleure. La langue est bonne; le pouls est rare, inégal, petit, faible. Le malade est très-amaigri; il se trouve un peu mieux; il dort bien la nuit; il a bon appétit; il n'est pas allé à la selle depuis la veille; il respire très-bien. La chaleur est naturelle; il est un peu sourd; il s'écoule un peu de sérosité de son oreille droite (otite).

Auscultation. — Bourdonnement continu, doux, égal, régulier.

13. Le malade a bien dormi cette nuit. La face est douce et exprime un état excellent ; il s'est levé dans la journée d'hier ; il ne tousse presque plus ; il n'est plus sourd ; la langue est belle. Il se couche sur le côté. Une selle par jour. Le pouls n'est que fréquent, il est un peu élevé.

Auscultation. — Bourdonnement roulant, doux, petit, uniforme, peu nourri ; pas de petillement.

Sorti en bon état le 8 mai.

RÉSULTATS DE LA DYNAMOSCOPIE.—Malade entré le 31 mars. Ausculté le même jour : Bourdonnement continu, égal, petits tremblotements, clair, petit, faible, roulant, élevé. Le 7 avril, bourdonnement grondant, égal, uniforme, continu. Le 9, bourdonnement continu, doux, égal, régulier. Le 13, bourdonnement roulant, doux, petit, uniforme, peu nourri ; pas de petillement. Sorti le 8 mai.

OBS. XVI. — Drouard, 24 ans, est atteint de scorbut et de fièvre continue. Il raconte qu'il a pris la fièvre à Constantinople la veille de son départ ; il était atteint de scorbut aux jambes. Il entre à l'hôpital le 31 mars. Il est allé trois fois à la selle cette nuit. La respiration est un peu difficile ; les traits de la face sont légèrement altérés. Il répond bien à toutes les questions qu'on lui adresse. La langue est blanche sur les bords et rouge au milieu. Le malade a soif. Le pouls est très-fréquent, 90, inégal, assez rénitent.

Auscultation. — Le bourdonnement a le timbre grondant ; c'est le premier degré du bourdonnement mugissant ; il est continu, égal.

Le bourdonnement a été constaté par M. Fuster.

Il est à remarquer qu'à partir du 1er avril, il y eut une recrudescence marquée dans les symptômes fébriles ; à partir de trois heures du soir jusqu'à cinq heures du matin, ces symptômes furent caractérisés par du froid, frisson, d'une durée de deux heures; puis chaleur et sueur (poitrine prise).

Mort le 4 avril à quatre heures du matin.

Auscultation. — Le bourdonnement est évident, pour M. le professeur Fuster et pour moi, à la région du cœur. Il est petit, profond, égal, continu, régulier et peu nourri, rare. On l'entend également sur la poitrine, sur la partie latérale du cou, au bras, au pli du coude, sur le ventre, sur les jambes; on ne l'entend pas à la tête, à la figure, aux mains, aux doigts, au pied.

A cinq heures du soir, c'est-à-dire treize heures après la mort, le bourdonnement a disparu partout.

(Le cadavre est porté à midi sur une table humide, froide. Les lois physiques ne hâteraient-elles pas la cessation du bourdonnement?)

NÉCROPSIE. — *Poitrine.* Hépatisation rouge du lobe inférieur du poumon droit; le lobe supérieur est en partie hépatisé et en partie engoué. Adhérence vieille, complète entre les deux surfaces des deux plèvres du poumon droit; formation d'une lymphe plastique bien organisée et ayant la consistance du lard ou du cartilage; elle crie sous le scalpel, et a une épaisseur d'un pouce; le poumon est rouge, perméable à l'air.

Cœur. Il est rempli de sang noir, couleur de gelée et a une consistance sirupeuse; quelques caillots mal formés. Il est très-volumineux. Il y a, dans le péricarde et dans les parties non adhérentes de la plèvre, de la sérosité citrine.

Ventre. Beaucoup de sérosité (un litre).

Intestins. Sur toute la surface du petit intestin, plaques brunes d'un pouce de circonférence. Il n'y a pas d'ulcérations. Ces plaques brunes ne sont pas enlevées par le lavage. L'intestin est décoloré.

Le foie est sain, la rate aussi, ainsi que le rein. Pas d'urine dans la vessie.

On trouve, dans le pharynx, un abcès contenant à peu près 20 grammes de pus louable.

RÉSULTATS DE LA DYNAMOSCOPIE. — Malade entré le 31 mars. Ausculté le même jour : Bourdonnement grondant, continu, égal. Mort le 4 avril, à quatre heures du matin. Ausculté à midi, bourdonnement évident à la région du cœur, petit, profond, égal, continu, régulier et peu nourri, rare. Treize heures après la mort, le bourdonnement a disparu.

OBS. XVII. — Guillèrm (François), 22 ans, tempérament lymphatique. Il est malade depuis le 6 mars. Entré à l'hôpital le 5 avril, il présente les symptômes suivants : teint jaunâtre, ainsi que les sclérotiques ; langue belle, mais un peu sèche, poisseuse, uniforme ; pouls petit, irrégulier, fréquent ; quelques tressaillements dans les tendons ; yeux brillants ; respiration pénible ; il y a un sourd râle trachéal ; les traits de la face sont tirés ; tendance continuelle au sommeil ; chaleur âcre ; décubitus dorsal et tendance à incliner vers le pied du lit. Le malade tousse et crache.

Auscultation. — Bourdonnement peu nourri, quelques tremblotements, roulant, rapide, baissant.

Le soir, au moment où nous le voyons, le malade est à la garde-robe ; il a une diarrhée bilieuse mêlée à des flocons albumineux. Il est excessivement abattu. L'auscultation fait entendre des râles muqueux à grosses bulles à la base de la poitrine, et, d'un autre côté, on entend des râles muqueux et sibilants dans toute la surface pulmonaire.

Auscultation. — Bourdonnement excessivement tremblotant ; s'il y a arrêt, il reprend de suite et est tremblotant, fort.

6 avril. Pouls fréquent, inégal ; chaleur âcre. Le malade en-

tend un peu mieux ; la diarrhée est moindre ; pas de céphalalgie ; langue humide ; respiration difficile ; râle trachéal. L'auscultation fait entendre des bulles muqueuses disséminées.

Auscultation. — Bourdonnement faible, petit, tremblotant, rapide, baissant.

7. Le pouls est fréquent, petit, à 83 ; râle trachéal. Le malade répond assez bien aux questions qu'on lui fait. La figure est bouffie ; la respiration est difficile ; la langue est sèche.

Auscultation. — Le bourdonnement s'arrête brusquement et reprend aussitôt. Il est rare, roulant, tremblotant, assez sourd.

8. La respiration est difficile ; le teint est jaune ; les yeux sont châssieux ; la figure est bouffie et légèrement violacée. Le malade est un peu sourd ; il n'a pas de céphalalgie ; il tousse souvent et crache peu. Le pouls est fréquent, la peau chaude.

Auscultation. — Bourdonnement très-tremblotant et fort ; les intervalles qui séparent les tremblotements ne sont pas égaux. Il est plus rapide dans certains moments que dans d'autres ; il baisse de temps en temps et il est un peu doux.

9 avril. Le malade a dormi la nuit ; il a la langue humide ; il a soif ; il tousse et crache beaucoup. Il n'y a rien de particulier dans les crachats. Il n'a plus de diarrhée ; il n'est allé qu'une fois à la selle. L'auscultation de la poitrine fait entendre, en avant et en arrière, des râles crépitants et sous-crépitants. La respiration semble moins difficile que les autres jours.

Auscultation. — Bourdonnement roulant, petit, profond, quelques rares ressauts ; il y a des moments où il semble disparaître.

11. Le malade a bien passé la nuit. Le pouls est fréquent, petit, dépressible, la chaleur modérée. Il tousse et crache des

mucosités ; respiration difficile, mais meilleure que précédemment. Il y a des râles sibilants et ronflants épars. La langue est humide. Le malade n'est allé qu'une fois à la selle.

Auscultation. — Bourdonnement roulant, petit, profond, continu, égal, régulier, non rapide.

13. Le malade tousse beaucoup ; la face n'est plus bouffie, elle a repris son expression de douceur. Il crache peu ; il dort la nuit, mais se réveille quelquefois ; il n'a pas de diarrhée ; il est allé une fois à la selle. La langue est naturelle ; la respiration est bonne, 16 inspirations dans une minute. Pouls à 65, régulier, égal, petit.

Auscultation. — Bourdonnement roulant, sourd, égal ; il semble que de temps en temps l'uniformité est troublée par un ralentissement.

15. Le malade tousse beaucoup, mais il crache peu. Le râle trachéal, qui avait disparu, est revenu. Les traits sont bouleversés ; il a la diarrhée et est assoupi. L'intelligence est intacte ; il est un peu sourd. La langue est humide. Le malade est très-gêné pour respirer. Depuis trois jours, deux vésicatoires étaient appliqués sur le côté ; ils se sont convertis en plaie gangréneuse.

Auscultation. — Bourdonnement intermittent ; il est petit, faible, baisse et disparaît ; longs intervalles de repos, de silence.

16 à neuf heures du matin. Le malade est à l'agonie.

Auscultation. — Absence complète de bourdonnement à tous les doigts.

Le malade meurt à dix heures et demie.

Auscultation à une heure, avec M. Fuster.—Bourdonnement entendu à la partie interne des cuisses, au creux épigastrique, au bras, à l'avant-bras, surtout à la région du cœur. On ne l'entend pas aux doigts des mains.

(L'instrument en liége est préférable au bois et à la gutta-percha.)

17 avril. Pas de bourdonnement.

Résultats de la dynamoscopie. — Malade entré le 5 avril. Ausculté le même jour : Bourdonnement peu nourri, quelques tremblotements, roulant, rapide, baissant. Le soir, bourdonnement excessivement tremblotant, fort. Le 6, bourdonnement faible, petit, tremblotant, rapide, baissant. Le 7, bourdonnement s'arrêtant brusquement et reprenant aussitôt, rare, roulant, tremblotant, sourd. Le 8, bourdonnement très-tremblotant, fort, rapide, baisse, doux. Le 9, bourdonnement roulant, petit, profond, continu, égal, régulier, non rapide. Le 13, bourdonnement roulant, sourd, égal. Le 15, bourdonnement intermittent, petit, faible, baisse et disparaît. Le 16, à neuf heures du matin, absence complète de bourdonnement. Mort à dix heures et demie, bourdonnement entendu à une heure à la partie interne des cuisses, au creux épigastrique, au bras, à l'avant-bras et surtout à la région du cœur ; absence complète aux doigts des mains. Le 17, pas de bourdonnement.

Obs. XVIII. — Jourdain (Léonard), 21 ans, tempérament lymphatique. Embarqué pour revenir en France, à cause du scorbut, il arriva le 13 mars à Montpellier. La fièvre le prit à trois heures et ne l'a pas quitté depuis. Entré à l'hôpital le 5 avril, il nous raconte qu'il y a eu des moments où il a beaucoup plus souffert, et qu'il se trouve mieux ; pourtant ses traits sont altérés ; il est fort amaigri ; sur la joue gauche se trouve une plaque rouge lie-de-vin. Pouls fréquent, quelques inégalités. Le malade tousse et crache beaucoup.

Auscultation. — Bourdonnement tremblotant, petit, quelquefois roulant, rapide et à ressauts très-fort.

7 avril. Le malade va de mieux en mieux ; il rit à notre approche ; sa figure se refait ; il a mangé du riz au lait ; il n'a pas de fièvre. Pouls à **56** pulsations. Il tousse, mais moins que les premiers jours ; il n'a pas de diarrhée ; il n'est pas allé à la selle depuis cinq jours. La langue est naturelle, un peu jaunâtre. La chaleur est douce. Le malade est un peu sourd.

Auscultation. — Bourdonnement grondant, mugissant. Il y des temps d'arrêt qui sont très-courts (il est à remarquer qu'il faut examiner à plusieurs doigts pour entendre distinctement) ; partout les petillements sont nombreux.

11. Pas de diarrhée ; amélioration dans les traits et dans l'aspect général.

La langue est rouge, belle, dépouillée ; pas de céphalalgie, pas de fièvre ; chaleur douce de la peau ; pas de diarrhée. Le malade est entré en convalescence.

Auscultation. — Bourdonnement roulant, fort, rapide, dur, continu, égal.

13. Le malade est resté levé toute la journée, depuis onze heures du matin. Il mange de bon appétit ; il est en pleine convalescence. Rien d'anormal dans le pouls ; il est faible.

Auscultation. Bourdonnement un peu grondant, égal, continu, uniforme.

16. La convalescence se prolonge.

Auscultation. — Le bourdonnement est rude, pas complétement uniforme ; il paraît hésitant.

20. Guérison.

Auscultation. — Bourdonnement doux, égal, normal.

Le malade sort le **25** avril.

Résultats de la dynamoscopie. — Malade entré le **5** avril.

Auscultation le même jour : Bourdonnement tremblotant, petit, roulant, rapide, à ressauts, très-fort. Le 7, bourdonnement grondant, mugissant; petillements nombreux. Le 11, bourdonnement roulant, fort, rapide, dur, continu, égal. Le 13, bourdonnement un peu grondant, égal, continu, uniforme. Le 16, bourdonnement rude, presque uniforme, semble hésitant. Le 20, bourdonnement doux, égal, normal. Le malade est guéri. Il sort le 25.

Obs. XIX. — Vuilard (Hippolyte), 24 ans, tempérament sanguin. Ce malade est envoyé en France pour le scorbut. Il est indisposé depuis le 2 avril, jour de son débarquement. Il entre à l'hôpital le 3 avril, et présente, à la visite du matin, l'état suivant : il a de la fièvre, est affaibli ; sa figure est rouge. Le pouls est fréquent et s'efface par la pression. Le malade se trouve étourdi; la langue est rouge et sans plaques; la respiration peu fréquente; il tousse et crache; il a de la diarrhée. Il ne souffre pas du ventre. (500 grammes de décoction blanche; riz au lait, etc.)

Auscultation. — Bourdonnement roulant, chemin de fer; il faiblit, est plus rapide dans certains moments que dans d'autres.

5 avril. Gêne de la respiration; pouls large, souple; chaleur âcre; quelques tressaillements des tendons. Le pouls s'efface par la pression. Les sclérotiques sont jaunâtres, injectées. Le malade a de la diarrhée.

Auscultation. — Bourdonnement par fusées rapprochées, peu nourri, roulant, rapide, tremblotant par moments.

6. Le pouls est petit, fréquent; le malade est moins rouge que les autres jours; il a moins de céphalalgie ; il a toujours un peu de diarrhée ; il ne sue pas; la chaleur n'est pas forte.

Auscultation. — Bourdonnement à fusées, égal, uniforme ; les fusées semblent se produire à moments égaux, comme si des ondées de liquide les produisaient.

8 avril. Le malade est assoupi presque continuellement ; la langue est rouge ; la figure terreuse ; chaleur âcre de la peau ; pouls fréquent, mou ; il est allé deux fois à la selle, et les matières rendues sont liquides et jaunâtres. Le malade tousse et l'auscultation ne révèle aucun râle anormal ; il n'a pas de coliques ; il parle souvent tout seul ; la soif est très-violente ; il est un peu sourd.

Auscultation. — Bourdonnement petit, par fusées, par ondées, doux du reste ; chaque fusée est précédée ou suivie d'une contraction générale des muscles de l'avant-bras. Avec M. Fuster : Le caractère des fusées manque ; il est tremblotant, il baisse, est roulant et rapide.

9. Le malade est toujours dans l'assoupissement ; la langue est un peu sèche, d'un rouge légèrement brun ; bouche sèche ; la soif est vive ; les yeux sont injectés ; pas de douleurs ; crachats muqueux ; chaleur âcre. Pouls à 80, profond, serré, régulier ; le malade est allé deux fois à la selle.

Auscultation. — Bourdonnement assez clair ; il semble qu'il est plus sourd avec le dynamoscope en gutta-percha. Toutes les fois qu'il y a contraction des tendons, il y a accélération de bourdonnement, et il se produit par fusées. Il est, du reste, toujours assez doux, et possède le même timbre.

11. Le malade n'a pas dormi cette nuit ; il s'est levé quatre fois pour aller à la selle ; les matières rendues sont noirâtres et molles. La langue est rouge ; le malade a moins soif ; la figure est terreuse ; les yeux sont injectés ; il tousse beaucoup ; il y a des filets de sang. L'auscultation de la poitrine fait entendre çà et là des râles sibilants et ronflants. Il n'y a pas de coliques. Le pouls est fréquent, vide, dépressible.

Auscultation. — Bourdonnement doux, inégal, petit; il y a des tremblotements qui interrompent l'uniformité. Toutes les fois qu'il y a contraction des muscles, il y a un bourdonnement à fusées.

13. Plus de céphalalgie ; le malade a été réveillé cette nuit par la toux ; il crache beaucoup, et les crachats, qui sont salivaires, sont teints en rouge : ce ne sont ni des mucosités ni des filets de sang. L'auscultation montre la respiration obscure en avant, et bonne, normale dans le reste du thorax. Pouls assez calme ; deux selles la nuit.

Auscultation. — Bourdonnement roulant, doux, d'une continuité imparfaite.

16 avril. Le malade s'est levé; il est faible. Le pouls n'annonce pas la convalescence, il est encore fébrile. Le malade se trouve bien ; il ne tousse pas. Tous les symptômes de la maladie sont négatifs.

Auscultation. — Bourdonnement roulant, petit, fort, sourd ; il y a quelques essais de tremblotements. (Il est à remarquer que le tremblotement existe, dans quelques maladies, dans la convalescence et lorsque les malades commencent à se lever.)

18. Bourdonnement doux.
23. Guérison.

Auscultation. — Bourdonnement doux, égal, continu, régulier, moelleux.

8 mai. Le malade sort guéri.

Résultats de la dynamoscopie. — Malade entré le 3 avril. Ausculté le même jour : Bourdonnement fort, roulant, chemin de fer, faiblit, rapide par moment. Le 5, bourdonnement par fusées, peu nourri, roulant, rapide, tremblotant. Le 6, bourdonnement idem, uniforme. Le 8, bourdonnement petit, par fusées, doux, tremblotant, baisse, roulant, rapide. Le 9, bourdonnement petit, clair, doux. Le 11, bourdonnement doux, inégal, petit, tremblotant, à fusées. Le 13, bourdonnement roulant, doux, continuité imparfaite. Le 16, bourdonnement roulant, petit, fort, sourd, essais de tremblotements. Le 23, bourdonnement doux, égal, continu, régulier, moelleux. Guérison. Sorti le 8 mai.

OBS. XX. — Cognet (François), 22 ans. Ce malade vient de Constantinople, et est renvoyé en France à cause des suites d'un coup de pied de cheval qu'il a reçu sur les pieds. La fièvre l'a pris sur le bâtiment le 14 mars, et il n'a éprouvé d'amélioration que depuis deux jours. Il entre à l'hôpital le 23 mars.

2 avril. La peau est fraîche, le teint jaunâtre, surtout aux environs des ailes du nez ; langue rouge sur les bords et blanchâtre sur le milieu. Le malade a eu beaucoup de céphalalgie, et il n'en souffre plus; il a des selles bilieuses; il ne tousse presque plus, mais il a toussé beaucoup sur mer.

Auscultation. — Bourdonnement roulant, fort, égal, continu, régulier.

7. Amélioration notable ; figure bonne, colorée. Pouls un peu élevé, fréquent; pas de toux ; température normale ; chaleur douce.

Auscultation. — Bourdonnement rapide, roulant ; il devient doux par moments.

13. Le malade ne se plaint de rien ; mais la peau est chaude ; il y a un peu de fièvre. Il dit qu'il n'a pas de diarrhée, qu'il n'a pas soif, qu'il n'a pas de céphalalgie. En effet, tous les symptômes d'une maladie apparente demeurent cachés. Le pouls seul annonce un peu de fièvre.

Auscultation. — Bourdonnement qu'on peut appeler embarrassé; il est sourd, roulant, mais il semble qu'il se présente des ressauts; puis il ne paraît pas évident.

20. Bourdonnement doux, égal. Guérison.

8 mai. Le malade sort.

RÉSULTATS DE LA DYNAMOSCOPIE. — Malade entré le 23 mars. Ausculté le 2 avril : Bourdonnement roulant, fort, égal, continu, régulier. Le 7, bourdonnement rapide, roulant, doux. Le 13, bourdonnement embarrassé, sourd, roulant. Le 20, bourdonnement doux, égal. Guérison. Sorti le 8 mai.

OBS. XXI. — Rigault (Louis), 33 ans, tempérament sanguin. Est rentré en France le 23 mars comme convalescent du scorbut. Il a pris le germe de la maladie sur le bâtiment. Entré à l'hôpital, on ne s'est aperçu de rien tout d'abord, et il mangea les trois quarts pendant quatre ou cinq jours; alors la fièvre augmenta; le malade s'est surtout plaint de violents maux de tête. Le pouls est toujours fréquent; le malade a un peu de diarrhée; la langue est belle; il n'est pas sourd, mais sa tête le fait horriblement souffrir. (Limonade végétale; six bols camphrés et nitrés; sulfate de quinine, 20 grains.)

6 avril. *Auscultation.* — Bourdonnement grondant, à ressauts, petit; il s'arrête subitement et reprend aussitôt.

8 avril. Le malade a un très-violent mal de tête; il faut crier pour qu'il vous entende; sa figure est rouge; il ne souffre que de la tête. Les traits ne sont pas altérés; la langue est sèche, rouge, et les papilles développées; il a une soif violente; la bouche est chaude et sèche. Il est allé deux fois à la selle; il dit que les matières sont jaunes. Il exhale une odeur âcre, puante; mais il n'a pas de sueur. Le pouls est fréquent, assez développé.

Auscultation. — Bourdonnement assez fort; il se révèle à

certains moments par un coup saccadé; il est rude, continu, inégal, régulier, roulant, à ressauts.

9. Le malade a dormi pendant la nuit; la langue est jaunâtre; il a très-soif; céphalalgie; il est sourd. Il parle souvent tout seul; sa figure est rouge, injectée; il tousse beaucoup. L'auscultation de la poitrine ne fait pas entendre de râle anormal. La dilatation des vésicules pulmonaires du côté droit semble ne pas être complète. Le malade n'a pas de douleur de ventre; il n'est pas allé hier à la selle. Pouls fréquent, petit, dépressible, régulier.

Auscultation. — Bourdonnement roulant, quelques essais de tremblotements; il baisse.

11. Le malade a dormi, mais il a rêvé toute la nuit; il s'est mis en colère; si on lui parle, il a toute sa connaissance. La figure est rouge; les yeux sont injectés; il a de la céphalalgie; il est un peu sourd; il crache peu, quoiqu'il tousse, il ne tousse cependant pas autant que les jours précédents. Il est allé quatre ou six fois à la selle; les matières sont liquides, jaunes. L'auscultation ne fait rien entendre. Pas de sueur; la chaleur est assez modérée; la langue est sèche, rouge, jaune en quelques endroits. Il n'a pas autant de soif. Le pouls est assez élevé, résistant, 80 pulsations.

Auscultation. — Main gauche : Bourdonnement à ressauts, roulant, fort, inégal, continu.

Main droite : Bourdonnement petit, sourd et semblant disparaître.

13 avril. Le malade a dormi cette nuit sans rêver; il n'a pas de céphalalgie. La langue est toujours un peu sèche. Il boit beaucoup; il crache peu, quoiqu'il continue de tousser. Il est allé trois fois à la selle; les matières sont jaunes. Pas de coliques. La peau est moite. Pouls calme, rare, à 65.

Auscultation. — Bourdonnement sourd, roulant, quelques tremblotements, rare.

16. La tête n'est plus douloureuse; le pouls est rare, sans force, ni trop faible. Le malade digère bien et voudrait manger davantage. Symptômes négatifs, et retour à la santé.

Auscultation. — Bourdonnement petit, profond, doux, égal. Il y a beaucoup de petillements.

20. Le malade s'est levé hier une demi-heure. Pas de douleur. L'appétit revient; il ne boit pas excessivement. Le pouls est rare, la peau fraîche; pas de céphalalgie; il ne tousse presque pas. La guérison s'opère.

Auscultation. — Bourdonnement roulant, d'abord sourd, rapproché; puis s'éloigne et reste petit, assez doux, non rapide.

23. Le malade se lève toute la journée, et a une bonne convalescence.

Auscultation. — Bourdonnement doux, petit, rare, profond.

8 mai. Le malade sort guéri.

Résultats de la dynamoscopie. — Malade entré le 23 mars. Ausculté le 6 avril, bourdonnement grondant, à ressauts, petit; il s'arrête et reprend. Le 8, bourdonnement fort, rude, continu, inégal, régulier, roulant, à ressauts. Le 9, bourdonnement roulant, essais de tremblotements, baisse. Le 11, bourdonnement à ressauts; roulant, fort, inégal, continu, petit, sourd, semblant disparaître. Le 13, bourdonnement sourd, roulant, tremblotant, rare. Le 16, bourdonnement petit, profond, doux, égal; petillements nombreux. Le 20, bourdonnement roulant, d'abord sourd, rapproché, il s'éloigne, reste petit, assez doux, non rapide. Le 23, bourdonnement doux, petit, rare, profond. Sorti guéri le 8 mai.

Obs. XXII. — Fressonnet (Jean), 26 ans, tempérament

bilioso-nerveux, est pris de fièvre le 8 avril, et entre à l'hôpital. A la visite du matin, il se plaint de céphalalgie, d'inappétence. Il a de la fièvre ; la figure est empreinte d'une suffusion jaunâtre ; les sclérotiques sont jaunes ; le pouls est à 90 pulsations ; la peau est chaude ; le malade a eu trois selles jaunâtres ; il tousse un peu sans cracher ; il a bien soif. (Orge miellé ; quatre sangsues derrière les oreilles.)

Auscultation. — Bourdonnement roulant, rapide.

9 avril. Le malade tousse et crache un peu ; il a moins soif que la veille ; la langue est humide, belle ; la figure rouge. Pas de diarrhée ; un peu de céphalalgie ; pouls fréquent, à 95, régulier, plein ; chaleur assez forte, non âcre.

Auscultation. — Bourdonnement roulant, inégal, à deux notes ; il est très-rapide ; on entend la variété tremblotante, chemin de fer.

11 avril. Pas de sommeil dans la nuit ; céphalalgie ; le malade entend des bruits dans la tête ; les yeux sont injectés ; la figure n'est pas altérée ; il tousse assez souvent sans cracher ; il boit deux pots de tisane. La langue est humide, un peu jaune au milieu. Le malade est allé sept fois à la selle ; les matières sont molles, jaunâtres. Il y a un peu de surdité ; respiration normale. Pouls à 90, régulier, mou, dépressible, égal. La peau est un peu humide.

Auscultation. — Bourdonnement fort, inégal, tremblotant, mais non fortement ; il est sourd, roulant.

13. Le malade est assoupi ; la face est altérée ; il a dormi cette nuit ; il est toujours un peu sourd ; la langue est sèche ; il a soif ; il tousse et crache. L'auscultation de la poitrine ne fait rien entendre d'anormal ; il y a un peu d'obscurité dans la région du cœur. Pouls très-fréquent, petit.

Auscultation. — Bourdonnement roulant ; il baisse et disparaît un instant ; il revient, continue en baissant et paraissant rare.

16. Le malade sue un peu; la langue est humide; la figure est rouge; il est un peu assoupi; il n'a pas de diarrhée; la soif n'est pas fort violente; il n'y a plus de surdité; le malade se sent faible et n'a pas grande envie de manger; la respiration n'est pas gênée.

Auscultation. — Bourdonnement grondant, profond, sourd.

17. Le malade a dormi la nuit; il est assoupi; langue large, un peu sèche; il a une soif excessive; odeur de souris; la figure est un peu pâle, un peu altérée; pas de douleur de ventre ni de la poitrine; un peu de céphalalgie, qui n'est pourtant pas aussi douloureuse que les autres jours; la peau est chaude, un peu humide; le malade crache beaucoup. Pouls assez calme, un peu élevé.

Auscultation. — Bourdonnement grondant.

20 avril. Le malade a dormi un peu, mais le sommeil est pénible; il n'y a pas eu de selles depuis hier matin; la langue est humide; il n'a pas une grande soif; il ne tousse pas. Pas de douleur abdominale; pas de céphalalgie; alourdissement; il entend bien, mais un peu confusément. Le pouls est rare; 60 pulsations; peau d'une chaleur modérée, sèche.

Auscultation. — Bourdonnement roulant, doux, égal, continu, régulier.

23. Le malade se plaint de céphalalgie; il a dormi, mais il a éprouvé un peu de froid. Pouls flasque, mou, pas trop fréquent; pas de coliques; pas de diarrhée; le malade est un peu sourd; la tête lui fait toujours mal; la langue est un peu blanche et rouge.

Auscultation. — Bourdonnement roulant, sourd, un peu éloigné, rapide; il y a des tremblotements: le tic tac ne dure pas longtemps; il est rapproché.

25. *Auscultation.* — Bourdonnement roulant, doux.

27. Le malade passe une bonne nuit ; il n'a pas de fièvre, pas de toux ; tout va bien.

Auscultation. — Bourdonnement petit, roulant, profond, doux.

29. Le malade s'est levé ; il mange bien. Il est guéri.

Auscultation. — Bourdonnement doux, petit, égal, continu; un peu faible.

8 mai. Le malade sort guéri.

Résultats de la dynamoscopie. — Malade entré le 8 avril. Ausculté le même jour : Bourdonnement roulant, rapide. Le 9, bourdonnement roulant, inégal, rapide, tremblotant, variété chemin de fer. Le 11, bourdonnement fort, inégal, tremblotant, sourd, roulant. Le 13, bourdonnement roulant, baisse et disparaît, revient et paraît rare. Le 16, bourdonnement grondant, profond, sourd. Le 17, bourdonnement grondant. Le 20, bourdonnement roulant, doux, égal, continu, régulier. Le 23, bourdonnement roulant, sourd, un peu éloigné, rapide, tremblotant. Le 25, bourdonnement roulant, doux. Le 27, bourdonnement petit, roulant, profond, doux. Le 29 (guérison), bourdonnement doux, petit, égal, continu, un peu faible. Sorti le 8 mai.

Obs. XXIII. — Lamalle, 26 ans, infirmier, tempérament sanguin, entre à l'hôpital le 8 avril. Il s'est toujours plaint d'un violent mal de tête, de fièvre et de maux d'estomac.

Nous l'observons le 13 avril : il a une céphalalgie violente ; la face injectée ; il a beaucoup saigné du nez (un litre), ce qui l'a soulagé. Il a la langue chargée, jaune; il se plaint de soulèvements d'estomac; la bouche est pâteuse; il a soif, affectionne les acides et n'a pas faim; il tousse et ne crache pas. En aus-

cultant, on trouve que la respiration se fait entendre partout
sans râle; mais en avant, il semble qu'elle est gênée; les vésicules ne se dilatent pas amplement; rien d'anormal. Le malade
n'a pas de coliques, pas de selles; le ventre est souple; il y a
une chaleur assez forte, âcre, mordicante. Le pouls est très-
fréquent, un peu souple et vide; pourtant il résiste à la pression, 100 pulsations. (Limonade tartrique; deux potions go-
meuses; lavement purgatif.)

Auscultation. — Bourdonnement petit, peu nourri, rare; il
baisse beaucoup, se perd et disparaît. Cela s'est reproduit deux
fois.

16. Respiration difficile; assez d'hébétude; les yeux sont injectés; la langue est un peu jaunâtre sur le milieu. Le malade
n'est pas sourd; il a toujours bien soif; le ventre est souple; le
malade est affaissé et n'a aucune force; il est souvent assoupi;
il a un peu de diarrhée; il crache beaucoup de salive et un peu
de mucosités. Urines rouges; pas de taches à la peau.

Auscultation. — Bourdonnement petit, profond, sourd, peu
nourri, rude et baissant; il disparaît quelquefois, mais reparaît
et semble se prolonger très-petit et très-peu distinct.

17. Pas de céphalalgie; le malade est assoupi; il ne dort pas;
il parle toute la nuit; il est toujours un peu sourd; il ne tousse
que très-peu; il boit à chaque minute. La langue est rouge,
naturelle; pas de coliques; deux selles en diarrhée. Pouls petit, inégal, fréquent.

Auscultation. — Bourdonnement petit, peu nourri; il rappelle un peu le bourdonnement du cadavre; il baisse et semble disparaître. Observé avec M. le professeur Fuster, bourdonnement roulant, petit, profond, faux, quelques essais de
tremblotement dont le tic tac est très-éloigné.

19. Le malade a déliré toute la nuit et le délire continue; la
figure est injectée comme par une suffusion sanguine d'un

rouge vineux ; il veut se lever, sortir ; le regard est égaré ; il a toujours soif ; il répond aux questions qu'on lui adresse et il entend très bien. Il se plaint de chaleur à la tête, mais il n'en souffre pas ; il tousse ; la respiration est un peu difficile ; pas de douleur de ventre ; il est allé deux fois en diarrhée ; peau chaude, un peu humide ; pouls inégal, fréquent.

Auscultation. — Bourdonnement roulant ; il rappelle le bruit d'une voiture qui passerait sur la route au moment où on serait enfermé dans une chambre ; il est pourtant à la fin si obscur qu'il semble disparaître. Observé avec M. Fuster, le bourdonnement n'est pas d'une note parfaite ; il a conservé tous les caractères indiqués ci-dessus ; il est dentelé et reste non entendu pendant quelques secondes.

20. Le malade est assoupi ; il n'a pas un délire aussi violent que la veille ; mais il dit qu'il est sorti hier. La figure est moins injectée ; les yeux sont rouges. L'assoupissement continue, et le malade fait entendre des ronflements les yeux ouverts. Il tousse et crache un mucus mêlé de salive, sanguinolente parfois. Peau chaude, âcre. Pouls fréquent, 95, dur.

Auscultation. — Bourdonnement masqué ; il se réveille parfois, et alors il est rapide, roulant, mêlé de tremblotements à tic tac rapide ; puis se retire et n'a pas de caractère distinct.

21. Le malade a dormi, mais d'un sommeil un peu lourd ; il a toujours soif ; les yeux sont injectés. La figure est plus pâle ; la langue est bonne. Le malade a de tristes pressentiments ; pas de diarrhée ; chaleur douce, moite. Pouls à 80. (Deux pilules camphrées et nitrées ; deux potions gommeuses.)

Auscultation. — Main gauche : Bourdonnement petit, sourd, extrêmement profond. Il faut une grande habitude pour le saisir, l'entendre et le comprendre. Ainsi je le juge tremblotant à intervalle éloigné et à tic tac rapproché.

Main droite : L'auscultation de cette main nous prouve que

ce que nous venons d'avancer est vrai. Ainsi, de ce côté, le bourdonnement est roulant, fort et rapproché; il y a des trépidations à tic tac rapproché. L'uniformité rappelle un glissement sourd. Il est continu.

22. Le malade est mieux, la figure est pâle, non injectée; Il n'y a plus de délire, le malade répond avec calme; il se trouve bien mieux. Pouls à 75, assez faible. Le malade sue un peu dans la nuit; il a dormi; il ne sue pas dans le jour; la langue est belle. Il ne souffre pas de coliques; il n'a pas de diarrhée; la tête est lourde, mais ne fait pas mal.

Auscultation. — Bourdonnement sourd, profond et rapproché; c'est ainsi qu'il baisse; il y a des trépidations dont le tic tac est court; le bourdonnement est plutôt glissant; il se maintient bas; il y a des moments plus rapides.

25 avril. Le malade est un peu sourd ; il va bien, du reste ; seulement il se plaint d'une sensation de fourmis aux pieds ; il est très-pâle. Pouls revenu à l'état normal.

Auscultation. — Bourdonnement doux, petit, profond, égal, continu, régulier.

29. La figure est un peu rouge; il semble qu'il s'y joint un peu de congestion vers la tête. Le malade se trouve bien.

Auscultation. — Bourdonnement assez rapide, roulant, doux.

8 mai. Le malade sort guéri.

Résultats de la dynamoscopie. — Malade entré le 8 avril. Ausculté le **13** : Bourdonnement petit, peu nourri, rare, baisse, se perd et disparaît. Le **18**, bourdonnement petit, profond, sourd, peu nourri, rude, baisse, disparaît et reparaît. Le **19**, bourdonnement petit, peu nourri, baisse et semble disparaître; il est roulant, petit, profond, essais de tremblotements au moment où **M.** Fuster l'observe. Le **19**, bourdonnement roulant, semble disparaître. Le **20**, bourdonnement masqué; il se ré-

veille parfois et est rapide, roulant, tremblotant. Le 21, bourdonnement petit, sourd, extrêmement profond, roulant, fort
et rapproché, continu. Le 22, bourdonnement roulant, sourd,
profond et rapproché, glissant. Le 25, bourdonnement doux,
petit, profond, égal, continu, régulier. Le 29, bourdonnement assez rapide, roulant, doux. Sorti guéri le 8 mai.

Obs. XXIV. — Cullier (Jean), 39 ans, tempérament bilioso-
nerveux, soldat au 17e chasseurs à pied. Il a été évacué en
France pour cause de scorbut. Il entre à l'hôpital le 17 avril.
Il y a deux jours qu'il est atteint de fièvre.

État actuel : Le malade est continuellement assoupi ; la parole est un peu diffuse, la face un peu altérée. Il ne tousse pas ;
il a de la céphalalgie ; il est un peu sourd. La langue est rouge,
dépouillée ; le malade a une soif vive ; il a eu des frissons pendant deux heures, de six à sept heures du soir ; puis il a eu très-
chaud dans la nuit. La peau est chaude ; il n'a pas de diarrhée ;
il a eu deux selles. Le pouls est fréquent, 95, mou, petit, dépressible ; il semble que la peau est moite.

Auscultation. — Bourdonnement uniforme, sourd, roulant,
d'une égale continuité, un peu rapide.

19 avril. Le malade est dans un meilleur état ; il n'est pas
allé à la selle la nuit ; il est plus rouge que la veille ; il n'a pas
eu de redoublement de fièvre. Le pouls est fréquent, petit ; la
langue est humide ; la soif est éteinte ; du reste, pas de céphalalgie.

20 avril. L'expression de la figure est un peu meilleure ; la
langue est rouge, humide. Le malade n'a pas soif ; il a un peu
de céphalalgie. Pouls un peu fréquent, à 75, non très-fort, dépressible. Il est souvent assoupi ; pas de diarrhée ; les urines
sont rouges ; la peau non chaude ; pas de symptômes du côté
du ventre et de la poitrine. Le malade est encore sourd.

Auscultation. — Bourdonnement roulant, doux, uniforme, mêlé de tremblotement vague, mais dont le tic tac est rapproché; le tremblotement est rare; il est du reste rapide.

21. Le malade est allé une fois à la selle; il n'a pas de fièvre; la peau est fraîche; les traits sont meilleurs; peau moite; respiration douce.

Auscultation. — Bourdonnement roulant, sourd, éloigné, uniforme, non rapide.

22. Les yeux ne sont pas injectés.

23. Le malade a un peu de fièvre ; il s'est levé une heure ; il a eu une selle; suffusion jaune; figure amaigrie ; un peu d'excavation dans l'orbite. Il ne tousse pas, ne souffre nulle part ; il semble qu'il n'y ait qu'un affaiblissement douteux.

Auscultation. — Bourdonnement doux, uniforme, un peu vacillant.

25 avril. Le malade sort non guéri.

Rentrée du malade le 1er mai. Il n'y a pas d'amélioration dans son état ; on dirait qu'il maigrit davantage ; il a sué beaucoup hier matin ; aujourd'hui il est pâle, les yeux sont excavés; il a de la céphalalgie dans la journée. Si parfois il se lève, il est titubant; bruit dans la tête ; langue rouge ; une selle en vingt-quatre heures; pas de coliques; le malade tousse quelquefois. Pouls non fréquent, petit ; peau fraîche.

Auscultation. — Bourdonnement rare, peu nourri, roulant, sourd, éloigné; il se maintient.

2 mai. Même amaigrissement. Si le malade se lève pour uriner, il chancelle, il ne voit pas clair. Ses paroles sont assez pénibles ; il ne se plaint que de redoublement de fièvre ; il n'a, du reste, pas de céphalalgie ; il voudrait manger davantage; pas de diarrhée ; il n'a pas sué; il a dormi la nuit dernière, la langue est rouge.

Auscultation. — Bourdonnement sourd, roulant, éloigné, uniforme.

3. Le malade ne s'est pas levé; il est allé aux latrines, et il n'est pas solide sur ses jambes ; pas de fièvre ; il mange bien.

Auscultation. — Bourdonnement roulant et tremblotant, clair, faible, non rapide, assez doux.

5 mai. Le malade s'est levé; la tête ne lui tourne pas; il a dormi la nuit; il ne tousse pas; il n'a pas été à la selle. Pouls calme.

Auscultation. — Bourdonnement doux, un peu roulant, pas trop rapide, se développant bien.

8. Bourdonnement doux.

13. Id., id.   .

15. Le malade sort guéri.

Résultats de la dynamoscopie. — Malade entré le 17 avril. Ausculté le même jour : Bourdonnement uniforme, sourd, roulant, continu, un peu rapide. Le 20, bourdonnement roulant, doux, uniforme, mêlé de tremblotement vague, rapide. Le 21, bourdonnement roulant, sourd, éloigné, uniforme, non rapide. Le 23, bourdonnement doux, uniforme, un peu vacillant. Le 1er mai, bourdonnement rare, peu nourri, roulant, sourd, éloigné. Le 2, bourdonnement sourd, roulant, éloigné, uniforme. Le 3, bourdonnement roulant, tremblotant, clair, faible, non rapide, assez doux. Le 5, bourdonnement doux, un peu roulant, pas trop rapide. Le 8, bourdonnement doux. Le 13, id. Sorti guéri le 15 mai.

Obs. XXV. — Escamps (Pierre), 23 ans, tempérament sanguin. Rentré en France comme convalescent de la fièvre. Il n'a jamais eu de scorbut; la fièvre l'a repris sur le bâtiment. Entré à l'hôpital le 13 avril.

17 avril. Le malade souffre du mal de tête ; la teinte de la peau est terreuse, jaunâtre ; la figure est altérée ; il a été assoupi la nuit dernière ; il parle souvent, soit dans le jour, soit dans la nuit ; il y a un redoublement de fièvre, et il est plus malade le soir à quatre heures. Il sue un peu ; il ne tousse pas ; il a très-soif ; pas de douleur de ventre ; il a la diarrhée ; le ventre est aplati. Le malade a eu dans le temps de fortes coliques. Le pouls est fréquent.

Auscultation. — Bourdonnement assez doux, peu nourri, inégal, tremblotant. Observé avec M. Fuster, bourdonnement irrégulier, intermittent, trépidant.

19. Le malade est allé quatre fois à la selle dans la nuit ; il ne tousse pas ; la soif a diminué beaucoup ; la langue est belle, sans enduit ; il n'a pas de céphalalgie ; il est plus sourd de l'oreille gauche que de la droite. Pas de douleur de ventre.

Auscultation. — Bourdonnement roulant, sourd, profond, uniforme.

20. Le malade est assoupi ; il est un peu sourd ; les yeux sont injectés ; la face est rouge vineux ; les sclérotiques sont jaunes ; il est allé trois fois à la selle ; il a eu deux coliques cette nuit qui ont duré dix minutes. Pouls fréquent, non résistant.

Auscultation. — Bourdonnement roulant, sourd, éloigné, continu, uniforme.

21 avril. Le malade a dormi cette nuit ; il a eu quelque coliques qui l'ont forcé à se lever trois fois du lit pour aller à la selle ; la figure est encore un peu altérée ; la peau est sèche. Pouls élevé, peu fréquent. Le malade n'est pas sourd ; il n'a pas de céphalalgie.

Auscultation. — Bourdonnement roulant, sourd, rapproché, un peu rapide, mais uniforme.

22. Les yeux sont injectés. Le malade est un peu rouge; il ne tousse pas; il s'est levé une fois. Le pouls est fébrile.

Auscultation. — Bourdonnement roulant, sourd; quelques essais de vacillation.

24. Le malade a un peu de fièvre; il s'est levé une heure; il a eu une selle; suffusion jaunâtre de la figure, un peu rouge; langue belle; pas de coliques; pas de toux; peau chaude, un peu humide; affaiblissement. Pouls non fréquent, flasque, mou. La face est embarrassée.

Auscultation. — Bourdonnement roulant, uniforme, tendant à la douceur.

25. Le malade a dormi pendant la nuit; pas de rêves; il a la vue trouble; il s'est levé hier trois fois; il va en diarrhée; les matières sont jaunes; pas de toux; pas de coliques; langue belle, un peu jaune; pas de céphalalgie. Pouls non fréquent, mais vite. Peau non âcre; le malade ne sue pas.

Auscultation. — Bourdonnement roulant, doux, uniforme, semblant d'hésitation, pas trop rapide.

26. Le malade a dormi la nuit; face embrouillée; les pommettes sont d'un rouge vineux. Le pouls est assez régulier, à 70, assez fort, assez résistant. Le malade est allé quatre fois hier à la selle. La céphalalgie l'a pris et a duré trois heures. La langue est belle, humide; il ne tousse pas; il a eu quelques coliques; la peau est assez sèche, bonne.

Auscultation. — Bourdonnement doux, un peu rapide, égal, se développant bien.

27. Le malade a eu des coliques avec cinq selles. La langue est un peu jaunâtre au milieu; la figure est toujours un peu embrouillée; pas de toux; pas de céphalalgie; le malade n'est pas sourd. Le pouls est fréquent, 80.

Auscultation. — Bourdonnement roulant, un peu rapide, clair, égal; il semble baisser un peu; il est assez doux, continu.

29. Il y a toujours un peu d'embarras dans les traits. Le malade voudrait se lever dans la journée; il est allé une fois à la selle; langue jaunâtre au milieu; la peau est un peu ·chaude. Le pouls est saccadé, fréquent; pas de céphalalgie.

Auscultation. — Bourdonnement un peu rude, roulant, sourd, égal, uniforme.

1er mai. Même état que l'avant-veille. Le malade a eu deux selles en vingt-quatre heures ; pas de céphalalgie ; pas de surdité ; pas de coliques; figure embarrassée. S'il se tient debout, il ne se sent pas les jambes faibles; il dit qu'il a bon appétit. Pouls à **65**, dépressible, rare.

Auscultation. — Bourdonnement roulant, bruyant, un peu fort, inégal.

2. Le malade a dormi pendant la nuit. Il semble aller mieux, mais la figure est encore embrouillée; il n'a pas de céphalalgie. Tous les symptômes sont négatifs. Le pouls est un peu fréquent, mais flasque.

Auscultation. — Bourdonnement assez doux, égal, peu fréquent, uniforme.

3. Le malade va bien; il se plaint de coliques dans la nuit ; ces coliques se produisent aussitôt qu'il a bu ; il a eu deux selles cette nuit et deux ce matin; les matières sont troubles; ventre aplati ; figure embarrassée ; langue belle ; pas de soif.

Auscultation. — Bourdonnement petit, profond, scorbutique.

Résultats de la dynamoscopie. — Malade entré le 13 avril. Ausculté le 17 : Bourdonnement assez doux, peu nourri, inégal, tremblotant. Le 19, bourdonnement roulant, sourd, profond,

uniforme. Le 20, bourdonnement roulant, sourd, éloigné, continu, uniforme. Le 21, bourdonnement roulant, sourd, rapproché, un peu rapide, uniforme. Le 22, bourdonnement roulant, sourd, essais de vacillation. Le 24, bourdonnement roulant,
uniforme. Le 25, bourdonnement roulant, doux, uniforme,
hésitant, pas trop rapide. Le 26, bourdonnement doux, un peu
rapide, égal. Le 27, bourdonnement roulant, un peu rapide,
clair, égal, doux, continu. Le 29, bourdonnement un peu rude,
roulant, sourd, égal, uniforme. Le 1er mai, bourdonnement
roulant, bruyant, un peu fort, inégal. Le 2, bourdonnement
assez doux, égal, peu fréquent, uniforme. Le 5, bourdonnement petit, profond, scorbutique.

Obs. XXVI. — Cordier (Charles), 20 ans, tempérament lymphatique, est pris de fièvre catarrhale avec engorgement des
ganglions du cou et engorgement de l'amygdale. Entré à l'hôpital le 24 avril, le malade tousse un peu ; il a du frisson, suivi
de chaleur ; la peau est très-chaude, âcre. Le pouls est fréquent. Le malade a une grande soif ; il n'a pas de diarrhée.

Auscultation. — Bourdonnement doux et rapide.

27 avril. Le malade a dormi pendant la nuit ; il a eu quelques coliques ; il n'a eu qu'une selle ; la langue est jaunâtre
au milieu ; les selles sont bilieuses ; chaleur âcre, brûlante.
Pouls fréquent ; le malade tousse un peu ; il a de la céphalalgie,
et s'il se lève, il chancelle.

Auscultation. — Bourdonnement roulant, clair, rapide,
quelques essais de tremblotement.

29 avril. Le malade a dormi cette nuit ; il a de la céphalalgie ; il a eu du frisson ; langue un peu chargée ; il a eu quelques coliques et quatre selles en diarrhée ; il tousse et crache
un peu ; respiration difficile ; peau chaude. Pouls fréquent,
110 pulsations ; le malade chancelle ; la tête lui tourne ; il a
beaucoup pâli.

Auscultation. — Bourdonnement roulant, fort, rapide ; il baisse et devient peu perceptible ; il existe pourtant, il est très-sourd, uniforme ; il n'y a que des essais de tremblotement.

1er mai. Le malade a bien dormi ; il n'est pas sourd ; il souffre un peu du ventre ; il a toujours beaucoup de fièvre ; il a eu quatre selles dans la nuit ; peau chaude ; pas de toux ; pas de céphalalgie ; quelques idées de terreur.

Auscultation. — Bourdonnement roulant, doux, un peu rapide, inégal, continu.

2. Pas de céphalalgie ; langue poisseuse. Le malade a soif ; il boit quatre pots de tisane ; il est allé quatre fois à la selle ; les matières excrétées sont bilieuses. Les sangsues appliquées hier à l'épigastre l'ont soulagé ; il y a de temps en temps quelques soubresauts dans les tendons. Le pouls est fréquent, mais il est dépressible. Le malade est plus défait que les autres jours.

Auscultation. — Bourdonnement roulant, uniforme, non rapide, mais à caractère hésitant ; l'hésitation est presque du tremblotement.

3. Le malade n'a pas de céphalalgie ; il n'a pas eu de selle ; il a dormi cette nuit ; il a de la fièvre ; la peau est chaude.

Auscultation. — Bourdonnement roulant et saccadé ; il se maintient.

4. Même état que la veille.

Auscultation. — Bourdonnement roulant, faiblissant et devenant très-petit.

5. Le malade a dormi ; il tousse un peu depuis huit jours ; il crache des mucosités purulentes, crèmeuses, de couleur jaunâtre. Comme chez les typhiques, pas de diarrhée ; le ventre

est souple ; le malade est presque continuellement assoupi ; la langue est chargée au milieu ; elle est un peu jaunâtre ; pas de céphalalgie ; le malade est très-faible ; s'il veut s'asseoir sur le lit, la tête lui tourne.

Auscultation. — Bourdonnement rapide, roulant, tremblotant, il baisse et semble disparaître ; il est entendu dans le lointain, petit, tremblotant, très-faible, puis il augmente et devient plus fort.

8. Le malade n'a pas de céphalalgie ; il n'est pas sourd ; il est moins affaissé que les autres jours ; il est très-pâle ; la langue est noire au milieu, elle est humide. Le malade ne va à la selle qu'une fois par jour, et quelquefois il n'y va pas du tout ; il n'a pas de coliques ; il ne tousse pas ; la peau est chaude, mais le pouls est tombé.

Auscultation. — Bourdonnement un peu roulant, très-petit, profond et se maintient uniforme ; il est peu nourri.

11, à quatre heures du soir. Le malade est levé ; il mange le quart ; la figure est meilleure ; il ne sent rien qui le dérange ; il est allé deux fois à la selle. Le pouls est un peu élevé, sans fièvre.

Auscultation. — Bourdonnement roulant, doux, assez rapide, continu, uniforme.

Résultats de la dynamoscopie. — Malade entré le 24 avril. Ausculté le même jour : Bourdonnement doux et rapide. Le 27, bourdonnement roulant, clair, rapide, quelques essais de tremblotement. Le 29, bourdonnement roulant, fort, rapide, il baisse et devient peu perceptible, sourd, uniforme, essais de tremblotement. Le 1er mai, bourdonnement roulant, doux, un peu rapide, inégal, continu. Le 2, bourdonnement roulant, uniforme, non rapide, hésitant, presque tremblotant. Le 3, bourdonnement roulant et saccadé. Le 4, bourdonnement roulant et faiblissant, très-petit. Le 5, bourdonnement rapide, roulant, tremblotant, baisse, petit, très-faible, augmente et devient plus fort. Le 8, bourdonnement un peu roulant, très-petit, profond, uniforme, peu nourri. Le 11, bourdonnement roulant, doux, assez rapide, continu, uniforme.

Obs. XXVII. — Bellec, 24 ans, tempérament lymphatique. Il est renvoyé en France pour cause de scorbut et de fièvre. Il arrive de Constantinople en très-bon état ; il était le plus gai sur le bateau à vapeur. Entré à l'hôpital le 7 avril, il est pris de fièvre typhoïde le 15. (Tisane de riz ; deux potions gommeuses.)

19 avril. Le malade est sourd ; fuliginosité des dents ; la figure est empreinte d'une teinte jaunâtre ; il avait la diarrhée ; elle a cessé ; la langue est recouverte d'une bandelette de fuliginosité peu épaisse. Le pouls est assez fort. Le ventre est souple ; la chaleur âcre ; peu de sueur ; il ne tousse pas ; il est assez souvent assoupi ; il répond assez bien aux questions qu'on lui adresse ; il a dormi cette nuit ; pas de taches sur le corps. Il y a de la carpologie de temps en temps. Pouls fréquent, inégal, à 90.

Auscultation. — Bourdonnement roulant ; il est plus rapide dans certains moments que dans d'autres ; il est inégal, quelques trépidations ; il se maintient ; c'est le bourdonnement roulant, sourd, rapproché. Même observation avec M. Fuster.

20 avril. Le malade sue abondamment de la figure ; la poitrine est humide et le reste du corps est sec ; fuliginosité sur les dents ; il n'y en a pas à la langue, qui est sèche et épaisse. Le malade a dormi jusqu'à minuit. A partir de cette époque, douleur caractérisée par des frissons, de la chaleur et une soif intense. C'est une horripilation, un tremblement involontaire, mais presque insensible ; bruits du côté de la poitrine ; le ventre est souple ; une selle. Le malade a bu trois pots de tisane ;

sclérotique jaune ; suffusion jaunâtre de la figure ; chaleur douce ;
pouls fréquent.

Auscultation. — Bourdonnement roulant, sourd, un peu
éloigné ; il est d'abord assez fort et rapide, il devient plus petit, se retire, et en même temps il est plus rare et moins nourri ;
il y a quelques tremblotements incertains ; il s'arrête un instant et reprend, se maintient petit, roulant, profond, rare, et
quelquefois si rare qu'on le dirait éteint.

21. Le malade sue de la figure ; la peau est moite sur le
reste du corps, modérément chaude ; la figure est plus animée
que les jours précédents ; il n'est pas assoupi ; il se rend
compte de ce qui se fait. Le pouls est calme, à 70 ; la langue
est moins épaisse ; elle est un peu humide ; les dents n'ont pas
d'enduits fuligineux ; le malade est allé deux fois en diarrhée ;
pas de douleur de ventre ; il ne tousse point ; pas de céphalalgie.

Auscultation. — Bourdonnement, grondant, hésitant, sourd,
non rapide.

22. Le malade est couché sur le côté gauche ; la figure est
empreinte d'une suffusion jaunâtre ; les dents sont couvertes
de fuliginosités, mais non la langue. Le pouls est fréquent, 80 ;
mais il est dépressible ; la peau est légèrement chaude ; pas de
diarrhée ; pas de coliques ; pas de céphalalgie ; un peu de surdité.

Auscultation. — Bourdonnement roulant, sourd, rapproché ;
le tremblotement l'emporte sur l'uniformité ; il se maintient
bien ; il est un peu rapide.

23. Pas de céphalalgie. Le malade se frictionne lui-même
les jambes, qui sont roides, et où il y a quelques taches scorbutiques. Il voit clair ; il n'est pas sourd ; pas de fuliginosités ;
langue belle ; pas de toux ; pas de coliques ; une selle en deux
jours ; chaleur bonne ; pouls régulier, à 70, flasque.

Auscultation. — Bourdonnement roulant, sourd, petit, assez doux et uniforme.

29 avril. Le malade se trouve bien, mais ses jambes ne peuvent le soutenir; il est très-faible. Il ne se plaint de rien. Le pouls est fréquent. Tout symptôme typhique a-t-il disparu?

8 mai. Bourdonnement doux.

Résultats de la dynamoscopie. — Malade entré le 7 avril. Ausculté le 19 : Bourdonnement roulant, rapide, inégal, trépidations. Le 20, bourdonnement roulant, sourd, un peu éloigné, fort, rapide, petit, se retire, est plus rare, moins nourri, tremblotements incertains, s'arrête et reprend, petit, roulant, profond, rare, presque éteint. Le 21, bourdonnement grondant, hésitant, sourd, non rapide. Le 22, bourdonnement roulant, sourd, rapproché, rapide. Le 25, bourdonnement roulant, sourd, petit, assez doux et uniforme. Le 29, bourdonnement grondant, fort et rapide. Le 8 mai, bourdonnement doux.

Il résulte de ces observations, que nous pouvons diviser en trois catégories les cas de typhus, en les étudiant aussi au point de vue de leur bourdonnement. Or ces trois degrés de typhus, que nous pouvons désigner sous les noms de typhus léger, typhus sérieux, typhus grave, nous ont présenté des bourdonnements différents et toujours en rapport avec la gravité de la maladie.

En effet : 1° Nous voyons, au premier degré du typhus, le bourdonnement passer de l'état normal au bourdonnement roulant, fort, rapide, se maintenir ainsi pendant quelques jours, puis offrir quelques essais de tremblotement ou quelques inégalités de roulement qui le font appeler bourdonnement à ressaut, et enfin baisser, s'éclaircir et reprendre peu à peu la force qu'il avait perdue, pour devenir doux et normal. Telles sont les phases du bourdonnement dans le typhus léger.

2° Le typhus sérieux, ou deuxième degré de la maladie,

passe par la série des dégénérations suivantes : le bourdonnement, qui était à l'état normal, devient roulant, fort, rapide,
égal, continu, régulier; c'est ainsi que nous l'avons constaté
tout d'abord le plus souvent, parce que nous ne sommes ap
pelés à voir les malades que quand la maladie est déclarée.
La maladie progresse, et le bourdonnement offre quelques essais
de tremblotement et des inégalités; il est toujours continu.
Alors, la maladie augmentant, le bourdonnement est roulant,
tremblotant chemin de fer, variété désignée ainsi par la ressemblance de ce bruit avec le bruit d'un train en marche.
Nous arrivons ainsi à l'apogée de la maladie, époque à laquelle
le bourdonnement tremblotant n'a presque plus de ressemblance avec le bruit d'un train de chemin de fer; mais il reste
pourtant tremblotant et descendant; ensuite il se relève pour
prendre le ton normal, ou bien il reste bas. Il peut même se
supprimer, mais cette suppression est courte. Dans cet état,
le malade peut mourir, comme aussi, et c'est le cas le plus fréquent heureusement, il peut recouvrer la santé. Dans ce dernier cas, les suppressions du bourdonnement sont courtes et ne
persistent pas longtemps. Le bourdonnement reste petit, clair,
profond, il baisse et ne s'éteint pas; souvent il est grondant,
et, sous une apparence de sonorité grande, il cache de la faiblesse; il ne garde pas longtemps le caractère grondant, on le
voit bientôt baisser, devenir petit et clair; c'est surtout quand
le malade a fait quelque mouvement que le bourdonnement est
grondant. Peu à peu le malade perd son bourdonnement tremblotant, ses variations de notes; il acquiert de la force, de
l'égalité, de la douceur et la régularité presque parfaite qu'il a
dans l'état normal. C'est alors seulement que le malade se rétablit.

3° Dans le cas où le mal empire et où le malade court à sa
ruine, les suppressions du bourdonnement sont longues; elles
sont souvent plus longues même que les moments d'apparition
du bourdonnement. Le bourdonnement lui-même est roulant,
tremblotant, il baisse profondément. Enfin, il est des cas où,

au lieu d'être roulant, il reste toujours faible, petit, comme un murmure; et alors, si la rudesse manque, on le trouve peu nourri, et il subit toujours la loi des suppressions et des tremblotements.

A la période ultime, quelques heures avant la mort, le bourdonnement se supprime totalement à l'extrémité des doigts. C'est une exception quand il persiste jusqu'au moment de la mort, et quand il en est ainsi, il a des caractères particuliers qui rappellent ceux que nous entendons après la mort, et que nous désignerons sous le nom de bourdonnement éteint, ou nécroscopique, ou bourdonnement des morts.

Nous n'avons pas observé de ces cas terribles de typhus où la mort ait enlevé les malades en cinq ou six jours.

Tous les cas de typhus que nous avons observé ont duré deux, trois, quatre, cinq et six septénaires. Les variations que nous présentent les caractères des petillements notés par nous sont incompatibles avec toutes les combinaisons, tous les rapports que nous avons pu entreprendre dans le but de leur trouver une signification proportionnée aux symptômes ou à la marche de la maladie.

Effets du bourdonnement dans la variole.

OBS. I. — Ravot, 23 ans, soldat au 95ᵉ de ligne, se sent malade le dimanche 30 juin. Il n'a pas été vacciné. Il entre à l'hôpital le 1ᵉʳ juillet; la variole se déclare le 2.

3. Les plaques s'effacent difficilement à la pression, et couvrent le corps.

Auscultation. — Bourdonnement roulant, clair, quelques légères trépidations ; il y a des affaiblissements et des exacerbations ; petillement très-fréquent.

4. Figure tuméfiée, uniformément rouge ; boutons très-nom-

breux ombiliqués ; il y a des plaques qui ressemblent aux plaques de scarlatine et qui sont des agglomérations de boutons.

Auscultation. Bourdonnement roulant, uniforme, trépidant ; petillement nul.

5. Les boutons sont aplatis, et il y a au milieu des points noirs, comme gangrénés.

Auscultation, — Bourdonnement roulant, uniforme, tremblotant, continu ; petillement fréquent, clair, double et simple.

6. Le malade a dormi. Boutons nombreux sur la langue ; la figure est rouge ; les boutons ont blanchi.

Auscultation. — Bourdonnement roulant, rapide, un peu clair ; petillement fréquent, double, simple, fort.

7. Le malade a dormi ; il a rêvé la veille ; il crache beaucoup ; il y a des vésicules qui crèvent sur la figure. (Bouillon maigre.)

Auscultation. — Bourdonnement roulant, très-peu durable ; il baisse, se supprime ; petillement nul.

8. Il se forme des croûtes sur la figure et sur les membres : ce sont des vésicules. Le malade a eu quatre selles. (Limonade ; bouillon id.)

Auscultation. — Bourdonnement roulant, fort, tremblotant, rapide.

9. Boutons secs à la figure. Le malade parle, et il est impossible de le comprendre ; il ne sait pas ce qu'il dit ; il délire ; la respiration est un peu embarrassée ; il a eu cinq selles ; il ne souffre nulle part.

Auscultation. — Bourdonnement clair, faible, peu distinct, éteint; petillement nul. A une deuxième auscultation, bourdonnement un peu rapide d'abord ; il est peu nourri, il baisse, se supprime et reparaît éteint.

10. La respiration est embarrassée, très-difficile ; le malade ne comprend plus rien ; on voit qu'il est à l'agonie. (Potion : sous acétate d'ammoniaque, 15 grammes ; eau de fleur d'oranger, 30 grammes ; infusion de fleur de tilleul, 150 grammes ; un vésicatoire à la nuque ; cataplasmes sinapisés aux coudes.)

Auscultation. — Bourdonnement très-petit ; il disparaît, et quand il reparaît, il est éteint.

Mort à onze heures du matin.

AUTOPSIE trente heures après la mort,

Méninges injectées ; cerveau infiltré ; sang poisseux, très-noir.

Le ventricule gauche et l'aorte du cœur sont rouges, uniformes.

Rate érectile ; foie engorgé.

Estomac enflammé, rouge au grand cul-de-sac. Une plaque de Peyer et quelques arborisations aux intestins ; quelques utricules de Lieberkuhn ; verge sphacélée ; reins sans altérations.

RÉSULTATS DE LA DYNAMOSCOPIE. — Malade entré le 1er juillet. Ausculté le 3 : Bourdonnement roulant, clair, légères trépidations, petillement très-fréquent. Le 4, bourdonnement roulant, uniforme, trépidant ; petillement nul. Le 5, bourdonnement roulant, uniforme, tremblotant, continu ; petillement fréquent, clair, double, simple. Le 6, bourdonnement roulant, rapide, un peu clair ; petillement fréquent, double, simple, fort. Le 7, bourdonnement roulant, baisse et se supprime ; petillement nul. Le 8, bourdonnement roulant, fort, tremblotant, rapide. Le 9, bourdonnement clair, faible, peu distinct, éteint ; ensuite un peu rapide, peu nourri, baisse, se supprime et reparaît éteint ; petillement nul. Le 10, bourdonnement très-petit, disparaît et reparaît éteint. **Mort à 11** heures.

OBS. II. — Layeau, soldat au 95° de ligne, tombe malade le **10** juillet. Entré à l'hôpital le **13**, il se plaint de douleurs de jambes, de grande faiblesse.

14 juillet. Le malade a de la fièvre, mais rien qui attire l'attention.

Auscultation. — Bourdonnement doux, normal. Le soir, id.

15. Même état que la veille.

Auscultation. — Bourdonnement doux.

16. L'éruption commence à paraître. Les prodromes ont donc eu trois jours de durée, et la fièvre d'invasion trois jours. (Bouillon et crème de riz.)

Auscultation. — Bourdonnement rapide, rude.

17. L'éruption sort.

Auscultation. — Bourdonnement très-sourd, comme éloigné, grondant, très-rapide et comme trépidant.

18. Le malade a vomi de la matière bilieuse et un lombricoïde (**10** centigrammes de tartre stibié.)

Auscultation. — Bourdonnement roulant, fort, rapide, trépidant.

Après avoir vomi, le malade dit qu'il est soulagé; l'éruption menace d'être très-confluente; il y a sur la peau des membres des plaques rouges assez vives; la figure est enflammée, rouge; le pouls est petit.

19. L'éruption est très-confluente et avance très-peu. Le malade n'a pas été vacciné. Il est au neuvième jour de sa maladie.

Auscultation. — Bourdonnement roulant, très-rapide, continu, trépidant ; petillement très-fréquent. Le soir, bourdonnement roulant, très-sourd, tremblotant, rapide , à ressauts, quelques tressaillements des tendons ; petillements nombreux.

20. Le malade a craché du sang ; tout son corps est rouge ; il a eu deux selles. Il a essayé de dormir ; il a toute son intelligence ; il y a du sang dans le nez ; il y porte continuellement la main.

Auscultation. — Bourdonnement roulant, sourd , trépidant, rapide ; petillement fréquent, très-fort.

21. Fuliginosités aux lèvres, aux dents, au nez. La variole ne sort pas ; elle est très-confluente ; à peine si quelques boutons sont ombiliqués ; température à 42°. Pouls profond. Pas de selles. (4 sinapismes autour des coudes et des genoux ; potion avec ammoniaque, 30 grammes ; sirop d'éther, 30 grammes ; fleurs de tilleuil q. s. pour 150 grammes en infusion ; lavement avec décoction de quinquina.)

Auscultation. — Bourdonnement roulant, très-rapide, tremblotant ; il s'efface et disparaît ; petillement très-fort. Seconde auscultation, bourdonnement sourd, tremblotant, très-inégal ; quelques arrêts brusques et peu durables.

Le soir, on met la camisole de force au malade ; il a la bouche béante, noire. Si on veut lui prendre les doigts, il résiste et ne veut pas les donner. Il y a contraction incessante des doigts.

Auscultation. — Bourdonnement roulant, rapide, tremblotant ; il baisse, se supprime ; s'il revient, il reste profond, roulant, uniforme. Il peut s'élever sans être tremblotant ; petillement à décharge, éteint.

Le malade meurt à onze heures et demie du soir.

Le bourdonnement a été entendu dix heures après la mort, à

la région épigastrique et précordiale, par MM. Espagne, Bons-
sin, Cassagnau et Auguste Auphan.

RÉSULTATS DE LA DYNAMOSCOPIE. — Malade entré le 13
juillet. Ausculté le 14 : Bourdonnement doux, normal. Le 15,
bourdonnement doux. Le 16, bourdonnement rapide, rude. Le
17, bourdonnement très-sourd, grondant, très-rapide, comme
trépidant. Le 18, bourdonnement roulant, fort, rapide, trépidant. Le 19, bourdonnement roulant, très-rapide, continu,
trépidant ; petillement très-fréquent. Le soir, bourdonnement
roulant, très-sourd, tremblotant, rapide, à ressauts, tressaillements de tendons, petillements nombreux. Le 20, bourdonnement roulant, sourd, rapide, trépidant ; petillement fréquent,
très-fort. Le 21, bourdonnement roulant, très-rapide, tremblotant, s'efface et disparaît. Deuxième auscultation : Bourdonnement sourd, tremblotant, très-inégal. Le soir, bourdonnement
roulant, rapide, tremblotant, baisse, se supprime, revient, reste
profond, roulant, uniforme ; petillement à décharge éteint.

OBS. III. — Thetard, soldat au 95e de ligne, tombe malade
pendant une étape le 1er juillet ; il fait la seconde en voiture et
arrive à Montpellier le 2.

Le 3 juillet, troisième jour de la maladie, le malade entre à
l'hôpital Saint-Eloi. Il a de la fièvre ; la figure est très-rouge ;
il est constipé. La trace de l'éruption qui va sortir ne s'annonce
qu'à la figure.

Auscultation. — Bourdonnement fort, quelques trépidations ;
il n'est pas rare ; il y a quelques exacerbations, il est inégal ;
petillement nul.

4. Les traits sont altérés ; le malade n'a pas dormi ; il n'a
pas toussé ; céphalalgie et mal au creux de l'estomac ; douleurs
atroces. Les boutons sortent bien. (Infusion de tilleul ; bouillon crème de riz ; cataplasmes sinapisés.)

Le soir, il y a déjà quelques boutons ombiliqués ; le malade a vomi deux fois ; il est allé à la selle en diarrhée ; la parole est embarrassée ; la langue est sèche. Pouls très-fréquent.

Auscultation. — Bourdonnement petit, faible, lent et continu, inégal ; petillement de détonation irrégulière de temps en temps.

5. On constate que le malade n'a pas été vacciné ; il a saigné beaucoup du nez ; il a beaucoup vomi. La variole continue de se faire aux membres. Le pouls est très-fréquent. La langue est moins sèche, la parole difficile. Il se forme des plaques comme scarlatineuses. (Id. ; lavement.)

Auscultation. — Bourdonnement doux, égal, régulier ; petillement fort, simple.

6. Il y a sur toutes les plaques rouges des boutons blancs ombiliqués et de forme variolique. Ces boutons se sont formés en vingt-quatre heures.

Auscultation. — Bourdonnement bas, doux, quelquefois roulant, et quelques trépidations ; petillement rare.

7 juillet. Boutons petits, nombreux. Depuis deux jours, il sort des plaques assez grandes ; en les examinant à la loupe, on croit reconnaître une agglomération de boutons de variole.

Auscultation. — Bourdonnement sourd, lent, quelques trépidations ; petillement rare, bas.

8. Boutons blancs ; l'éruption n'avance pas ; le malade se plaint beaucoup du fond de la bouche ; il a fait de nombreux efforts pour aller à la garde-robe, mais sans résultat. (2 soupes ; limonade.)

Auscultation. — Bourdonnement roulant, tremblotant, sourd, un peu bas ; petillement nul.

9. Il y a eu une selle; les bontons restent blancs; il y a de la fièvre, de l'abattement.

Auscultation. — Bourdonnement roulant, sourd, quelques ressants; petillement nul.

10. Toute la face et toute la poitrine sont couvertes de petits boutons blancs. Le malade est assis sur son lit et mange un potage avec quelque goût.

11 juillet (neuvième jour de l'éruption). Les boutons grandissent, s'ombiliquent; le malade se trouve mieux.

Auscultation. — Bourdonnement rapide, roulant, tremblotant.

12. Même état que la veille.

Auscultation. — Bourdonnement id.; petillement nul.

13. Il y a des croûtes sur la figure, ce qui indique la période de suppuration. Il y a moins de fièvre.

Auscultation. — Bourdonnement roulant, peu rapide, sourd, uniforme; il baisse et reste profond sans se supprimer; petillement nul ou très-petit.

14. Le malade n'est tourmenté que du mal de gorge; trois selles.

Auscultation. — Bourdonnement roulant, rapide, nourri, quelques trépidations; il y a pourtant de la douceur; petillement nul.

15. Boutons secs, et pas de fièvre. (Infusion de quinquina).

Auscultation — Bourdonnement roulant, doux, assez lent.

Du 16 au 25, le malade guérit. Le bourdonnement reprend sa douceur et perd de sa rudesse; les petillements restent petits et rares.

Résultats de la dynamoscopie.— Malade entré le 3 juillet. Ausculté le même jour : Bourdonnement fort, trépidant, inégal ; petillement nul. Le 4 au soir, bourdonnement petit, faible, lent, continu, inégal ; petillement de détonation irrégulière. Le 5, bourdonnement doux, égal, régulier ; petillement fort, simple. Le 6, bourdonnement bas, doux, roulant, trépidant ; petillement rare. Le 7, bourdonnement sourd, lent, trépidant ; petillement rare, bas. Le 8, bourdonnement roulant, tremblotant, sourd, un peu bas ; petillement nul. Le 9, bourdonnement roulant, sourd, à ressauts ; petillement nul. Le 11, bourdonnement rapide, roulant, tremblotant. Le 12, bourdonnement rapide, roulant, tremblotant ; petillement nul. Le 13, bourdonnement roulant, peu rapide, sourd, uniforme, baisse, reste profond sans se supprimer ; petillement nul ou très-petit. Le 14, bourdonnement roulant, rapide, nourri, trépidant, doux ; petillement nul. Le 15, bourdonnement doux, assez lent. Le 25, guérison. Le bourdonnement a repris sa douceur ; petillement petit, rare.

Obs IV. — Donezan (Louis), entre à l'hôpital Saint-Éloi le 2 juillet. Il est malade depuis trois jours. Il présente les symtômes suivants : céphalalgie, courbature, fièvre intense, douleur très-forte au creux de l'estomac ; douleurs aux reins. Toute la peau est rouge, comme s'il y avait une roséole générale. (Crème de riz, mauve et tilleul.)

3 juillet. Les boutons ne sortent que peu à peu ; mais la peau n'offre pas de doutes que la variole va commencer. Le malade à été vacciné ; la figure semble se couvrir de boutons ; chacun d'eux est pointu. Les symptômes de la veille sont aussi intenses ; les yeux sont plus injectés. La gorge est très-sèche ; la langue est rouge, pointillée de blanc ; il y a eu une selle.

Auscultation. — Bourdonnement doux, égal, continu, régulier ; son timbre est clair et sonore ; petillement quelquefois très-fréquent.

4. L'éruption est plus apparente que la veille ; déjà, en vingt-quatre heures, quelque svésicules se sont bien formées, et quelques autres ont blanchi ; elles se développent, grossissent, et, en quelques points, se rapprochent tellement, qu'elles se confondent. Les symptômes fébriles ont diminué, mais non l'agitation et la chaleur, qui tourmentent beaucoup le malade. La soif est continuelle ; pas de selles.

Auscultation. — Bourdonnement rapide, mais doux, égal et elair ; petillement nul pendant longtemps.

5 et 6. L'éruption continue, et avec elle le cours de la maladie. Il y a peu de fièvre, mais les boutons ont grossi davantage. La gorge se remplit de petits boutons blancs, que nous avons cautérisés.

Auscultation. — Bourdonnement devenu plus roulant, plus rapide ; il n'est pas trépidant ; petillement nul encore longtemps.

7. Les boutons sont pleins ; il y a entre eux de la rougeur assez grande ; la fièvre est pourtant moindre ; la gorge gêne moins la déglutition ; les couvertures gênent le malade ; les urines n'offrent rien de particulier.

Auscultation. — Bourdonnement rapide ; il est moins roulant que la veille ; il est plus uniforme et plus clair ; petillement nul encore.

8 juillet. De blancs qu'ils étaient, les boutons sont devenus jaunes ; la fièvre a repris la veille au soir : c'est la fièvre de suppuration. Quelques boutons de la figure se sont affaissés. Les symptômes diminuent, et le malade demande une augmentation d'aliments, malgré la présence d'une légère fièvre.

Auscultation. — Bourdonnement roulant, doux, assez égal, un peu rapide ; petillement nul.

9. Les boutons sont noirâtres ; ils sèchent ; la fièvre diminue de plus en plus, et tous les symptômes s'amendent.

Auscultation. — Bourdonnement lent, un peu roulant, mais tendant à la douceur, non rapide, continu ; petillement nul encore.

Du 10 au 13 juillet, l'amélioration continue.

14. Le malade se lève.

Auscultation. — Bourdonnement doux, assez régulier, continu ; petillement faible, non fréquent, mais il existe.

RÉSULTATS DE LA DYNAMOSCOPIE. — Malade entré le 2 juillet. Ausculté le 3 : Bourdonnement doux, égal, continu, régulier, clair, sonore ; petillement quelquefois très-fréquent. Le 4, bourdonnement rapide, doux, égal, clair ; petillement nul. Le 6, bourdonnement roulant, rapide ; petillement nul. Le 7, bourdonnement rapide, moins roulant, plus uniforme, plus clair ; petillement nul. Le 8, bourdonnement roulant, doux, assez égal, un peu rapide ; petillement nul. Le 9, bourdonnement lent, un peu roulant, tendant à la douceur, non rapide, continu ; petillement faible, non fréquent.

OBS. V. — Graillou, soldat au 95ᵉ de ligne, entre à l'hôpital le 14 juin, pour une hémoptysie qui força l'interne de service de lui pratiquer une saignée. C'est dans ces conditions que, sous l'influence de la variole qui régnait dans la salle, il fut impressionné par le virus.

Le 17 juin, après quelques jours de fièvre que l'on attribuait à l'hémoptysie et au raptus sanguin qui se passait à la poitrine, il se présenta des boutons à la peau qui furent aussitôt reconnus pour appartenir à la variole. Le malade se plaint de la tête, où sont, dit-il, ses plus grandes souffrances ; il se plaint aussi de l'estomac ; il tousse et éprouve une chaleur insupportable. Il est allé trois fois à la garde-robe.

Auscultation. — Bourdonnement roulant ; il y a quelques exacerbations, il baisse, et plus tard devient plus fort ; petillement éteint.

Le soir, le malade a vomi ; il y a beaucoup d'agitation. L'éruption n'a pas fait grand progrès ; il y a beaucoup de fièvre.

Les résultats de l'auscultation sont les mêmes.

18 juin. L'agitation s'est un peu calmée ; la fièvre est très-forte, **108** pulsations. Les boutons sortent pourtant ; c'est ainsi qu'on en peut compter un plus grand nombre que la veille ; de la face, ils ont gagné la poitrine, et quelques rougeurs annoncent l'éruptien, qui se fait aux membres pelviens. La douleur épigastrique est toujours assez forte ; pas de selles ; urines rougeâtres.

Auscultation. — Bourdonnement sourd, roulant ; il est continu et se développe uniformément, rapide ; petillement nul.

Le soir, il y a un peu de calme. La marche de la variole continue.

Auscultation. — Bourdonnement élevé, rapide, continu, sourd, un peu plus doux que le matin ; petillement nul.

19 au soir, septième jour de l'invasion de la variole, nous constatons que Graillou n'a pas été vacciné. Toutes les vésicules varioleuses de la face ont changé d'aspect ; elles sont devenues blanches ; celles du membre qui sont développées sont rouges. L'agitation paraît moindre ; pas de sommeil pourtant, et les symptômes fébriles n'ont pas disparu. Il y a eu une selle abondante, avec coliques. La bouche est un peu rouge, mais il n'y a pas d'éruption.

Auscultation. — Bourdonnement roulant, sourd, trépidant, rapide ; petillement nul.

20. Les boutons s'ombiliquent ; ils s'aplatissent ; ceux des membres ont changé de couleur. La fièvre est moindre, mais l'agitation continue, et l'inquiétude s'est emparée du malade; il croit qu'on veut le faire mourir de faim.

Auscultation. — Bourdonnement petit, roulant, continu, trépidant; petillement nul.

21. La gorge et la bouche, qui n'étaient que rouges, il y a deux jours, se sont couvertes de boutons qui font beaucoup souffrir le malade. Il ne prend rien qu'avec la plus grande peine. Les tisanes font mal au passage; pourtant aucun symptôme n'annonce une aggravation dans la maladie.

Auscultation — Bourdonnement sourd, profond, inégal, roulant; petillement assez fréquent.

22. L'éruption continue régulièrement sa marche, mais la faiblesse semble dominer. Les boutons de la face commencent à sécher. La fièvre continue. Le pouls est petit, assez profond.

Auscultation. — Bourdonnement plus lent, mais sourd, trépidant; quelquefois il est roulant et tremblotant; petillement nul.

23 et 24 juin. La variole, qui a été confluente et qui a menacé les jours de Graillou, semble vouloir se terminer heureusement. Quelques points douloureux se déclarent au grand trochanter : c'est un abcès qui commence. La diarrhée commence aussi; le malade est allé six fois à la garde-robe.

Auscultation. — Bourdonnement assez élevé, continu, assez lent; il est moins sourd; quelques trépidations; petillement assez fréquent.

25. Il se forme des croûtes sur tous les boutons; quelques-uns de ces boutons ayant laissé tomber leurs croûtes, on trouve au-dessous une surface d'un rouge vineux. Le malade avale mieux, et il demande des aliments solides, qu'on lui accorde en petite quantité et peu à la fois.

Auscultation. — Bourdonnement plus lent, plus faible; petillement assez fréquent.

27, quinzième jour de la maladie. Tout va pour le mieux, et le malade peut se lever un peut.

Auscultation. — Bourdonnement roulant, non rapide, doux, égal; petillement assez fréquent, régulier.

30. Le malade est guéri.

Auscultation. — Bourdonnement et petillement à l'état normal, quoique très-faibles.

Résultats de la dynamoscopie. — Malade entré le 17 juin. Ansculté le même jour : Bourdonnement roulant, quelques exacerbations, baisse, devient plus fort. Le **18**, bourdonnement sourd, roulant, continu, se développe uniformément. rapide; petillement nul. Le soir, bourdonnement élevé, rapide, continu, sourd, plus doux que le matin; petillement nul. Le **19**, bourdonnement roulant, sourd, trépidant, rapide; petillement nul. Le **20**, bourdonnement petit, roulant, continu, trépidant; petillement nul. Le **21**, bourdonnement sourd, profond, inégal, roulant; petillement assez fréquent. Le **22**, bourdonnement plus lent, sourd, trépidant, roulant et tremblotant; petillement nul. Les **23** et **24**, bourdonnement assez élevé, continu, assez lent, moins sourd, trépidant; petillement assez fréquent. Le **25**, bourdonnement roulant, plus lent, plus faible; petillement assez fréquent. Le **27**, bourdonnement roulant, non rapide, doux, égal; petillement assez fréquent, régulier. Le **30**, guérison, bourdonnement et petillement à l'état normal, quoique très-faibles.

Obs. VI. — Fouennel (Jean), soldat au 3ᵉ du génie, est malade depuis huit jours; mais les symptômes qu'il a éprouvés n'ont pas été assez dessinés pour permettre au médecin militaire chargé du service des casernes, de l'envoyer à l'hôpital

Saint-Eloi; mais le 3 juillet, des boutons de variole s'étant
montrés, le malade entra à l'hôpital. Cet homme n'a pas été
vacciné.

Le 4, quatrième jour de la maladie, le malade se plaint de
douleurs très violentes à l'épigastre, au dos. La fièvre n'a pas
cessé depuis trois jours; la langue est épaisse, un peu sèche.
Le sommeil est nul. Les boutons sont nombreux et petits; ils
blanchissent. L'éruption paraît se faire. Il n'y a pas eu de délire.

Auscultation. — Bourdonnement roulant, quelques trépidations, assez fort, continu; petillement nul.

Le 5, la face a beaucoup augmenté de volume; la fièvre n'a
pas cessé. La nuit a été difficile, sans sommeil, et la diarrhée
s'est déclarée. Les douleurs de la région lombaire ont diminné.
Les boutons sont excessivement nombreux; ils grossissent et
continuent de prendre une teinte blanche. L'éruption s'est
faite presque partout.

Auscultation. — Bourdonnement roulant, continu, tremblotant (chemin de fer); petillement nul.

6. La figure est tuméfiée comme la veille. La diarrhée n'est
pas si intense. La fièvre semble avoir légèrement diminué. Les
boutons continuent de grossir. (Eau d'orge miellée.)

Auscultation. — Bourdonnement roulant, continu, tremblotant (chemin de fer); petillement nul.

7. La tuméfaction semble être moins grande, et les boutons
jaunissent. La fièvre a diminué; le malade a reposé. Les cha-
leurs produites par l'éruption rendent les couvertures difficiles
à supporter.

Auscultation. — Bourdonnement ni fort, ni faible, continu,
tremblotant; petillement nul.

8. Les symptômes d'amélioration qui s'annonçaient la veille

continuent. C'est ainsi que les boutons brunissent et s'affaissent. La fièvre n'existe plus. La tête n'a pas été douloureuse, et si le malade ne se plaignait encore de la douleur occasionnée par le contact des couvertures, ce qui nous oblige à le faire entourer de cercles pour le préserver des draps, l'amélioration serait complète.

Auscultation. — Bourdonnement roulant, clair, quelques trépidations, un peu rapide; petillement nul.

9. Les boutons sèchent, et le malade se plaint de ne pas avoir assez à manger. La langue est rouge sur les bords et blanchâtre vers le centre; deux garde-robes.

Auscultation. — Bourdonnement roulant, clair, assez doux, continu; petillement nul.

10. L'amélioration continue; la desquamation commence.

Auscultation. — Bourdonnement roulant, un peu bruyant, uniforme; quelques petillements.

11, 12, 13, 14. La guérison se confirme.

Auscultation. — Bourdonnement continu, doux, égal, régulier; il a gardé pendant plusieurs jours le caractère roulant; les petillements, qui étaient si rares, sont devenus plus fréquents et plus forts.

Résultats de la dynamoscopie. — Malade entré à l'hôpital le 3 juillet. Ausculté le 4 : Bourdonnement roulant, trépidant, assez fort, continu; petillement nul. Le 5, bourdonnement roulant, continu, tremblotant (chemin de fer); petillement nul. Le 6, idem, idem. Le 7, bourdonnement ni fort, ni faible, continu, tremblotant; petillement nul. Le 8, bourdonnement roulant, clair, trépidant, un peu rapide; petillement nul. Le 9, bourdonnement roulant, clair, assez doux, continu; petillement nul. Le 10, bourdonnement roulant, un peu bruyant, uniforme; quelques petillements. Du 11 au 14, guérison, bourdonnemen continu, doux, égal, régulier, roulant; petillement plus fréquent et plus fort.

Obs. VII. — A la salle Saint-Lazare, n° 7, se trouve un malade nommé Legrand, dont la variole a commencé le 29 juin. Le 30, les boutons ont déjà les caractères que nous leur connaissons, et les symptômes qui accompagnent l'éruption ne sont pas très-violents.

Auscultation. — Bourdonnement roulant, fort, trépidant, quelques tremblotements; petillement fréquent.

2 et 3 juillet. L'éruption a continué, et la fièvre a été assez intense; mais le 4, il semble que les symptômes diminuent et que les boutons jaunissent.

Auscultation. — Bourdonnement roulant, assez fort, quelques inégalités; petillement nul.

5 et 6. La maladie continue sans résultats extraordinaires. La fièvre a reparu; la langue est légèrement chargée.

Auscultation. — Bourdonnement roulant, trépidant.

7. Le malade a dormi; il y a des boutons qui s'affaissent et qui sèchent.

Auscultation. — Bourdonnement tremblotant, trépidant; petillement nul.

8. La desquamation continue, et le malade demande à manger; du reste, rien d'anormal.

Auscultation. — Bourdonnement assez doux, quelquefois tremblotant, petillement assez fréquent.

9, 10, 15 juillet. Le malade s'est levé, et il se promène dans la salle. Il trouve que l'alimentation est insuffisante, bien qu'on lui donne un quart de pain, deux potages et un œuf.

Auscultation. — Bourdonnement faible, assez doux, continu; petillement rare.

La guérison s'établit du 20 au 25 juillet, et le bourdonnement, qui était un peu rude, est devenu doux, distinct. Le petillement s'est régularisé.

Résultats de la dynamoscopie. — Malade entré le 29 juin. Ausculté le 30 : Bourdonnement roulant, fort, trépidant, tremblotant; petillement fréquent. Le 2 juillet, bourdonnement roulant, assez fort, inégal; petillement nul. Les 5 et 6, bourdonnement roulant, trépidant. Le 7, bourdonnement tremblotant, trépidant; petillement nul. Le 8, bourdonnement assez doux, tremblotant; petillement assez fréquent. Les 9, 10 et 15, bourdonnement faible, assez doux, continu; petillement rare. Le 25, guérison, bourdonnement doux, distinct; petillement régularisé.

Obs. VIII. — Caraba, soldat au 3e régiment du génie, entre à l'hôpital le 5 juillet. L'éruption s'était faite la veille dans la nuit, après cinq jours de symptômes fébriles. Les symptômes qu'il présente n'offrent aucune gravité; il a un peu de diarrhée.

Auscultation. — Bourdonnement égal, continu, doux; petillement nul.

Le 6, les boutons sont discrets; ils paraissent assez rouges; la langue est blanchâtre, mais le ventre est souple. Le malade ne tousse pas; ses yeux ne sont pas malades; il y a très-peu de fièvre ; il a peu dormi la nuit.

Auscultation. — Bourdonnement rapide, un peu rude, clair, quelques rares trépidations; petillement fréquent.

7. Les boutons commencent à blanchir; ils sont petits. Le malade se plaint beaucoup de la gorge ; c'est ce qui le tour-

mente, cela l'empêche d'avaler. Du reste, la fièvre est modérée. Il ne souffre pas de la région épigastrique.

Auscultation. — Bourdonnement roulant, sourd, avec quelques trépidations.

8. Nous constatons que le malade a été vacciné. L'éruption commence à s'éteindre, les boutons blanchissent encore ; ils sont petits. La gorge est moins douloureuse ; l'éruption s'est faite aussi dans la gorge.

Auscultation. — Bourdonnement roulant, sourd, bas, assez égal ; petillement nul.

9. Les symptômes diminuent.

Auscultation. — Bourdonnement roulant, sourd, grondant, lent ; petillement nul.

10 juillet. Le bourdonnement devient doux et faible.
11. Bourdonnnement doux.
14. Bourdonnement doux et plus fort. Le malade est complétement rétabli.

Résultats de la dynamoscopie. — Malade entré à l'hôpital le 5 juillet. Ausculté le même jour : Bourdonnement égal, continu, doux ; petillement nul. Le 6, bourdonnement rapide, un peu rude, clair, trépidant ; petillement fréquent. Le 7, bourdonnement roulant, sourd, trépidant. Le 8, bourdonnement roulant, sourd, bas, assez égal ; petillement nul. Le 9, bourdonnement roulant, sourd, grondant, lent ; petillement nul. Le 10, bourdonnement doux et faible. Le 11, id. Le 14, guérison ; bourdonnement doux et plus fort.

Obs. IX. — François, soldat au 7e régiment de dragons, entre à l'hôpital le 29 juin. Il est malade depuis le 26. L'éruption a paru le 29 ; elle n'est pas forte, et les symptômes ne donnent aucune inquiétude.

Auscultation. — Bourdonnement doux, rapide, égal, régulier ; petillement fréquent, simple.

30. Les boutons ne font pas beaucoup de progrès. La fièvre est peu intense ; pas de céphalalgie ; douleur épigastrique peu intense ; le malade est allé à la garde-robe. L'éruption est plus prononcée à la base du cou qu'aux autres parties du corps.

Auscultation. — Bourdonnement roulant, faible, bas ; petillement très-fréquent, simple.

1er juillet. Les boutons, qui la veille n'avaient pas fait beaucoup de progrès, ont beaucoup augmenté ; mais la variole est légère. Il y a encore moins de fièvre ; le malade a demandé à manger. Il n'y a pas eu de selle.

Auscultation. — Bourdonnement assez doux, ni lent, ni rapide, égal, continu ; petillement fréquent.

2. L'éruption est d'un blanc jaunâtre ; déjà commence la période de suppuration, et le mouvement fébrile n'a pas augmenté. La bouche est libre ; pas d'éruption comme il s'en fait quelquefois. Il y a eu trois selles, sans coliques.

Auscultation. — Bourdonnement doux, un peu rapide ; petillement nul.

3. Les boutons sont devenus bruns ; la fièvre de suppuration ne paraît pas. Les boutons ont bien la forme ombiliquée. Rien de particulier à noter.

Auscultation. — Bourdonnement doux, égal, ni lent, ni rapide ; petillement souvent double.

5. Les boutons sèchent ; quelques-uns sont résorbés sur place, et d'autres se crèvent et forment croûte. Tout cela se passe sans réaction apparente. Le malade mange des potages et des crèmes de riz. Il se plaint toujours de n'avoir pas suffisamment.

Auscultation. — Bourdonnement faible, très-doux ; petillement assez normal.

6. La desquamation est complète.

Auscultation. — Bourdonnement doux , quelquefois léger, trépidant, continu.

7. Le malade se lève.

8. Guérison.

Auscultation. — Bourdonnement doux, normal ; petillement id.

RÉSULTATS DE LA DYNAMOSCOPIE. — Malade entré à l'hôpital le 29 juin. Ausculté le même jour : Bourdonnement doux, rapide, égal, régulier ; petillement fréquent, simple, Le 30, bourdonnement roulant, faible, bas; petillement très-fréquent, simple. Le 1ᵉʳ juillet, bourdonnement assez doux, ni lent, ni rapide, égal, continu ; petillement fréquent. Le 2, bourdonnement doux, un peu rapide ; petillement nul. Le 3, bourdonnement doux, égal, ni lent, ni rapide; petillement souvent double. Le 4, bourdonnement petit, faible, très-doux ; petillement assez normal. Le 6, bourdonnement doux, quelquefois léger, trépidant, continu, Le 8, bourdonnement doux, normal; petillement id. Guérison.

OBS. X. — A la salle Saint-Charles, nº 22, se trouve Morand, soldat au 95ᵉ de ligne. Il est atteint d'une varioloïde dont l'éruption a commencé il y a deux jours. Les prodromes et l'invasion de la maladie ont duré quatre jours, et, comme le malade est fort intelligent, il nous raconte tout ce qu'il a éprouvé. Nous le prenons seulement au moment où il se présente à notre observation, et nous trouvons des symptômes et une éruption qui annoncent une varioloïde légère.

Auscultation. — Bourdonnement doux, égal, régulier, presque normal ; petillement nul.

Le 4 juillet, les boutons commencent à blanchir ; ils sont ombiliqués. Le malade se plaint de mal à la tête ; il se plaint aussi de la douleur légère que lui occasionne le poids des couvertures sur les boutons, et d'une très-grande sécheresse à la langue.

Auscultation. — Bourdonnement doux, égal, normal ; petillement nul.

Le 5, pas de fièvre ; les boutons jaunissent ; la période de desquamation commence. Il y a un peu d'excitation. Le malade souffre plus que la veille.

Auscultation. — Bourdonnement roulant, rapide, égal ; petillement nul.

6 et 7. L'éruption est devenue brune et sèche. La figure, qui avait été tuméfiée, est dégonflée. La langue et la bouche sont moins douloureuses. Il y a eu une garde-robe abondante.

Auscultation. — Bourdonnement doux, un peu fort et rapide ; il est continu ; petillement fréquent et rare, clair, simple.

8. L'éruption disparaît. Le malade se trouve bien mieux ; il voudrait une alimentation plus forte.

Auscultation. — Bourdonnement roulant, doux, égal, continu ; petillement nul.

9 et 10. L'amélioration continue, et le bourdonnement devient tout à fait doux, égal et régulier.

Le malade sort le 15, guéri.

RÉSULTATS DE LA DYNAMOSCOPIE. — Malade vu le 3 juillet. Ausculté le même jour : Bourdonnement doux, égal, régulier, presque normal ; petillement nul. Le 4, bourdonnement doux, égal, normal ; petillement nul. Le 5, bourdonnement roulant, rapide, égal ; petillement nul. Les 6 et 7, bourdonnement doux, un peu fort et rapide, continu; petillement fréquent et rare, clair, simple. Le 8, bourdonnement roulant, doux, égal, continu; petillement nul. Les 9 et 10, bourdonnement tout à fait doux, égal et régulier. Le 15, guérison.

OBS. XI. — Gastinger entre à l'hôpital le 16 juillet. Il est couché salle Saint-Charles, n° 11. Il est malade depuis le 12, c'est-à-dire depuis quatre jours; il n'a pas été vacciné. Les boutons ont commencé à sortir aujourd'hui; la fièvre est très-intense; le mal de tête est très-fort, et il existe une douleur épigastrique et lombaire qui effraye le malade.

Le 17, l'éruption continue; les boutons n'ont pas beaucoup augmenté. Le malade est très-rouge; la fièvre semble un peu moins forte, mais la gorge est douloureuse. Quand le malade avale, il se plaint. Il y a quelques garde-robes.

Auscultation. — Bourdonnement rapide, clair, continu; petillement nul.

Le soir, les symptômes sont les mêmes que le matin.

Auscultation. — Bourdonnement roulant, rapide, quelques trépidations; petillement nul.

Le 18, la figure est tuméfiée, rouge; les yeux sont profonds. Il existe encore un peu de fièvre; la tête est moins douloureuse; la respiration est bonne, quoique fréquente. Le ventre est sensible à la pression. Il y a sur la figure des boutons et des points blancs.

Auscultation. — Bourdonnement roulant, faible, tremblotant; petillement nul.

Le 19, la figure continue d'être tuméfiée, rouge, et de donner au malade un aspect repoussant, car la peau est très-rouge et surmontée d'une multitude de petits boutons blancs. L'éruption du corps suit son évolution. Il y a de la fièvre, moins d'agitation, et le malade manifeste le désir de prendre du bouillon.

Auscultation. — Bourdonnement roulant, sourd, quelques trépidations ; petillement nul.

Le 20, septième jour de la maladie. Depuis la veille, les boutons de la face n'ont pas fait un grand progrès, et l'état du malade n'a pas changé.

Auscultation. —Bourdonnement roulant, sourd, trépidant ; petillement nul.

Le 21, les boutons sèchent et jaunissent. Cette période de la maladie amène un peu de fièvre ; il y a un peu d'abattement ; pourtant il n'y a pas une grande faiblesse. Le pouls indique 80 pulsations ; les garde-robes sont assez bonnes. La bouche n'est pas le siége d'une violente inflammation.

Auscultation. — Bourdonnement roulant, sourd, tremblotant ; petillement nul. .

Le 22, les boutons sèchent ; il n'y a pas de fièvre. La tuméfaction de la face a diminué ; les boutons du corps se sont affaissés.

Auscultation. — Le bourdonnement a faibli ; il est un peu rapide, assez doux, quelques trépidations ; quelques petillements.

Le soir, bourdonnement roulant, tremblotant, rapide.

Les 23, 24 et 25. A compter du 23 juillet, tout s'amende ; c'est ainsi que peu à peu les croûtes formées tombent, et que le malade souffre beaucoup moins.

Auscultation. — Le bourdonnement, après avoir été quelque temps roulant et rapide, devient plus doux.

Le 27, le malade se promène dans la salle.

Auscultation. — Bourdonnement normal.

RÉSULTATS DE LA DYNAMOSCOPIE. — Malade entré à l'hôpital le 16 juillet. Ausculté le 17 : Bourdonnement rapide, clair, continu; petillement nul. Le soir, bourdonnement roulant, rapide, trépidant; petillement nul. Le 18, bourdonnement roulant, faible, tremblotant; petillement nul. Le 19, bourdonnement roulant, sourd, trépidant; petillement nul. Le 20, bourdonnement roulant, sourd, trépidant; petillement nul. Le 21, bourdonnement roulant, sourd, tremblotant; petillement nul. Le 22, bourdonnement faible, un peu rapide, assez doux, trépidant; quelques petillements. Le soir, bourdonnement roulant, tremblotant, rapide. Du 23 au 25, le bourdonnement, de roulant et rapide qu'il était, devient doux. Le 27, convalescence, bourdonnement normal.

OBS. XII. — Davezac (Jean), 30 ans, tempérament nerveux. Arrivé le 23 mars de Crimée, comme convalescent de scorbut, entre à l'hôpital Saint-Eloi de Montpellier le 28 mars. Il a pris la fièvre sur le bateau. L'éruption est sortie depuis trois jours; la fièvre d'invasion a duré quatre jours ; elle est peu intense ; peau chaude et humide ; le malade a été vacciné.

Auscultation. — Bourdonnement rude, un peu fort, égal, continu.

Id. le 29, par M. le professeur Fuster : Bourdonnement un peu roulant.

Le 30, le malade a de la fièvre ; les boutons sont rouges à leur base ; le malade se plaint de la souffrance que lui fait endurer l'éruption. Il n'a pu dormir à cause de cela ; du reste, il n'est pas allé à la selle. Tout annonce une éruption régulière. (Soupe au lait; pomme cuite; tisane pectorale; une pilule d'un grain d'opium ; looch; lait sucré.)

Le 31, l'éruption semble avoir gagné un peu. Il y a quelques boutons qui commencent à blanchir; il n'a pas de fièvre; le malade tousse un peu.

Auscultation avec M. Fuster. — Le bourdonnement baisse; il devient petit, imperceptible, tel qu'il est souvent dans les cas de scorbut ; . mais le petillement est excessivement fréquent.

Le 2 avril, les boutons de la variole sont secs; ils sont devenus brunâtres, ne se sont pas percés ; ils s'affaissent. Il n'y a du reste pas de fièvre ; le malade est tranquille; il dort.

Le 4, les boutons sont secs; le malade n'a pas de fièvre; la peau est moite; il n'a pas de mal de tête; il est en bon état.

Auscultation. — Main gauche : Bourdonnement supprimé. On répète l'expérience sur tous les doigts quatre ou cinq fois, avec le concours de M. le professeur Fuster; on l'entend enfin profond, sourd, très-peu évident; il le devient, et il est grondant; petillements nombreux.

Main droite : Bourdonnement distinct, profond, sourd, continu, égal, grondant ; petillement fréquent.

Le 5, le malade est guéri ; les boutons sont secs. Il ne tousse pas; il n'a pas de fièvre ; il n'est allé qu'une fois à la selle. La température de la peau est moite, normale.

Auscultation, avec M. Fuster. — Bourdonnement doux, continu, égal, régulier.

Le 7 avril, le malade a eu un peu de fièvre, qui s'est dissipée.

Le 8, la guérison est complète; les boutons ont disparu ; le malade mange de bon appétit; il n'est pas allé à la selle depuis deux jours.

Il sort guéri le 22 avril.

Résultats de la dynamoscopie. — Malade entré à l'hôpital

le 28 mars. Ausculté le même jour : Bourdonnement rude, un peu fort, égal, continu. Le 29, bourdonnement un peu roulant. Le 31, bourdonnement baissant, petit, imperceptible; petillement excessivement fréquent. Le 4 avril, bourdonnement supprimé à la main gauche, puis devient profond, sourd, très-peu évident, puis évident et grondant ; petillements nombreux. A la main droite, le petillement est distinct, profond, sourd, continu, égal, grondant ; petillement fréquent. Le 5, guéri-son, bourdonnement doux, continu, égal, régulier. Sorti le 22 avril.

Il y a des degrés dans la variole, comme dans toutes les ma-ladies ; peu importe quelle division nous admettions ; nous pour-rons toujours constater qu'il y a des varioles où le bourdonne-ment ne devient pas tremblotant ; d'autres où il devient tremblotant et où il ne devient pas intermittent ; d'autres, enfin, où le bourdonnement se supprime complétement à la fin de la maladie. Mais ce que la variole a de particulier, c'est un bour-donnement différent de celui qui se présente dans les autres maladies : il est clair, argentin, assez doux, rapide, légèrement métallique, et surtout assez uniforme; souvent il se continue depuis le commencement jusqu'à la fin. Alors, pour sentir les différences dans les degrés du bourdonnement, il faut de l'ha-bitude ; et la gravité de la variole ne se distingue que d'après la manière de se produire de ce bourdonnement, et surtout d'après sa faiblesse.

Les petillements sont très-rares dans la variole.

Scarlatine.

Obs. I. — Henri tombe malade le 1er juillet 1857. Entré à l'hôpital le 2, il se plaint du mal de gorge ; il tousse ; il n'a pas eu de frisson. La fièvre est très-intense, et la peau, qui a une chaleur àcre, mordicante, ne présente aucune tache. (Orge, diète, lit.)

Le malade se plaint de n'avoir aucune force dans les jambes, elles lui font mal, ainsi que les bras; du reste, aucune douleur dans la région lombaire; céphalalgie; il souffre plus qu'il n'a jamais souffert. La peau est uniformément rouge, et elle présente de petites élevures presque blanches. (Saignée, **10** centigr. de tartre stibié.)

Auscultation. — Bourdonnement roulant, il baisse un peu; il est très-rapide; petillement fréquent.

Le soir, le malade souffre moins de la gorge; il n'a pas mal à la tête; il a beaucoup sué; s'il se lève pour aller aux latrines, il a la démarche titubante. Le pouls est très-fréquent, à **108**. Toute la poitrine est uniformément rouge. Le malade a vomi beaucoup de matière bilieuse.

Auscultation. — Bourdonnement roulant, bas, assez uniforme, souvent difficile à bien saisir; petillement bas, simple.

5. Langue dépouillée; rougeur de la peau moins intense; il y a eu plusieurs garde-robes; pas de céphalalgie; le malade se trouve soulagé; il est calme, ne se plaint pas de la gorge; il a toussé un peu. Le ventre est souple. ·

Auscultation. — Bourdonnement bas, assez uniforme, roulant; petillement rare et éteint.

Le soir, le malade accuse de la fièvre; depuis onze heures et demie, il dit avoir éprouvé plus de chaleur, mais il n'a pas sué; il a été plus agité. La peau est plus rouge; il n'y a pas eu de diarrhée.

Auscultation. — Bourdonnement roulant, assez bas, lent; il y a quelquefois un arrêt très-court, puis quelques trépidations; petillement nul.

6. Le malade se trouve mieux que la veille ; il ne souffre pas de la gorge ni de la tête. La figure est moins rouge ; la peau ne semble pas aussi injectée. La fièvre est encore assez forte.

Auscultation. — Bourdonnement roulant, sourd, souvent trépidant. Il y a eu une garde-robe. (Tisane d'orge ; orgeat pour boisson.)

7. Une selle ; le malade se trouve bien, mais il y a 96 pulsations ; la rougeur existe partout le corps, et la figure semble un peu moins rouge. (Eau d'orge et orgeat mêlés ; bain général d'une demi-heure ; une infusion de quina.)

Auscultation. — Bourdonnement tremblotant, continu, lent ; petillement nul.

8. La rougeur s'est amendée ; l'état général est bon.

Auscultation. — Bourdonnement doux, égal, régulier ; petillement nul.

Le soir, il y a des plaques de desquamation. Le malade s'assied sur son lit. (Bouillon ; crème de riz ; orge.)

Auscultation. — Bourdonnement un peu fort, doux, lent.

9. Le malade se plaint des jambes ; il n'y a presque plus de rougeur.

Auscultation. — Bourdonnement doux, clair ; il baisse un peu.

Le soir, le malade ne s'est pas levé.

Auscultation. — Bourdonnement roulant, sonore, uniforme et lent.

10. Rien n'est changé ; seulement les jambes ne sont pas aussi douloureuses.

Auscultation. — Bourdonnement doux.

Le soir, il y a un peu plus de fréquence dans le pouls.

Auscultation. — Bourdonnement rapide, rude égal; petillement nul.

11. Même état que la veille.

12. Le malade n'offre rien de particulier; il a de la fièvre; il a froid et il tousse légèrement.

Auscultation.— Bourdonnement sourd, sonore, roulant, rapide; il baisse un peu.

13. Le malade s'est levé un quart d'heure. Pouls rare; deux selles. Il a bon appétit. Langue très-rouge.

Auscultation. — Bourdonnement roulant, sourd, un peu sonore, quelquefois tremblotant; petillement assez fréquent.

14. L'état du malade ne progresse ni ne recule; on observe les mêmes symptômes le matin.

Auscultation. — Bourdonnement doux; le soir il est roulant.

15 et 16. Nul progrès. (Potion avec camphre, 0,25; nitrate de potasse, 0,50; julep, 90 grammes.) Vers dix heures du soir, le 16, le malade a eu des frissons; il a tremblé; il a eu quelques étourdissements qui l'ont beaucoup effrayé.

Auscultation. — Bourdonnement roulant, il baisse et reste faible, peu nourri; petillement très-fréquent.

18. La fièvre continue; le malade n'est plus aussi ardent; il est assez abattu.

Auscultation. — Bourdonnement sonore, et quelques trépidations.

19. Les urines sont colorées et acides; trois selles.

Auscultation. — Bourdonnement sonore et doux.

Le soir, la fièvre est plus forte.

Auscultation. — Bourdonnement sonore; petillement fréquent, simple.

20. Il y a 33° 1/2 de température sous l'aisselle. Le pouls est fréquent, faible. Le malade ne tousse pas, mais la langue est rouge, et la fièvre ne le quitte pas.

Auscultation. — Bourdonnement roulant, sourd, éloigné ; petillement fréquent, petit.

21. Toute la journée, le bourdonnement s'est maintenu rapide, roulant et inégal. Les syncopes ont cessé.

22. Il y a de la céphalalgie, un malaise général. Le pouls est petit et fébrile; douleur lombaire intense. Le malade est couché; la langue est rouge; il n'y a pas d'appétit; une selle.

Auscultation. — Bourdonnement roulant, doux, petit, fréquent.

Le soir, le bourdonnement est plus rude, plus rapide et trépidant. Le malade a voulu se lever.

23. Les symptômes sont les mêmes que la veille.

Auscultation. — Bourdonnement trépidant, rapide, roulant et fort.

24 au soir. Il y a de l'amélioration; le malade a dormi toute la nuit; il n'y a pas d'engorgement aux membres inférieurs ; la peau est sèche; il n'y a pas de fièvre; le malade voudrait manger.

Auscultation. — Bourdonnement trépidant, tremblotant, roulant et rapide.

25. Il y a moins de fièvre ; le malade a pu se lever sans trop de fatigue ; la langue est moins rouge et le pouls plus développé.

Auscultation. — Bourdonnement plus doux, plus petit, continu.

30. L'amélioration s'est toujours soutenue jusqu'à ce jour, et avec elle plus de faiblesse et plus de douceur dans le bourdonnement.

Le séjour de l'hôpital pouvant être nuisible au malade, on l'envoie en convalescence dans sa famille.

RÉSULTATS DE LA DYNAMOSCOPIE. — Malade entré à l'hôpital le 2 juillet. Ausculté le 4 : Bourdonnement roulant, baisse, très-rapide ; petillement fréquent. Le soir, bourdonnement roulant, bas, uniforme, difficile à saisir ; petillement bas, simple. Le 5, bourdonnement bas, uniforme, roulant ; petillement rare et éteint. Le soir, bourdonnement roulant, bas, lent, s'arrête, trépidant ; petillement nul. Le 6, bourdonnement roulant, sourd, trépidant. Le 7, bourdonnement tremblotant, continu, lent ; petillement nul. Le 8, bourdonnement doux, égal, régulier ; petillement nul. Le soir, bourdonnement un peu fort, doux, lent. Le 9, bourdonnement doux, clair, baisse. Le soir, bourdonnement roulant, sonore, uniforme, lent. Le 10, bourdonnement rapide, rude, égal ; petillement nul. Le 11, id. Le 12, bourdonnement sourd, sonore, roulant, rapide, baisse. Le 13, bourdonnement roulant, sourd, sonore, tremblotant ; petillement assez fréquent. Le 14, bourdonnement doux, roulant le soir. Le 17, bourdonnement roulant, baisse, faible, peu nourri ; petillement très-fréquent. Le 18, bourdonnement sonore et trépidant. Le 19, bourdonnement sonore et doux. Le soir, bourdonnement sonore ; petillement fréquent, simple. Le 20, bourdonnement roulant, sourd, éloigné ; petillement fréquent, petit. Le 21, bourdonnement rapide, roulant et inégal. Le 22, bourdonnement roulant, doux, petit, fréquent. Le soir, bourdonnement rude, trépidant. Le 23, bourdonnement trépidant, rapide, roulant, fort. Le 24, bourdonnement trépidant, tremblotant, roulant, rapide. Le 25, bourdonnement doux, petit, continu. Le 30, convalescence, bourdonnement doux, aible.

Obs. II. — Lost, soldat au 95ᵉ de ligne, entré à l'hôpital le 2 juillet, troisième jour de la maladie. Il a mal au gosier ; yeux larmoyants ; langue chargée ; face rouge ; éruption scarlatineuse de toute la peau presque uniforme.

Auscultation. — Bourdonnement clair, uniforme, fort, il baisse, reste profond, reprend un peu et disparaît ; petillement nul. Il y a de la fièvre ; le pouls est fréquent.

3. Le malade se trouve mieux ; langue moins chargée ; moins de fièvre ; yeux moins larmoyants ; rougeur jusqu'aux genoux.

Auscultation. — Bourdonnement roulant, uniforme, égal, continu ; petillement nul.

4. Le malade est couché sur son lit tout habillé ; le pouls est moins fréquent ; l'éruption commence à disparaître. Il demande à manger.

Auscultation. — Bourdonnement doux, un peu faible.

5. Même état. Bourdonnement id.
6. Le malade ne sent plus que de la faiblesse.

Auscultation. — Bourdonnement doux, égal, petit, un peu faible.

7. L'éruption se termine par la desquamation.

Auscultation. — Même bourdonnement que le 6.

10. Le malade sort guéri.

Résultats de la dynamoscopie. — Malade entré à l'hôpital le 2. Ausculté le même jour : Bourdonnement clair, uniforme, fort, baisse, profond, reprend et disparaît ; petillement nul. Le 3, bourdonnement roulant, uniforme, égal, continu ; petillement nul. Le 4, bourdonnement doux, un peu faible. Le 5, id. Le 6, bourdonnement doux, égal, petit, un peu faible. Le 7, id. Le 10, guérison.

Érysipèle.

Obs. I. — Glaiser, âgé de 22 ans, soldat au 3e du génie, d'un tempérament sanguin, est couché à la salle Saint-Charles, n° 2. Depuis cinq jours, il se sentait indisposé, et cette indisposition se trahissait par un malaise général, un sommeil nul ou agité ; céphalalgie vague et un certain dégoût pour les aliments. Il ne se fait porter au rapport que lorsque l'érysipèle a tuméfié sa figure, le 14 mars. On le transporte immédiatement à l'hôpital Saint-Éloi.

Le 14 au soir, l'érysipèle a envahi toute la face et non le cuir chevelu ; il y a plusieurs phlyctènes remplies de sérosité jaunâtre. Le malade a la langue sèche, brune ; la soif est ardente. Cette tension continuelle des téguments de la face le font s'agiter et souffrir beaucoup. Il a toutes ses idées ; tous ses sens sont en bon état. Le pourtour des yeux est tuméfié, il peut à peine les ouvrir. Sa figure forme une tumeur informe, où l'on ne pourrait certainement reconnaître aucun de ses traits. Il n'a pas pu dormir, mais c'est à cause de la douleur tensive brûlante de la face ; il n'est pas allé du ventre. Il a beaucoup saigné du nez, et s'en est trouvé soulagé.

Le 15 au matin, l'érysipèle semble ne pas avoir augmenté depuis la veille ; il s'étend sur toute la face et ne dépasse pas le milieu du front ; il a défiguré le malade. Là est la cause de ses souffrances, qui l'ont empêché de dormir un seul instant ; il s'agite, mais il conserve toute son intelligence. Il a saigné beaucoup du nez plusieurs fois dans la nuit. Il n'a pas faim ; il n'est pas allé à la selle ; sa langue est un peu sèche et la bouche chaude et douloureuse. Le pouls est un peu fréquent, 75, dur, rénitent, égal. La respiration est normale. Le malade crache et tousse un peu.

Auscultation des doigts. — Bourdonnement doux, clair, aucune rudesse, égal, régulier, continu; petillement nul.

Auscultation sur les parties envahies par l'érysipèle. — Bourdonnement fort, évident, assez rapide là où l'on ne devrait pas l'entendre du tout; petillement nul.

Prescription : Diète de vin; tisane de mauve et tilleul édulcorée chaude; vésicatoire camphré au bras; six bols camphrés et nitrés, à prendre de deux heures en deux heures.

16 mars. Les phlyctènes de la face se sont crevées, mais l'érysipèle, qui diminue à la face, augmente au cuir chevelu et menace de devenir envahissant. Ainsi, il s'avance jusqu'à l'union des pariétaux avec le frontal. La face est un peu moins tuméfiée; les oreilles sont rouges, et le conduit auditif externe est presque obstrué. Aussi le malade n'entend-il pas facilement. La langue est sèche, les papilles hérissées; il n'a pas dormi de la nuit, tourmenté par le feu de cette inflammation diffuse. Il se plaint de l'amertume de la tisane; le tube digestif ne souffre pas; il a eu une selle. La respiration est normale. Le malade jouit de toute son intelligence, et il se couche, tantôt d'un côté, tantôt de l'autre. Le pouls est fréquent, 90, roide, tendu.

Auscultation des mains. — Bourdonnement roulant, un peu dur, pas trop rapide, continu, égal, régulier; petillement bas, éteint, simple et double.

Prescription : Bouillon maigre; diète le soir; limonade cuite gommée; six bols camphrés et nitrés de deux en deux heures; sinapismes.

Le soir, le malade a saigné du nez; la tuméfaction de la face diminue encore, mais l'érysipèle gagne plus avant dans l'épaisseur et la surface du cuir chevelu; il ne peut rien supporter sur la tête. Il a dormi deux heures dans la journée. La langue est sèche; pas de selles. Le pouls présente les mêmes caractères.

Auscultation des parties envahies par l'érysipèle. — Le bourdonnement est évident; il ne l'est plus à la face; il y a même des parties envahies qui ne font entendre aucun bourdonnement.

Le 17 au soir, le malade a moins mal à la tête; aussi a-t-il pu dormir la nuit dernière; il a encore saigné du nez, et ces hémorrhagies lui apportent toujours du soulagement. L'érysipèle gagne en arrière. La langue est moins sèche, et elle est sale, recouverte d'un enduit brunâtre. Le pouls n'est pas aussi fréquent, 90 pulsations; il est moins dur, moins fort.

Auscultation des mains. — Bourdonnement un peu rude, mais continu, égal, pas trop rapide, régulier; petillement petit, double, simple, élevé.

Le 18 au matin, la tuméfaction et la rougeur sont arrivées aux téguments du cou; ainsi la tête tout entière a été envahie; mais à mesure qu'elles avancent d'un côté, elles se retirent de l'autre. La souffrance n'est plus aussi forte; le malade peut dormir pendant la nuit. Les traits se refont, et la langue est humide; elle est blanchâtre sur le milieu; le malade a faim; il est allé une fois à la selle; le ventre est souple au toucher. Le pouls est un peu plus fréquent que la veille; il est dur, rénitent. La peau est chaude, mordicante; le malade a sué beaucoup la veille avant de s'endormir. Les urines sont sédimenteuses.

Auscultation des mains. — Bourdonnement un peu rude, continu, égal, régulier, peu rapide; pas de bourdonnement sur l'érysipèle; petillement simple, peu élevé.

Le 19, amélioration notable manifestée par l'arrêt de l'érysipèle, qui tend à disparaître peu à peu. La figure a repris son volume normal; elle est remplie de croûtes farineuses. L'intelligence est complète; le malade a dormi. La langue est humide, légèrement sale; le malade n'est pas allé du ventre. Le pouls est régulier et presque rare, 60 pulsations. Il y a encore eu une petite hémorrhagie du nez.

Auscultation des doigts. — Bourdonnement doux, égal, continu, régulier; il est lent, assez clair; petillement petit, sec, quelquefois éclatant.

Le 20, la figure se dépouille de ses croûtes furfuracées; le cuir chevelu n'est pas douloureux au toucher; il n'est pas tuméfié, ni rouge; aucun trouble dans la circulation, ni dans le canal digestif, ce qui autorise la permission d'une soupe, d'une côtelette et de l'eau rougie. Du reste, le malade boira de la limonade et prendra une tasse d'infusion de rhubarbe le matin.

Auscultation. — Bourdonnement doux, normal, égal, continu, régulier, faible; petillement simple et rare. ·

Les 21 et 22, la face est nette; le cuir chevelu est guéri. Le malade pourra se lever dans la journée; il est allé une fois à la garde-robe; les matières étaient moulées, très-dures. Le pouls est devenu rare, 49 pulsations; il est régulier, égal, fort, vite. La peau est chaude, sèche; cependant le malade a sué beaucoup la veille. La guérison semble assurée.

Auscultation. — Bourdonnement doux, normal, assez fort, régulier, continu; petillement simple. (2 soupes; quart de pain et de vin; une côtelette; limonade cuite; une tasse d'infusion de rhubarbe.)

Le 24, la guérison se confirme; le malade se promène; le bourdonnement acquiert le type mâle.

Le 28, la guérison est consolidée, et le malade sort. Le bourdonnement a tous les caractères de la santé.

Résultats de la dynamoscopie. — Malade entré le 14 mars. Ausculté le 15 : Bourdonnement doux, clair, égal, régulier, continu; petillement nul. Sur les parties envahies par l'érysipèle, bourdonnement fort, évident, rapide; petillement nul. Le 16, bourdonnement roulant, un peu dur, pas trop rapide, continu, égal, régulier; petillement bas, éteint, simple et double. Le 17, bourdonnement un peu rude, continu, égal, pas trop rapide, régulier; petillement petit, double, simple, élevé. Le 18, bourdonnement un peu rude, continu, égal, régulier, pas rapide; pas de bourdonnement sur l'érysipèle; petillement simple, peu élevé. Le 19, bourdonnement doux, égal, continu, régulier, lent, assez clair; petillement petit, sec, un peu éclatant. Le 20, bourdonnement doux, normal, égal, continu, régulier, faible; petillement simple et rare. Les 21 et 22, bourdonnement doux, normal, assez fort, régulier, continu; petillement simple. Le 24, bourdonnement mâle. Le 28, guérison, bourdonnement ayant tous les caractères de la santé.

Érysipèle avec Méningite.

Obs. II. — Garnier, fusilier, âgé de 21 ans, entre à l'hôpital le 31 juillet.

1er août. Le malade a déliré toute la nuit et le matin. Pouls fréquent, dépressible, 120; chaleur de la peau, âcre et mordicante; face rouge, vultueuse; rougeur érysipélateuse sur la figure et sur le nez; la figure est tuméfiée, langue sèche, brune, fendillée; lèvres couvertes de fuliginosités. Le malade ne répond pas aux questions qu'on lui adresse; résolution musculaire. (Bain de pieds sinapisé; limonade, 0,001 tartre stibié; cataplasme sinapisé; un vésicatoire à chaque bras).

Le soir, le malade délire; il ne répond à aucune question; face moins vultueuse que le matin. Pouls très-fréquent, faible, dépressible, 120. Peau chaude et halitueuse; langue brune, rougeâtre, sèche; lèvre supérieure encroûtée; dents supérieures fuligineuses; yeux bons; soif ardente. Le malade se plaint des sinapismes qu'on lui a mis aux poignets. (Limonade à la glace; glace au citron).

2 août. Délire toute la nuit; face décomposée et rouge; langue sèche, brune, fendillée. Rien dans la poitrine; peau chaude ; le malade veut se jeter par la fenêtre; on l'arrête au moment où il l'enjambe. L'érysipèle de la face se dissipe.

Auscultation. —Bourdonnement tremblotant, profond, irrégulier.

Le soir, mêmes symptômes. (Potion : 4 gr. quinquina; eau de mélisse et de menthe; de chaque, 15 gr.; sirop de fleur d'oranger, 30; eau distillée, 3 p. 180; une cuillerée d'heure en heure.)

Auscultation. — Bourdonnement profond, irrégulier, tremblotant, se supprime tout à coup et reste longtemps sans reparaître.

3 août. Mort à dix heures.

Autopsie le 4 août. — La face du cadavre a perdu la couleur violacée d'un rouge sombre qu'elle présentait; les joues sont d'un jaune terne, avec une très-légère teinte bleue sur les pommettes.

La partie supérieure du corps, y compris les parties postérieures des cuisses, sont partout recouvertes d'une suffusion couleur violacée (cadavérique). Le ventre est ballonné et présente un certain degré de mollesse et d'empâtement.

La surface des vésicatoires est recouverte de plaques d'un gris noirâtre, gangréneuses; les plaques sont plus larges sur le bras gauche.

Cerveau. — Les vaisseaux de la dure-mère ne présentent pas de trace d'injection ; une abondante quantité de sérosité est épanchée entre les feuillets de l'arachnoïde ; les vaisseaux de la pie-mère sont très-injectés. En enlevant le cerveau, une grande quantité d'un sang noirâtre et diffluent sort du crâne. Vive injection sur les parties des méninges qui correspondent au sommet et à la partie antérieure du cerveau. Injection des plexus choroïdes; substance cérébrale présentant un piqueté plus marqué qu'à l'état normal.

Cœur ramolli, surtout au niveau du ventricule gauche. Le sang qu'il contient est noir et diffluent; ecchymose de la valvule sygmoïde,

Poumons. — Point de trace d'épanchement dans les plèvres; quelques adhérences récentes faciles à détacher à droite. Les poumons sont crépitants et surnagent; le tissu est gorgé de sang très-noir.

Foie. — Tissu à l'état normal; la vésicule biliaire est remplie d'un liquide décoloré. Les attaches de cette vésicule sont incolores.

Rate hypertrophiée, gorgée de sang, ayant une fois et demie son volume normal.

Rien dans les glandes de Brunner et de Peyer; la muqueuse est verdâtre et ramollie.

RÉSULTATS DE LA DYNAMOSCOPIE. — Malade entré le 31 juillet. Ausculté le 2 août : Bourdonnement tremblotant, profond, irrégulier. Le soir, bourdonnement profond, irrégulier, tremblotant, se supprime et reste longtemps sans reparaître. Mort le 3 août.

TABLEAU RÉSUMÉ DU BOURDONNEMENT DANS L'ÉRYSIPÈLE.

Nous remarquerons que, dans les cas très-graves d'érysipèle, deux ou trois jours avant la mort, le bourdonnement paraît comme par jets, en s'arrêtant brusquement et en reparaissant de même. Le petillement est nul.

Les fièvres éruptives, étudiées au point de vue du bourdonnement, ne font pas exception à ses lois ordinaires. On doit remarquer seulement, qu'au moment où l'éruption commence, alors que l'agitation est vive, qu'il y a oppression, anxiété considérable; le bourdonnement peut paraître intermittent, très-rapide, très-fort. Dans ce cas, le pronostic ne nous permet pas d'établir un danger aussi grand que dans les autres maladies en général. Ici, et par exception, nous ne concluerons quelque chose de très-fâcheux que si les interruptions du bourdonnement sont brusques, assez prolongées, et si le petillement est nul.

Fièvre catarrhale.

Obs. — Pireau (Honoré), infirmier militaire, âgé de 25 ans, après être resté longtemps assis sur l'herbe qui couvre les remparts de la citadelle de Montpellier, dans la journée du 9 avril, a ressenti une douleur très-forte le soir dans la région lombaire, et des frissons mêlés de chaleur assez forts. Une céphalalgie intense sus-orbitaire l'empêche de dormir; il voit trouble autour de lui; il n'a nulle envie de prendre son repas habituel du soir. Le pouls est fréquent, 85 pulsations, assez résistant.

Auscultation. — Bourdonnement roulant, assez rapide, inégal, irrégulier; petillement fréquent, simple. (Diète; tisane de violette chaude.)

10 avril. Le malade n'a pu dormir de la nuit; il n'a pas cessé d'avoir des alternatives de froid et de chaud; la céphalalgie est intense, et principalement localisée sur le côté gauche; la figure n'a rien de particulier; la langue est sale; l'inappétence complète; il n'est pas allé du ventre; douleurs vagues sur diverses

régions du corps; faiblesse générale; fièvre intense; chaleur à
la peau; elle est humide.

Auscultation. — Bourdonnement roulant, fort, rapide, égal,
quelques inégalités, régulier, continu; petillement fréquent,
simple. (Limonade végétale pour boisson; vomitif avec 1 gram.
d'épicacuanha et 5 centigrammes de tartre stibié).

Le **11**, au matin. Le malade a vomi quatre ou cinq fois; les
matières étaient vertes, bilieuses; ces vomissements l'ont tracassé et fatigué beaucoup; la céphalalgie n'est pas complètement passée; elle n'est plus aussi intense; le malade n'éprouve
plus d'alternative de froid et de chaud. Le pouls est fréquent et
la peau chaude; le malade a sué dans la nuit; il n'a plus un
goût aussi prononcé pour les boissons acidulées. Il est allé du
ventre une fois. Ses urines sont rouges, chargées.

Auscultation. — Bourdonnement roulant, moins rapide que
les jours précédents, plus doux, égal, régulier, continu; petillement rare, simple et double. (Bouillon; une pomme cuite;
orge miellé.)

Le **12**, Pireau se trouve très-bien; la céphalalgie a disparu;
le malade a dormi, et il n'a souffert d'aucun trouble dans la sensibilité; il a sué, et on a dû le changer de chemise plusieurs
fois. Le pouls est à peine au-dessus de sa fréquence ordinaire,
70 pulsations; il est égal, régulier, assez développé, mais peu
résistant. Le malade a faim. La langue est nettoyée; elle n'a
plus d'enduit jaunâtre. Il est allé à la selle une fois. Quand il
s'est levé un instant, il n'a plus senti cette faiblesse de l'avant-
veille, et sa vue n'était pas trouble. Il est évident que le purgatif a produit la solution de la maladie.

Auscultation. — Bourdonnement doux, petit, un peu dur,
quelquefois égal, régulier, continu; il n'est pas faible; petillement petit, assez fréquent. (Soupe; bouillon; pomme cuite;
orge miellé.)

Le 13, la guérison se consolide; aussi, en consultant les fonctions et les organes, trouvons-nous que leur jeu n'offre aucune altération.

Auscultation. — Bourdonnement doux, presque moelleux, égal, régulier, continu, peu faible; petillement nul.

Les 15 et 16, Piveau s'est levé, promené, et il a mangé successivement le quart et la demie.

Le bourdonnement n'a jamais perdu sa douceur; sa force s'est consolidée, et il a offert tous les caractères de la santé.

Résultats de la dynamoscopie. — Le bourdonnement, qui est doux avant la fièvre, devient rude; de lent, il est rapide; de bas, il est élevé; de faible, il est fort. C'est, en un mot, le bourdonnement roulant, rapide, tantôt fort, tantôt faible, sourd ou rapproché. Après avoir conservé deux, trois et quatre jours au plus le caractère roulant, il redevient doux, égal, uniforme, et ces changements annoncent que la maladie disparaît. Il n'est pas rare d'entendre deux, trois jours cette modification, avant même que les symptômes de la maladie fassent présager une issue heureuse.

Fièvre rhumatismale.

Obs. I. — M. V..., âgé de 28 ans, grand'rue, 19, à Passy, a été atteint, pendant deux mois, d'un rhumatisme articulaire aigu à toutes les articulations successivement, avec gonflement.

Il y a toujours eu un bourdonnement très-fort, roulant, rapide, et jamais sa suppression n'a pu être constatée, même pendant l'extrême paroxisme de la fièvre.

Obs. II. — C..., âgé de 38 ans, rue Neuve-de-l'Eglise, 6, à Passy, a été atteint d'un rhumatisme articulaire fixe au poi-

gnet droit, avec gonflement, roideur dans les doigts, et dont la
durée a été de trois mois.

Jamais le bourdonnement n'a été absent des extrémités; il a
toujours été fort, roulant, rapide; le petillement a été très-variable.

Obs. III. — Mme G..., âgée de 50 ans, d'un tempérament
sanguin, est atteinte de rhumatisme articulaire aigu. Les deux
genoux sont gonflés, douloureux; tout mouvement est impossible; pouls 108; sécheresse de la langue; agitation très-
grande. La fièvre existait un peu la veille.

Auscultation. — A l'extrémité des doigts, bourdonnement
ronflant, rude, fort, rapide; petillement rare. Sur les genoux,
le bourdonnement est très-fort et très-distinct, alors qu'il n'est
pas à l'état normal.

Pendant un mois et demi qu'a duré la maladie, il y a eu des
variations; toujours une articulation ou une autre a été entre-
prise, et toujours, dans les parties tuméfiées, il y a eu augmentation du bourdonnement en force et en rapidité. Il a paru
quelquefois tremblotant, et jamais il n'a été nul.

Nous pourrions citer bien d'autres observations pour une maladie aussi commune, et il sera toujours facile de s'assurer que
le bourdonnement peut devenir tremblotant dans certains cas
de fièvre rhumatismale aiguë, et qu'il ne devient jamais nul.

Fièvre intermittente.

Obs. 1.—Coste, âgé de 25 ans, a, depuis neuf jours, des accès
de fièvre qui le prennent de onze heures à midi, et durent jusqu'à la nuit. Le froid se fait sentir pendant trois-quarts d'heure;
la chaleur, une heure.

Le 6 juin, il n'y eut pas d'accès; le malade n'a ressenti que des frissons irréguliers. A deux heures, le bourdonnement est roulant, sonore, rapide, un peu égal, continu, régulier. A quatre heures et demie, le malade a chaud. Le bourdonnement est redevenu un peu doux ; les petillements sont très-nombreux.

Le soir, le malade a beaucoup sué.

Ces trois stades ont été incomplets.

Obs. II (fièvre tierce). — Les trois stades de la fièvre sont observés chez Gulia, salle Saint-Vincent, n° 17, le 22 juillet 1856. Accès à dix heures et demie. Période de froid : Bourdonnement roulant, sourd, profond de temps en temps, tremblotant, tellement grave qu'il est difficile à saisir.

La période de chaleur arrive une demi-heure après l'accès : Bourdonnement roulant, rapide, uniforme et tremblotant. Il y a des exacerbations ; petillement rare et très-fort.

Période de sueur : Il y a peu de différence dans le bourdonnement et le petillement avec la période de chaleur.

Obs. III (fièvre quotidienne). — Julien, salle Saint-Vincent, n° 31. Le 17 juin, accès de fièvre, frisson et tremblotements : Bourdonnement roulant, sourd, très-bas ; quelques trépidations ; petillement nul.

Deuxième période : Le bourdonnement est beaucoup plus fort et plus éclatant. Il est toujours trépidant.

Troisième période : Le bourdonnement est le même que dans la période précédente.

Obs. IV. — Salle Saint-Jean, n° 3. Jean a passé deux ans en Crimée sans éprouver de maladie. Il est âgé de 27 ans, est arrivé en France depuis quelques jours. Le 23, il prend la fièvre, qui revêt le type tierce. Elle a commencé à sept heures.

Période de chaleur : Bourdonnement roulant, rapide, bruyant, fort, égal, continu, régulier ; petillement nul.

Période de sueur : Bourdonnement roulant ; il baisse ou reste doux.

Obs. V. — Salle Saint-Jean, n° 5. Bordeaux a un accès de fièvre tierce le 16 février 1856. A sept heures du matin, froid et tremblement.

Période de froid : Bourdonnement sourd, profond, grave, tremblotant et continu, lent; petillement rare.

Période de chaleur : Bourdonnement fort, rapide, rude, roulant; petillement fréquent.

Période de sueur : Bourdonnement fort; il baisse, devient doux et rapide.

Obs. VI. — Salle Saint-Jean, n° 7. Dunal est atteint de fièvre tierce. Nous avons assisté à trois accès complets, qui tous se sont produits de la même manière : céphalalgie, bâillements, froid aux pieds.

Période de froid : Bourdonnement sourd, très-grave, éloigné, roulant, rapide; il baisse; petillement petit, rapide.

Période de chaleur : Bourdonnement rapide, plus rapproché, fort, roulant, continu; petillement fréquent.

Période de sueur : Bourdonnement rude, fort, un peu plus doux; petillement rare.

Obs. VII (fièvre quarte). — Salle Saint-Lazare, n° 29. Genier, soldat au 21ᵉ de ligne, après deux jours de dyssenterie, a été atteint d'un accès de fièvre : envies de vomir, pouls inégal, céphalalgie.

Période de froid : Bourdonnement sourd, profond, très-grave, lent, embarrassé; petillement rare et fort.

Période de chaleur : Bourdonnement fort, rapide, rapproché, tremblotant et roulant; petillement fréquent.

Période de sueur : Bourdonnement fort, rapide, tendant à la douceur.

Obs. VIII. — Salle Saint-Lazare, n° 7. Chabrant, âgé de 22 ans, est atteint, le 30 juin, d'un accès de fièvre, à onze heures du matin.

Période de froid : Bourdonnement sourd, profond, éloigné, embarrassé, continu, lent; petillement très-fort et très-rare.

Période de chaleur : Bourdonnement fort, rapide, continu, roulant; petillement petit, fréquent.

Période de sueur : Bourdonnement rapide, continu, roulant et plus doux ; petillement moins fréquent.

Obs. IX. — Salle Saint-Lazare. Garis, âgé de 21 ans, est atteint de fièvre tierce.

Période de froid : Bourdonnement sourd, profond, très-grave, continu, lent ; petillement très-fort et rare.

Période de chaleur : Bourdonnement tremblotant, fort; il baisse; petillement très-fréquent.

Période de sueur : Bourdonnement roulant, rapide et continu ; petillement très-fréquent.

Le bourdonnement, pendant les accès de fièvre intermittente, a trois caractères différents :

1° Dans la période de froid, il est sourd, très-profond, très-grave, très-embarrassé.

2° Dans la période de chaleur, il est moins sourd, plus rapproché, plus rapide.

3° Dans la période de sueur, il est plus doux que dans la période de chaleur, tout en conservant son caractère : il est quelquefois inégal et baisse.

Le petillement est généralement plus fréquent et moins fort dans les deux dernières périodes.

Fièvre hectique.

Dans la fièvre hectique, le bourdonnement est toujours très-grave, bas, lent, ou même absent. Du reste, cette fièvre, le plus souvent, ne se rencontre que dans le troisième degré des maladies chroniques, comme la phthisie, le cancer, les ramolissements ; en un mot, dans toutes les maladies organiques bien définies, arrivées à leur période ultime. Le scorbut offre aussi ce caractère fébrile ; et comme il nous a été donné de l'observer très-attentivement, nous nous contenterons de renvoyer à ces observations, pour suivre la manière dont le bourdonnement et le petillement se sont présentés.

Angine couenneuse.

Obs. I. — P... habite une maison à Montrouge, où plusieurs personnes sont atteintes d'angine couenneuse. Atteint lui-même par cette maladie, il se retire auprès de sa mère, le 11 février, rue de Longchamp, 31, à Passy. C'est un jeune homme de 16 ans, d'une belle constitution. L'angine est couenneuse, la fausse membrane est assez épaisse et a envahi le voile du palais, la luette et les deux amygdales. Le pouls est à 116 pulsations. Le malade ouvre la bouche pour respirer ; les fosses nasales ne contiennent pas de fausses membranes. L'auscultation de la poitrine est excellente. (Cautérisation au nitrate d'argent ; potion au chlorate de potasse ; bouillon ; potages.)

Auscultation. — Bourdonnement profond et difficile ; petillement fréquent.

Le 12, il n'y a pas d'amélioration. La gorge est envahie de tous côtés, la bouche est entr'ouverte. La nuit a été mauvaise.

Auscultation. — Bourdonnement nul ou difficile à entendre ; petillement tantôt fréquent, tantôt rare.

Le soir, le pouls est très-fébrile ; les fausses membranes ne semblent pas modifiées par le nitrate d'argent ; j'emploie l'acide chlorhydrique pur.

Auscultation. — Bourdonnement tantôt nul, tantôt petit, sourd ; petillement rare.

Le 13, le malade a passé une meilleure nuit; il a rendu énormément de fausses membranes, et le côté gauche de l'amygdale est à découvert. (Continuation de la cicatrisation avec l'acide chlorhydrique).

Auscultation. — Bourdonnement nul, sourd, embarrassé et oulant; petillement petit.

Le 14, l'amygdale droite est également à découvert, et il ne reste plus que la luette à guérir. Le nitrate d'argent a suffi, quoiqu'il ait fallu quelque temps avant de voir le malade revenir à l'état normal.

Le bourdonnement, jusqu'à la guérison, s'est maintenu, et il a repris peu à peu l'état de douceur, de continuité, d'égalité et de netteté qu'il a dans l'état de santé.

RÉSULTATS DE LA DYNAMOSCOPIE. — Auscultation le 11 février: Bourdonnement profond et difficile; petillement fréquent. Le 12, bourdonnement nul ou difficile à entendre; petillement tantôt fréquent, tantôt rare. Le soir, bourdonnement tantôt nul, tantôt petit, sourd, petillement rare. Le 13, bourdonnement nul, sourd, embarrassé et roulant; petillement petit. Le 14, id. jusqu'à la guérison, où il a repris sa douceur, sa continuité et son égalité.

OBS. II. — Mademoiselle Ch... est atteinte, le 4 janvier 1860, de scarlatine, et le quatrième jour de la fièvre éruptive, il se déclare une angine couenneuse, caractérisée par des ganglions sous-maxillaires très-saillants, un râle trachéal, et on trouve, à l'examen de la gorge, des fausses membranes larges comme deux pièces de cinq francs sur chaque amygdale. Il y a, du reste, de la fièvre, de l'agitation, de l'impatience. (Cautérisation au nitrate d'argent; potion au chlorate de potasse).

Auscultation. — Bourdonnement faible, profond, continu; petillement fréquent et fort.

Le 9, les plaques cautérisées n'ont pas diminué, et je les cau-térise encore. Fièvre, agitation extrême. (Même traitement.)

Auscultation. — Bourdonnement faible et difficile, lent; pe-tillement très-fréquent et très-petit.

Le 10, l'état n'est pas amélioré. Je trouve 130 pulsations, une respiration difficile; les plaques augmentent, la luette est en-vahie. (Cautérisation avec l'acide chlorhydrique.)

Auscultation. — Bourdonnement rapide; il devient inter-mittent.

Le soir, le bourdonnement et les autres symptômes n'ont pas changé. (Nouvelle cautérisation.)

Le 11, la fièvre est moindre, l'agitation est moins forte, et les plaques, qui n'ont pas été modifiées, semblent être arrêtées.

Auscultation. —Bourdonnement fort, disparaissant peu à peu ou devenant excessivement petit.

Le 14, la malade va bien et est hors de danger. Le bourdon-nement, bien que faible, a repris sa continuité.

Le 18, la malade est tout à fait bien, et le bourdonnement ne présente rien de particulier.

Résultats de la dynamoscopie. — Auscultation le 4 jan-vier : Bourdonnement faible, profond, continu; petillement fréquent et fort. Le 9, bourdonnement faible et difficile, lent; petillement fréquent et petit. Le 10, bourdonnement rapide, intermittent. Le 11, bourdonnement fort, disparaît et redevient petit. Le 14, le bourdonnement, quoique faible, a repris sa continuité. Le 18, guérison.

Obs. III. — Mademoiselle V... est atteinte d'une angine couenneuse le 5 juillet 1859. A mon arrivée, les symptômes sont des plus alarmants. Pouls 120, respiration difficile; il y a des accès de suffocation; la voix est éteinte; les plaques de fausses membranes ont envahi le nez, toute la gorge et la bouche.

Auscultation. — Bourdonnement petit, profond, éteint et disparaissant tout à fait.

Observés plusieurs fois dans la journée, les symptômes ne s'amendent pas, et le bourdonnement est, ou d'une faiblesse extrême, ou complétement nul; le petillement est tantôt nul et tantôt petit et très-fréquent.

Le 12, la malade a tous les symptômes de l'agonie, et l'on constate l'absence du bourdonnement à l'extrémité des doigts.

Croup.

La fréquence du croup chez les enfants nous permettrait de citer plusieurs exemples; mais comme tous les médecins peuvent vérifier facilement les résultats de la dynamoscopie, nous nous contenterons de dire que, dans la période asphyxique, le bourdonnement est le plus souvent absent aux extrémités digitales. Il peut être quelquefois excessivement petit, profond, lent, et avec des caractères reconnaissables, quand on l'a entendu après la mort.

Il faut beaucoup de soin pour cette auscultation, dans le croup, parce que ce sont presque toujours les enfants qui sont atteints de cette maladie, et que l'auscultation dynamoscopique est très difficile, à cause de la petitesse de la surface digitale, et à cause aussi de l'agitation ou des cris de l'enfant.

Pneumonie.

Nous rappellerons ici l'observation de fièvre typhoïde, transformée en pneumonie, terminée par la mort, et donnée à l'article *Fièvre typhoïde.*

Oʙs. — Guillot (Rosalie), âgée de 42 ans, blanchisseuse, est accouchée, le 27 janvier, à l'Hôpital général, d'un enfant à terme bien portant. Dès le 1ᵉʳ février, son mari a voulu la ramener chez lui. Elle va à la campagne, à deux lieues de Montpellier, s'exposant imprudemment à l'intempérie de l'air. C'était le quatrième accouchement heureux qu'elle avait eu. Depuis ce moment, les lochies se sont supprimées, et, peu de jours après, elle crachait du sang et était obligée de garder le lit à cause de la fièvre. Elle ne peut nous expliquer quels sont les remèdes qui ont été employés. La maladie a empiré, surtout à cause du manque de soins, et la malade se décide à entrer à l'hôpital le 22 février.

État actuel : La voiture qui l'a transportée l'a tellement secouée, qu'elle est d'une pâleur violacée et qu'on craint de la voir expirer d'un moment à l'autre. La langue est large, d'une couleur rouge-vineux. La malade a eu deux selles. Les fonctions digestives paraissent être à l'état normal. Elle respire difficilement ; elle est assise sur le lit, la tête inclinée en avant. La respiration est fréquente, pénible. L'auscultation à la base de la poitrine fait entendre, en avant et en arrière, ainsi qu'à la base des deux poumons, des râles sous-crépitants à grosses bulles. Les crachats viennent assez difficilement, ils sont sanguinolants ; leur couleur est noirâtre. La toux est pénible. Les membres inférieurs sont œdématiés et infiltrés, et présentent les caractères du *phlegmasia alba dolens.*

Auscultation. — Main gauche : Bourdonnement roulant, fort ou faible, et à ressauts, continu, inégal ; petillement simple, bas, éteint.

Main droite : Le bourdonnement baisse, il devient obscur et masqué par le petillement ; il se supprime.

Le 23 février, le calme de la nuit, le repos du lit causent à la malade un bien-être momentané. Elle n'a pas dormi ; elle est allée trois fois à la selle ; elle est très-altérée et boit beaucoup. Son agitation recommence toutes les fois qu'il lui faut expectorer les mucosités qui la gênent pour respirer. Les crachats ont toujours la même teinte; ils semblent moins noirs. La face est bouffie, les traits altérés. Elle se plaint d'une douleur qui part des fausses-côtes et s'étend jusqu'au creux axillaire du côté gauche. Elle est assise sur le lit; elle s'impatiente, et les questions qu'on lui fait la fatiguent. Elle ne répond pas.

Auscultation. — Main gauche : Bourdonnement obscur ou absent.

Main droite : Bourdonnement incertain, peu clair; s'il paraît, il est petit, tremblotant, profond, peu nourri; petillement faible et assez fréquent, simple.

Prescription : Eau de goudron coupée avec du lait; bouillon crème de riz; potion avec : infusion de tilleul, 140 grammes; kermès, 5 centigrammes; sirop de Tolu, 15 grammes; eau de fleur d'oranger, 15 grammes; une cuillerée d'heure en heure.

Le soir, la malade est continuellement assoupie; elle est allée quatre fois à la selle. Les crachats présentent les mêmes caractères que le matin.

Le 24, la douleur qu'elle ressent au côté gauche l'empêche de respirer et de tousser, et lui fait souvent pousser des cris. Le toucher exaspère le mal : c'est une pleurodynie qui s'est surajoutée à la pneumonie, et qu'elle a contractée en venant à l'hôpital. Elle est assise sur son lit, parce que la position horizontale l'empêche de respirer; elle urine beaucoup; elle a eu deux selles. Les seins sont tuméfiés, ce qui s'explique parce qu'elle n'allaite plus son enfant. Les crachats sont mêlés de sang, assez nombreux. La toux est pénible, et l'auscultation fait entendre des râles muqueux à la base de la poitrine.

Auscultation. — Bourdonnement petit, profond, continu; petillement fréquent, petit, bas, simple.

Prescription: Confiture; un peu de volaille avec un peu de pain. Eau de goudron et potion comme ci-dessus.

Le 25, le pouls est petit, fréquent, 80 pulsations. La malade est tranquille. La douleur du côté gauche a diminué, mais la respiration semble plus difficile. La langue est rouge. Il s'est produit dans la bouche une éruption aphteuse. Les symptômes de la poitrine sont les mêmes. La tuméfaction des membres pelviens augmente, et la bouffissure de la face n'est pas moindre.

Auscultation. — Bourdonnement roulant, à ressauts; petillement rare.

Même prescription,

Le **26**, les crachats sont difficiles, mêlés de sang, la respiration plus pénible. La malade est assise sur son lit et n'a pu dormir de la nuit. Elle est très agitée. Le point pleurodinyque a repris son caractère douloureux. Elle se plaint de ne pouvoir supporter un point douloureux qui réside au creux épigastrique. L'agitation est plus grande, la figure plus pâle et les traits plus altérés. Les membres inférieurs acquièrent un volume énorme. Elle n'a eu qu'une selle. Le pouls est fréquent, petit, dépressible.

Auscultation. — Bourdonnement petit, clair, tremblotant, quelquefois roulant, il baisse et est toujours tremblotant; petillement rare.

Le soir, elle semble aller plus mal; le pouls est plus fréquent, 110 pulsations, irrégulier. Elle est allée deux fois à la selle.

Prescription : Eau de goudron; deux vésicatoires au bras ; potion au kermès.

Le **27**, il a fallu la changer de salle, à cause de nombreux malades arrivés de Crimée. Le transport a produit un trouble nouveau à son état déjà si menaçant. L'anxiété est grande. La malade ne peut pas se coucher sur le dos, et la douleur de côté l'empêche de dormir et de tousser. Ses crachats sont plus nombreux, ils sont moins unis et toujours mêlés de sang. Le pouls est petit, irrégulier, très-variable, **70** pulsations. C'est avec la peine la plus grande qu'elle arrive à pouvoir expectorer. Elle est allée plusieurs fois à la selle.

Auscultation. — Bourdonnement le plus souvent nul, quelquefois roulant, petit; il baisse et paraît clair, peu nourri, tremblotant; petillement nul ou petit, simple, éteint.

Prescription : Volaille, poisson, confiture. Eau de goudron coupée avec du lait; julep, 5 centigrammes; kermès.

Le 28, la face est bouleversée. Quand la malade n'est pas endormie ou assoupie, ce sont des plaintes continuelles. Les crachats ont diminué en nombre, mais non en mauvais caractère. L'œdème gagne de plus en plus et devient général. Le ventre contient de la sérosité. Les membres inférieurs n'ont pas diminué de volume. Le pouls est très-irrégulier; les voies digestives ne sont pas altérées. Les sensations sont plus obtuses que la veille, et l'assoupissement plus grand.

Auscultation. — Bourdonnement se ralentissant, petit, se supprimant; il est éteint; petillement nul.

Le 29, la malade meurt à sept heures moins un quart.

Résultats de la dynamoscopie. — Malade accouchée le 27 janvier. Auscultation le 22 février : Main gauche, bourdonnement roulant fort, faible, à ressauts, continu, inégal; petillement simple, bas, éteint. Main droite, bourdonnement baissant, obscur et masqué par le petillement; il se supprime. Le 23, bourdonnement obscur ou absent à la main gauche. Main droite, bourdonnement incertain, peu clair, petit, tremblotant, profond, peu nourri; petillement faible et assez fréquent, simple. Le 24, bourdonnement petit, continu; petillement fréquent, petit, bas, simple. Le 25, bourdonnement roulant, à ressauts; petillement rare. Le 26, bourdonnement petit, clair, tremblotant, roulant; il baisse; petillement rare. Le 27, bourdonnement nul, roulant, petit, baisse, paraît clair, peu nourri, tremblotant; petillement nul, petit, simple, éteint. Le 28, le bourdonnement se ralentit, petit, se supprime, éteint; petillement nul. Le 29, mort.

Bronchite.

La bronchite, au point de vue du bourdonnement et du petillement, n'offre rien de particulier. Il est possible que, dans
cette maladie, le bourdonnement ne soit pas altéré ou qu'il ne
présente que les caractères qu'on lui trouve dans les simples
états fébriles. La bronchite, du reste, à moins qu'elle ne se
complique d'un autre état pathologiqne, est en général peu
grave.

Pleurésie.

Il ne m'est arrivé qu'une fois, sur les nombreux cas de pleurésie que j'ai eu à traiter, d'assister aux derniers moments du
malade, et alors, le bourdonnement à l'extrémité des doigts a
suivi les lois qu'on remarque dans les maladies mortelles : il devient intermittent, n'est pas entendu ou est d'une faiblesse
telle, qu'il rappelle celui qu'on observe après la mort à la région
du cœur. En général, dans la pleurésie, le bourdonnement
s'altère très-peu.

Péricardite.

Obs. — Ramboud, âgé de 25 ans, est malade depuis trois
mois. Il a eu les fièvres intermittentes, le scorbut. Il est resté
dix jours à Constantinople, et a déliré tout le temps. Il a fait
une bonne traversée. Il est arrivé le 10 avril à Montpellier. Les
jambes et les cuisses sont un peu gonflées. Il y a de la sérosité
dans l'abdomen ; la poitrine en renferme aussi, et il y a matité
dans la région précordiale ; les bruits du cœur sont profonds,
tumultueux, sourds. La respiration est très-difficile ; la langue

n'est pas chargée. Il y a beaucoup de râles crépitants et sous-crépitants dans toute l'étendue et à la base de la poitrine; respiration également nulle à la partie postérieure.

Auscultation. — Bourdonnement sourd, roulant, tremblotant, à ressauts difficiles.

Le soir, respiration difficile, fréquente, 35. Il est endormi, assoupi. Il a vomi beaucoup dans la matinée, parce qu'on l'a transporté du rez-de-chaussée au premier étage. Le pouls a un temps de silence long, et les deux temps du bruit du cœur sont rapprochés. Aussi y a-t-il deux pulsations rapprochées, et un temps de silence assez long.

Auscultation.—Quelques essais de bourdonnement, roulant, rare; il baisse, il reste presque toujours absent.

Le **12**, respiration toujours difficile, pénible, fréquente. La face n'est pas aussi violacée que les autres jours. Le malade n'a pas eu de diarrhée; il n'a pas sué. Il y a de la matité à la région précordiale. A l'auscultation, on trouve, à la partie antérieure, du râle sous-crépitant à l'inspiration. Ces râles sont secs. Pouls petit, fréquent.

Auscultation. — Quelques essais de bourdonnement; il tend à se supprimer. Ce sont des fusées.

Le **13**, le malade meurt à sept heures moins un quart du matin.

Auscultation à neuf heures et demie à la région précordiale, sur le rebord des fausses-côtes.—Bourdonnement distinct, petit, rare, peu nourri, continu, faible. Il est plus distinct à la partie inférieure du sternum. Sur le reste de la poitrine, il est très peu distinct. On l'entend sur la cuisse et aux jambes, non aux pieds. Il est entendu au cou, et non à la tête.

A onze heures, bourdonnement distinct à la région précordiale; il est entendu par M. Chamerot, élève externe très-distingué des hôpitaux de Paris. Il ne l'entend pas à l'extrémité des doigts ni au creux de la main, ni au pli du coude. Il est entendu sur les parois du ventre, en pressant fortement; il est très-petit, en écoutant sur la cuisse et sur les jambes, non au cou.

A cinq heures moins un quart, le bourdonnement n'existe pius aux jambes, ni à la cuisse, ni au ventre. On ne l'entend qu'à la région précordiale. Il y a là un point où il est plus clair que dans d'autres. Il est plus sourd, moins clair que précédemment.

Le lendemain, à six heures et demie du matin, disparition du bourdonnement.

Nécropsie. — Hypertrophie des parois du cœur et des cavités; quantité de sérosité dans le péricarde; beaucoup d'épanchement dans la poitrine et dans l'abdomen. Il y en a aussi dans la cavité crânienne, beaucoup plus qu'à l'état normal.

Résultats de la dynamoscopie. — Malade entré à l'hôpital le 10 avril. Auscultation: Bourdonnement sourd, roulant, tremblotant, à ressauts difficiles. Le soir, essais de bourdonnement, roulant, rare, il baisse et est presque toujours absent. Le 12, essais de bourdonnement, tend à se supprimer. Le 13, mort. Trois heures après, à la région précordiale, bourdonnement distinct, petit, rare, peu nourri, continu, faible. Il est encore entendu dix heures après la mort.

Péritonite.

La péritonite mortelle se caractérise de suite par l'absence du bourdonnement à l'extrémité des doigts, ou une faiblesse considérable, un petillement très-fréquent et très-petit. Le ventre, au contraire, qui d'habitude ne laisse pas entendre de bourdonnement, en manifeste *un prononcé*.

Choléra.

Obs. I. — Galin (François), âgé de 60 ans, venait de Saint-Simon à Toulouse, avec toute sa famille, pour y chercher du travail dans les chantiers du chemin de fer, lorsqu'il se sentit très-malade, très-abattu et obligé de suspendre sa marche. Il était six heures du soir. Il a passé la nuit dans une cabane, et, le 23 septembre 1854, à onze heures du matin, on l'a porté à l'Hôtel-Dieu.

Sa figure est bouleversée, cyanosée, les orbites profondément excavés et cernés d'une bande noire violacée. Il est comme assoupi, les yeux convulsés en haut. Il a une soif extrême. Le pouls est petit, profond, dépressible, tantôt rare, tantôt fréquent, 86 pulsations. Il a de temps en temps des crampes ; il a vomi beaucoup la veille ; il ne vomit pas depuis le matin ; il a la diarrhée et il n'a pas uriné. La peau de la langue est froide ; le thermomètre, sous l'aisselle, marque 26° ; la température extérieure 27° ; dans la bouche 29°.

Auscultation. — Le bourdonnement et le petillement sont entendus à une première expérience ; à une seconde, on trouve le bourdonnement plus fort, plus rapide qu'il n'était ; le petillement est très-fort, éclatant, simple et double.

Prescription : Thé au rhum ; infusion de camomille ; potion stimulante ; boules d'eau chaude ; sinapismes.

Le soir, le malade s'est réchauffé ; le thermomètre s'élève à 35°. Il n'a eu ni vomissements, ni selles, ni crampes ; pas d'urine. Ses traits sont aussi décomposés que le matin. Le pouls est méconnaissable, les bruits du cœur sont tumultueux, profonds. La respiration est un peu fréquente. Le malade n'a pas de contenance ; il a une attitude abandonnée ; la chaleur extérieure l'incommode, parce qu'il ressent une chaleur intérieure des plus violentes ; il souffre beaucoup à l'épigastre. La voix est fêlée.

Auscultation. — Main droite : Bourdonnement et petillement totalement supprimés.

Main gauche : Bourdonnement supprimé ; petillements nombreux, secs, éclatants.

Le 24, même état de la face et des traits. Il n'a pas de froid au toucher ; il sue, et cette sueur est d'une odeur désagréable. Pas d'urines ; ni vomissements, ni diarrhée, ni crampes. Même agitation ; barre épigastrique ; intelligence saine ; circulation profondément altérée. La voix est cassée ; le malade ne peut parler un instant sans fatigue ; il se remue souvent, et a une soif inextinguible.

Auscultation. — Main droite : Le bourdonnement existe, il est continu ; petillement fréquent.

Main gauche : Suppression brusque du bourdonnement, puis il reprend ; petillement éclatant.

Prescription : Bouillon ; infusion de thé avec du rhum ; potion cordiale ; potion stimulante ; sinapismes ; boules d'eau chaude.

Le 25, le malade est couché sur le dos ; il a eu deux selles liquides ; les matières rendues sont blanchâtres. Ses traits se sont un peu refaits, il n'a plus une couleur aussi cyanosée ; il est rouge-écarlate, sombre, les yeux sont cernés et les cornées tournées en haut. Il est continuellement assoupi, il faut le secouer pour le réveiller ; alors il répond clairement. Il n'a pas eu de vomissements ; il est dans l'agitation quand il se réveille ; il se plaint. La peau n'est ni froide, ni chaude, il semble qu'elle ait de la tendance à se refroidir.

Auscultation. — Main droite : Pas de bruit de bourdonnement ; petillement éclatant, très-fort.

Main gauche : Bourdonnement et petillement entendus.

Prescription : Sinapisme aux extrémités seulement ; lavements; potion tonique et stimulante; eau d'orge avec fleur d'oranger.

Le 26 , même état de somnolence que la veille; le malade a passé la nuit dans cette espèce de torpeur, se réveillant dans le paroxisme de la douleur pour se plaindre, changer de position, et demander à boire. Il n'a pas de céphalalgie; il ne peut dire où il souffre; c'est une anxiété générale. La langue est humide, rouge, puis devient sèche. Le malade s'endort à chaque instant et ronfle. La teinte cyanosée persiste; il maigrit. Le pouls est très-irrégulier, petit, dépressible. Le malade a eu un vomissement bilieux; il éprouve une grande chaleur intérieure; la peau est chaude et marque 35°.

Auscultation. — Main droite : Bourdonnement sourd, continu; petillement si fréquent qu'il se fait entendre sans relâche.

Main gauche : Bourdonnement très-fort; petillement fréquent.

Prescription : Bouillon toutes les deux heures; eau de riz pour boisson et deux potions éthérées.

Le 27, même état comateux. Le pouls est assez fort, régulier, sans trop de fréquence. Deux selles liquides et un vomissement. Même agitation. Intelligence très-saine. La couleur cyanosée s'est changée en une couleur rouge qui avait déjà paru le 25. Le malade n'a pas uriné depuis le début de la maladie; il a mangé et il a toujours les traits bouleversés.

Auscultation. — Main droite : Bourdonnement continu, distinct; petillement roulant.

Le 28, le malade se plaint d'une douleur à l'hypogastre. On le sonde, et il s'écoule de la vessie deux litres d'urine sédimenteuse.

L'affaiblissement va croissant; le coma ne diminue pas; la respiration est pénible, la soif vive, les selles et la diarrhée nulles.

Auscultation. — Main droite : Bourdonnement continu un instant ; puis se supprime longtemps.

Main gauche : Pas de bruit continu ; petillement éclatant.

Le 1er octobre, le pouls, qui les jours précédents était assez fort, égal, pas très-fréquent, est devenu petit, irrégulier, très-fréquent. L'amaigrissement et la faiblesse extrêmes semblent avoir atteint leur dernière limite. Le malade ne peut plus se lever ; il fait souvent sous lui sans avertir ; pourtant, si on le secoue, il est assez prompt à répondre aux questions qu'on lui adresse.

Auscultation. — Main droite : Bourdonnement continu, clair, très-petit, très-faible.

Main gauche : Bourdonnement supprimé ; petillement éclatant.

Prescription : Bouillon ; quelques cuillerées de vin ; potion éthérée ; eau de riz.

Le 3, le malade est à l'agonie ; il est immobile ; il n'entend plus rien. Il tousse et fait des efforts pour expectorer les mucosités qui s'accumulent dans les bronches ; il n'en a pas la force.

Auscultation des deux mains. — Tantôt le petillement et le bourdonnement ne sont pas entendus ; tantôt le bourdonnement paraît, mais il a des caractères distincts : c'est le bourdonnement nécroscopique.

Le malade meurt un quart d'heure après.

Résultats de la dynamoscopie. — Malade entré à l'hôpital le 23 septembre. Auscultation : Bourdonnement fort, rapide ; petillement très-fort, éclatant, simple, double. Le soir, main droite, bourdonnement et petillement supprimés ; main gauche, bourdonnement supprimé ; petillements nombreux, secs, éclatants. Le 24, main droite, bourdonnement continu ; petillement fréquent ; main gauche, suppression brusque du bourdonnement, il reprend; petillement éclatant. Le 25, main droite, pas de bourdonnement; petillement éclatant, très-fort; main gauche, bourdonnement et petillement entendus. Le 26, main droite, bourdonnement sourd, continu; petillement très-fréquent; main gauche, bourdonnement très-fort; petillement fréquent. Le 27, main droite, bourdonnement distinct, continu; petillement roulant. Le 28, main droite, bourdonnement continu, se supprime; main gauche, pas de bruit continu; petillement éclatant. Le 1ᵉʳ octobre, main droite, bourdonnement continu, clair, très-petit, très-faible; main gauche, bourdonnement supprimé; petillement éclatant. Le 3, bourdonnement nécroscopique. Mort.

Obs. II. — Poitou, âgé de 25 ans, soldat arrivant de Crimée, déclare qu'il a la diarrhée depuis le 16 mai et qu'il n'a rien fait pour la supprimer. Le 1ᵉʳ juin 1856, à quatre heures du soir, il est pris tout à coup de vomissements répétés, de diarrhée, d'une altération profonde dans la physionomie, de décomposition des traits. On le porte immédiatement à l'hôpital Saint-Éloi. Il était atteint du choléra, et en présentait les symptômes les plus formidables. On lui prescrit immédiatement une potion avec l'eau de menthe, l'éther; des frictions avec l'essence de térébenthine, des boules d'eau chaude, des sinapismes. La température de son corps indiquait, dans la bouche, 34° centigrades.

Le 2, les traits sont décomposés; la teinte de la figure est cyanosée; l'intelligence est intacte; les yeux sont excavés; la peau est chaude, la chaleur âcre. La cyanose s'étend un peu aux membres et non au tronc. On a fait sept frictions depuis la veille; le malade a souvent des crampes très-douloureuses; son attitude est abandonnée; les jambes et les bras sont écartés du tronc. La souffrance lui arrache de temps en temps des cris de douleur; il est oppressé. La langue est rouge, dépouillée de son épithélium à la pointe; elle est blanchâtre au dos. Il a vomi deux fois; ses matières sont rizacées. La diarrhée est incessante; le ventre n'est pas ballonné. Le pouls est régulier, fréquent, 90, vite, dépressible. Le malade n'a pas uriné depuis hier matin. Respiration normale, bruits du cœur profonds, très-petits.

Auscultation. — Bourdonnement fort, roulant, rapide, sonore, égal, il baisse, devient clair, peu nourri, non égal; il reste petit, profond; il est du reste toujours tremblotant; petillement nul, puis rare, simple, bas.

Prescription : Potion de Dehaen; potion avec l'acétate d'ammoniaque; tisane stimulante; frictions avec l'essence de térébenthine.

A midi, la salive est alcaline, et à trois heures elle est neutre. Le thermomètre, soit dans la bouche, soit sous l'aisselle, indique 36°. Le soir, à quatre heures, la langue, qui était un peu froide le matin, est devenue chaude; les traits sont bouleversés; les crampes sont devenues plus rares; il souffre toujours d'un point douloureux à la région épigastrique. Il est le plus souvent assoupi, les yeux tirés en haut. La respiration est normale; il n'a pas vomi, il a eu de la diarrhée; les matières rendues sont moins blanches; elles sont jaunâtres et légèrement alcalines. Il n'y a pas d'urine. L'intelligence est saine; le malade n'est pas frappé. Quand il est assoupi, il marmotte entre les lèvres des paroles inintelligibles. La voix est très-affaiblie; il ne parle qu'avec peine; 36° sous l'aisselle.

Auscultation. — Main droite : Bourdonnement profond, lent, tremblotant, peu nourri; petillement fréquent, petit, sec.
Main gauche : Bourdonnement roulant, baissant, rare.

Prescription indiquée le matin.

Le 3, le malade est couché sur le côté gauche; sa figure est moins cyanosée; il est rouge; ses yeux sont moins excavés, l'un d'eux est injecté. Les traits, quoique meilleurs, ne sont pas rassurants. L'attitude est moins abandonnée; elle est encore relàchée. Il est fatigué, brisé; il pousse quelquefois des soupirs comme si quelque chose le gênait. La peau est sèche, aride. La langue est rouge à la pointe; elle est humide. Il n'a pas vomi; il n'a pas eu de selles depuis le 2 à deux heures ; il n'a pas uriné. Le ventre est souple, rétracté. Le pouls est à 75 pulsations, vite, flasque, régulier. Les battements du cœur sont petits, deux battements se suivent de près, puis vient un moment assez long. Il n'a pas de céphalalgie. L'intelligence est complétement saine; il se trouve mieux que la veille. Il a des crampes aux mollets, aux avant-bras, cependant elles sont assez rares.

Auscultation. — Main gauche : Bourdonnement clair, peu nourri, lent, continu, régulier; il ne varie pas de timbre; petillement multiple, petit, rare.

Main droite : Bourdonnement roulant, sonore, musical, fort, uniforme, il baisse et prend le timbre clair; petillement éteint, fréquent.

Prescription : Quatre bouillons; une tasse de café; deux litres d'infusion de bourrache, avec 15 grammes esprit de mindererus dans chaque litre ; potion Dehaen, une cuillerée toutes les deux heures.

Le soir, la langue est humide; pas de diarrhée ni de vomissement; pas d'urine. La peau est chaude, sèche. Il y a une forte douleur épigastrique. Le pouls est fréquent, 80 pulsations, vite, égal, il ne baisse pas ; petillement fréquent, éteint.

Le 4, il y a un tel changement en mieux dans la figure, que le malade est méconnaissable depuis la veille. La teinte rouge-sombre trop prononcée a disparu ; les traits se refont; il n'y a plus d'excavation dans les orbites. L'attitude n'est plus relâchée ; le malade est couché sur le côté. Les membres ont leur blancheur naturelle; plus de vomissement; plus de diarrhée; plus de crampes ; il a uriné beaucoup; cette urine est jumenteuse, salée, et laisse déposer un sédiment briqueté. Il ne souffre pas du creux épigastrique. L'anxiété générale ne le trouble plus, ne lui fait pas pousser de profonds soupirs, et ne gêne plus sa respiration. Le pouls est rare, 58 pulsations, vite, développé , tendu. Son intelligence est saine.. La peau est chaude, assez fraîche; il a sué un peu.

Auscultation. — Bourdonnement roulant, doux, petit, uniforme, peu nourri, égal, continu, régulier ; petillement trèsfréquent, petit, sec.

Prescription : Bouillon d'heure en heure; infusion de thé noir.

Le 5, l'amélioration continue; elle se consolide; point de selle, point de vomissement, point de crampes. Les traits se refont d'heure en heure, et la guérison s'établit aussi vite que la maladie s'était déclarée.

Auscultation. — Bourdonnement roulant, doux, petit, uniforme, sonore, égal, continu, régulier; petillement fréquent, petit, simple. ,

Le 6, le malade se lève et se trouve bien ; il mange du potage, du vermicelle, boit un peu de vin, et prend de l'infusion de thé pour boisson.

Auscultation. — Bourdonnement doux, égal, petit, peu nourri, régulier; petillement rare et fréquent.

Les 7 et 8, le malade s'est levé et a pu rester ainsi presque toute la journée ; la guérison se confirme. Pendant la convalescence, il mange le quart, et boit l'infusion de thé noir.

Auscultation. — Bourdonnement doux; il prend peu à peu de la force ; il est égal, continu, régulier ; petillement rare, sec, distinct, petit.

RÉSULTATS DE LA DYNAMOSCOPIE. — Malade entré à l'hôpital le 1er juin. Ausculté le 2 : Bourdonnement fort, roulant, rapide, sonore, égal, baissant, clair , peu nourri , non égal, petit, profond, tremblotant; petillement nul, rare, simple, bas. Le soir, main droite, bourdonnement profond, lent, tremblotant, peu nourri ; petillement fréquent, petit, sec ; main gauche, bourdonnement roulant, baissant, rare. Le 3, main gauche, bourdonnement clair, peu nourri, lent, continu, régulier; petillement multiple, petit; main droite, bourdonnement roulant, sonore, musical, fort, uniforme, baissant, clair ; petillement éteint, fréquent. Le 4, bourdonnement roulant, doux, petit, uniforme, peu nourri, égal, continu, régulier; petillement très-fréquent, petit, sec. Le 5, bourdonnement roulant, doux, petit, uniforme, sonore, égal, continu, régulier; petillement fréquent, petit, simple. Le 6, bourdonnement doux, égal, petit, peu nourri, régulier ; petillement rare et fréquent. Les 7 et 8, bourdonnement doux, devient fort, égal, continu, régulier; petillement rare, sec, distinct, petit. Guérison.

Obs. III. — Marianne Rivière, âgée de 40 ans, couchée au n° 6, est malade depuis le mardi 25 septembre 1854. Elle avait de la diarrhée avant d'avoir les symptômes tranchés du choléra, et elle n'avait rien fait pour l'arrêter. Depuis lors, vomissements et diarrhée n'ont pas discontinué.

27. Les crampes sont très-violentes aux mollets, à l'épigastre ; douleurs atroces, soif excessive, teinte cyanosée, yeux excavés, voix fêlée ; affaiblissement considérable, froid, surtout à la bouche. Elle est allée une fois à la selle : c'est un liquide blanc avec des flocons muqueux. Elle se plaint du dos.

Auscultation. Main droite : Bourdonnement nul.
Main gauche, idem.

1er octobre. La bouche est ouverte ; pas de pouls. La malade est dans un état de grand amaigrissement ; elle n'a plus de voix ; elle a de la diarrhée ; elle ne vomit pas depuis deux jours. La teinte de la figure est devenue un peu rouge-vineux.

Je ne puis pratiquer l'auscultation qu'en soutenant la main et l'avant-bras. Le bourdonnement est nul, éteint ; deux petillements

La malade meurt à neuf heures du matin.

Résultats de la dynamoscopie. — Malade entrée à l'hôpital le 25 septembre. Auscultée le 27 : Bourdonnement nul aux deux mains. 1er octobre, bourdonnement nul. Mort.

Obs. IV.—Marie Gay, âgée de 40 ans, a été atteinte du choléra le 15 septembre 1854. Elle entre à l'hôpital huit jours après le début de la maladie. Elle est dans l'état suivant : le pouls est fréquent, petit, égal, régulier ; la coloration de la figure n'est pas cyanosée ; la voix est assez bonne ; la respiration assez facile ; quelques selles en diarrhée ; la soif n'est pas trop vive ; ce qui domine, c'est un abandon, un état de faiblesse extrême, qui est presque de la torpeur.

Auscultation. — Main droite : Bourdonnement nul, puis reprend.

Main gauche : Bourdonnement continu, sourd, égal, régulier ; petillement assez fréquent.

24. Elle a passé une nuit assez bonne ; elle a dormi, n'a pas eu de vomissements ni de selles. Elle a uriné. Elle ne peut pas supporter le bouillon. Même état de faiblesse. Le pouls est à 70 pulsations. La langue est humide. La malade ne se plaint de rien.

Auscultation. — Main gauche : Bourdonnement continu ; petillement assez fréquent.

Main droite : Bourdonnement continu.

25. Pouls à 65. La figure a une expression meilleure ; on ne dirait pas que la malade a eu le choléra. Elle ne souffre point ; pas de vomissements. Elle prend deux bouillons ; elle s'intéresse à ce qui se passe autour d'elle.

Auscultation. — Main gauche : Bourdonnement continu, fort, distinct ; petillement rare.

Main droite : Bourdonnement évident ; petillement très-fréquent.

3 octobre. La malade va de mieux en mieux ; elle s'est levée dans la journée ; elle mange du pain et le potage. Elle ne souffre nulle part ; tout annonce la guérison.

Auscultation.—Bourdonnement continu, faible, petit, sourd, régulier ; petillement assez fréquent.

La femme guérit.

RÉSULTATS DÉ LA DYNAMOSCOPIE. —Malade entrée à l'hôpital le 15 septembre. Auscultée le même jour : Main droite, bourdonnement nul, continu ; main gauche, bourdonnement continu, sourd, égal, régulier ; petillement fréquent. Le 24, main gauche, bourdonnement continu ; petillement fréquent ; main droite, bourdonnement continu. Le 25, main gauche, bourdonnement continu, fort, distinct ; petillement rare ; main droite, bourdonnement évident ; petillement très-fréquent. Le 3 octobre, bourdonnement continu, faible, petit, sourd, régulier ; petillement fréquent. Guérison.

OBS. V. — Marie Desquens, âgée de 22 ans, domestique, a été prise du choléra le 25 septembre 1854. Entrée à l'hôpital le 26, elle présente l'état suivant : vomissements et diarrhée choériques ; crampes qui ont duré deux heures ; pas d'urine ; la figure n'est pas cyanosée ; les yeux sont cernés ; elle n'a pas froid.

Auscultation. — Main droite : bourdonnement nul ; petillement à décharges.

Main gauche : Bourdonnement nul ; petillement rare.

Le soir, la malade a vomi toute la journée ; pas de crampes depuis le matin. Elle est toujours agitée, se plaint, se remue ; pas d'urine ; elle se plaint beaucoup de douleur dans le creux de l'estomac ; elle n'est pas froide. La peau est fraîche. Le pouls est fréquent, irrégulier, à 100 pulsations.

Auscultation. — Main droite : Bourdonnement continu; petillement fréquent.

Main gauche : Bourdonnement assez fort; petillement fréquent. On remarque que pendant la crampe, on n'entend aucun bourdonnement.

Le 3 octobre, la figure de Marie a pris la teinte particulière que les malades ont quelquefois : elle est rouge, violacée. Elle souffre toujours de la barre épigastrique; elle ne vomit plus. Elle prend un bouillon, le digère. Même abandon dans sa tenue. Pouls à 80, petit, régulier.

Auscultation. — Bourdonnement et petillement peu disticts.

La malade meurt le 5 octobre.

RÉSULTATS DE LA DYNAMOSCOPIE.—Malade entrée à l'hôpital le 26 septembre. Auscultée le même jour : Main droite, bourdonnement nul ; petillement à décharges ; main gauche, bourdonnement nul ; petillement rare. Le soir, main droite, bourdonnement continu ; petillement fréquent ; main gauche, bourdonnement assez fort ; petillement fréquent. Le 3 octobre, bourdonnement et petillement éteints. Mort.

Le choléra est une maladie toujours grave; aussi n'avons-nous jamais vu le bourdonnement passer par une suite de dégénérations successives pour arriver soit rapidement, soit peu à peu, au degré le plus alarmant. Il atteint tout à coup les perversions les plus graves, qui sont l'intermittence et l'absence du bourdonnement digital.

Apoplexie cérébrale.

Aucune maladie, peut-être, n'offre une étude aussi intéressante que l'apoplexie cérébrale, au point de vue dynamoscopique. A voir la précision des bruits qui s'y manifestent et les lois qu'ils suivent invariablement, on serait tenté de croire que le bourdonnement, étudié à l'extrémité des doigts, n'est autre chose que l'auscultation vitale par ses conducteurs nerveux.

Obs. I. — F..., entre à l'Hôtel-Dieu de Toulouse le 25 février 1855; il est couché au n° 6 de la salle Notre-Dame. Il y a quinze jours qu'il est devenu sourd ; il saigne du nez toutes les nuits. Jamais il n'a eu de maladie; il lui semble qu'on lui parle continuellement à l'oreille; la face est bouffie; il n'a pas envie de vomir; il est constipé. La fièvre est peu intense, 80 pulsations. Il se plaint sans cesse de la tête. Pas de toux. Rien n'est fourni par l'auscultation ni la percussion.

Auscultation. — A l'extrémité des doigts, bourdonnement sourd, égal, continu, rapide. A la tête, bourdonnement plus fort, surtout du côté gauche. Le bourdonnement de la tête m'a paru digne de la plus grande attention.

Cette observation était recueillie à une heure de l'après-midi; à deux heures, le malade est frappé d'une attaque d'apoplexie cérébrale. Je me transportai à l'instant même auprès de lui, et le trouvai dans l'état suivant : insensibilité complète de tout le corps; râle trachéal avec sortie d'un mucus spumeux, sanglant, par les narines et la bouche. Le mouvement n'existait nulle part; le malade avait eu plusieurs selles involontaires; il était insensible à tout.

Auscultation. — A l'extrémité des mains, absence de bourdonnement et de petillement. A la tête, bourdonnement excessivement fort et aussi évident qu'il l'est, à l'état normal, à l'extrémité des doigts.

Le malade meurt deux heures après le début de l'attaque.

Après la mort, le bourdonnement est resté obscur et vague sur toutes les parties du corps, excepté à la tête, où il est resté très-fort jusqu'à la troisième heure après la mort.

Le thermomètre indique à la tête 33°, au creux axillaire 35°, à la région épigastrique 31°.

Autopsie. — Caillot volumineux à la base du cerveau.

Obs. II. — Le 14 septembre 1857, M. B... était dans son lit, et dormait depuis une demi-heure, lorsque tout à coup il se réveilla en sursaut, crie qu'il étouffe et se lève pour aller chercher de l'air à une fenêtre de la chambre qu'il parvient à ouvrir. La gêne qu'il éprouve n'étant pas apaisée par l'air extérieur, il retourne auprès de son lit, s'assied sur son chevet et tombe après avoir perdu connaissance. On le couche, et on vient me chercher. Je me rends auprès de M. B... quinze minutes après l'accident, et aussitôt je le fais couvrir de sinapismes ; il est frictionné aussi fortement que possible avec de l'ammoniaque. L'auscultation du cœur me fait entendre quelques battements sourds et très-rares, quatre ou cinq par minute, et bientôt ils s'arrêtent pour ne plus reparaître.

L'auscultation dynamoscopique me donna les résultats suivants :

A l'extrémité des doigts, bourdonnement nul, ainsi que le petillement.

Vers la région épigastrique et précordiale, bourdonnement petit, lent, peu nourri, profond, peu distinct.

A la tête (côté droit), bourdonnement aussi fort qu'à l'extrémité des doigts chez un homme bien portant. Il est moins fort du côté gauche, quoique très-développé.

Cette auscultation me fit persister dans la médication la plus énergique qui pût être employée, et pendant une heure je cherchai à rappeler le malade à la vie. Tout fut inutile; seulement le bourdonnement persista jusqu'à seize heures après la mort.

Le thermomètre indiqua 35° à la voûte crânienne, 36° sous les aisselles, et 35° à la région précordiale.

Obs. III. — Au mois de mai 1858, G..., à la suite d'une colère violente, se dirigeait, accompagné de deux de ses amis, chez le commissaire de police pour lui déposer une plainte, lorsqu'il tomba frappé de mort subite, à la deuxième marche de l'escalier qu'il descendait. J'arrivai auprès de lui vingt minutes après l'accident. L'auscultation dynamoscopique, pratiquée sur tous les points de la surface du corps, ne me permet de rien entendre. C'est le premier exemple que j'aie rencontré de l'absence totale du bourdonnement immédiatement après la mort. Les battements du cœur étaient nuls, la chaleur éteinte; la température sous l'aisselle est égale à 26°. Il est néanmoins digne de remarque que, lorsque j'ai pratiqué l'insufflation, il y a eu une expiration prolongée de très-longue durée, et un râle trachéal qu'il m'a été facile de reproduire dix ou quinze fois. La mort était réelle et instantanée.

Obs. IV. — M. E... était couché depuis une heure, lorsqu'il s'agite, se penche sur le bord de son lit; sa femme s'éveille, le retient au moment où il allait se laisser tomber, et reconnaît que son mari est mort. Elle crie au secours; on vient me chercher, et j'arrive à l'instant même. C'est à peine s'il s'est écoulé dix minutes; M. E..., au moment où j'arrive, est couché dans son lit, la figure très-pâle, la bouche entr'ouverte et fermée par de la mousse; la respiration est nulle, plus de pouls ni de battements au cœur. J'essaye de le saigner, et quelques gouttes de sang seulement s'échappent par les ouvertures faites. Les frictions générales, l'ammoniaque promené sous le nez, les pressions sur la poitrine, l'insufflation, rien ne peut rappeler à la vie.

Auscultation de la moitié du crâne du côté droit. — Bourdonnement aussi fort à cette région qu'il l'est à l'état normal; le côté gauche du crâne présente un bourdonnement plus fort que du côté droit.

Toute la région précordiale et épigastrique offre un bourdonnement distinct et fort. Rien n'y masque ce bruit.

A l'extrémité des doigts du côté droit, le bourdonnement et le petillement m'ont offert des particularités excessivement remarquables ; tantôt je n'entends rien, tantôt j'entends un bourdonnement pareil à celui de la région épigastrique et non à celui du crâne, où il est presque le double plus fort ; puis j'entends ce bourdonnement se supprimer brusquement pour reparaître plus tard. Le petillement existait, et il se présentait, par intermittences, assez rapproché et comme par fusées. A l'extrémité des doigts du côté gauche, absence totale de bourdonnement et de petillement.

Le thermomètre indique 26 degrés à la voûte crânienne, 34 sous l'aisselle, et 35 à la région précordiale. Une température égale aux mains.

Obs. V. — Madame B... est d'un tempérament lymphatique et chloro-anémique ; elle est âgée de 22 ans, mère d'un enfant de six mois. Elle est excessivement maigre et pâle. Sa figure indique la souffrance, et pourtant elle fait son travail, ne se plaint pas. Rien n'annonce qu'elle doive être prise des symptômes de l'apoplexie ; au contraire, s'il avait fallu en juger, c'est une tout autre maladie qu'on aurait dû redouter.

Le 30 juin 1860, à six heures du matin, elle a été surprise par une malaise inexprimable : une impossibilité complète de remuer la langue et le côté droit. On m'appelle immédiatement pour lui porter secours, et je constate le défaut de sensibilité et de motilité à droite, une paralysie du nerf lingual ; elle entend, comprend, reconnaît tout le monde, embrasse fortement sa famille ; l'angle de la langue est fortement dévié ; elle ouvre les deux paupières simultanément. Il y a, du côté paralysé, des contorsions ; alors il paraît tendu et inflexible.

Auscultation. — Coté droit : Bourdonnement si petit et si profond, qu'on peut le nier ; pas de petillement.

Côté gauche : absence de tout bourdonnement, pas de petillement.

Potion antispasmodique ; lavement, sinapismes.

Huit heures et demie. La respiration est devenue très-difficile. La malade est très-agitée ; elle a beaucoup crié, va d'un côté à l'autre. Ce n'est qu'à de rares intervalles qu'on peut saisir un mouvement dans le bras droit. Elle porte souvent le bras à la tête et sur le front. Les battements du cœur sont très-forts. On entend comme un commencement de râle dans la poitrine, à distance.

Auscultation. — Bourdonnement et petillement absents des deux côtés.

A midi, la face est bouffie, livide ; le râle trachéal est très-prononcé ; elle est à l'agonie ; il sort de la bouche une mousse sanguinolante.

Auscultation. — Absence de bourdonnement et de petillement.

A une heure, mort.

Résultats de la dynamoscopie. — Auscultation à six heures du matin. Côté droit, bourdonnement très-petit et très-profond, presque insensible. Pas de petillement. A huit heures et demie, absence de bourdonnement et de petillement. A midi , id. Mort à une heure.

Après une attaque d'apoplexie foudroyante avec mort instantanée, le bourdonnement et le petillement peuvent disparaître exceptionnellement de toute la surface du corps. Il est plus fréquent d'entendre, à l'extrémité des doigts, quelques petites décharges de petillements, et surtout de distinguer, dans la première heure qui suit la mort, un bourdonnement très-fort, très-distinct dans toute la surface de la voûte crânienne, ou sur un côté seulement. Le bourdonnement, sur les autres parties, est beaucoup plus petit et moins distinct. A l'extrémité des doigts, le bourdonnement peut exister, ainsi que le petillement, et avec des caractères pareils à ceux que l'observation IV nous a donnés. Nous n'avons pas observé qu'il en fût ainsi dans les autres genres de mort, où il est plus fréquent d'entendre le bourdonnement vers la région épigastrique et précordiale, et de ne jamais l'entendre à l'extrémité des doigts.

Obs. VI. — Le 16 novembre 1856, à six heures du soir, Mme L..., âgée de 71 ans, venait de terminer son déjeuner, lorsqu'elle fut prise d'un étourdissement et tomba sans connaissance au milieu de la chambre. La domestique n'a pas eu assez de forces pour mettre Mme L... au lit; il a fallu trois hommes pour arriver à ce résultat, car Mme L... est excessivement grosse et grande. Elle est d'une constitution sanguine très-pléthorique. Arrivé quelques minutes après l'accident, je m'empresse d'examiner s'il n'y a pas paralysie d'un côté ou de l'autre, et je trouve le côté droit dans une état de complète résolution. Plus de sentiment, plus de mouvement de ce côté. Le côté opposé conserve le mouvement, soit spontanément, soit provoqué en remuant les membres de la malade. La bouche est déviée du côté paralysé. La face exprime un caractère de stupeur et d'hébétude ; la respiration est douce, l'intelligence nulle ; la circulation ne paraît pas modifiée. 75 pulsations régulières par minute.

Auscultation.—Côté droit : bourdonnement nul ; petillement vague.

Côté gauche : le bourdonnement semble paraître et disparaître ; petillement assez fort. Une saignée très-copieuse est pratiquée ; un lavement avec gros sel est administré.

Le soir, l'état est le même.

Auscultation. — Côté droit : bourdonnement très-vague et très-sourd ; petillement nul.

Le 17, l'intelligence n'est pas revenue ; la respiration es

bruyante et difficile. Le mouvement est conservé du côté gauche et nul du côté droit. La malade n'entend rien, même quand on crie très-fort dans son oreille Les yeux sont ouverts et semblent fixer quelque chose. Le pouls est plus fébrile; 88 pulsations.

Auscultation. — Côté droit : bourdonnement petit, profond, vague; petillement nul.

Côté gauche : bourdonnement assez distinct; il disparaît; petillement petit.

Traitement : Une purgation, et sangsues aux tempes.

Vers midi, le bourdonnement et le petillement nous ont donné les mêmes résultats.

Le soir, la fièvre est plus intense; 110 pulsations. La rougeur de la face n'a pas diminué ; la respiration est devenue bruyante; la malade a fait dans son lit, et elle ne remue que sa main gauche, avec laquelle elle semble quelquefois chercher quelque chose. Le sentiment est nul du côté paralysé, et assez vague de l'autre côté.

Le thermomètre indique 36° sous l'aisselle de chaque côté.

Auscultation. — Côté droit : bourdonnement et petillement nuls; côté gauche, id.

Le **18** au matin, la respiration est devenue bruyante, et la figure a pris le caractère hippocratique; la malade sue. Le pouls est assez fréquent, 104 pulsations; il est plein. L'intelligence n'est pas revenue. La déglutition est difficile. Il sort continuellement du mucus par le nez et par la bouche. L'agonie s'est prolongée jusqu'à la nuit suivante.

L'auscultation dynamoscopique, faite trois fois dans cet intervalle de temps, n'a montré que les mêmes absences de bruits.

RÉSULTATS DE LA DYNAMOSCOPIE. — Auscultation le **16** novembre. Côté droit, bourdonnement nul ; petillement vague.

Côté gauche, bourdonnement paraissant et disparaissant ; petillement assez fort. Le soir, côté droit, bourdonnement très-vague et très-sourd ; petillement nul. Le **17**, côté droit, bourdonnement petit, profond, vague ; petillement nul. Côté gauche, bourdonnement assez distinct ; il disparaît ; petillement petit. Le soir, bourdonnement et petillement nuls des deux côtés. Mort le **18** dans la nuit.

Obs. VII. —M. C..., perd connaissance le 9 juillet 1857, après avoir dîné, et tombe à terre. M. C... avait eu une attaque d'apoplexie cérébrale treize mois auparavant. Il avait eu une hémiplégie gauche qui s'était dissipée. Arrivé auprès du malade une demi-heure environ après l'accident, je le trouvai dans l'état suivant : il est couché sur le dos ; la face est congestionnée, grimacée ; la respiration est bruyante et le coma profond. Si l'on parle fort, il entend, car il indique le lieu où se trouve une clef dont on a besoin. Il y a des soubresauts très-violents dans les muscles du côté droit ; le côté gauche est dans une résolution complète. La sensibilité paraît nulle des deux côtés, aux bras ainsi qu'aux membres inférieurs. Pouls à 95 pulsations, dicrote.

Le thermomètre indique 30° à la voûte crânienne, 35 sous les aisselles des deux côtés.

Auscultation. — Du côté droit, bourdonnement sourd, embarrassé, il baisse et disparaît ; petillement petit, très-fort et très fréquent.

Du côté gauche, bourdonnement petit, égal, continu, très-faible.

Traitement : 15 sangsues à l'anus ; sinapismes aux membres inférieurs ; tisane de chiendent miellée.

A neuf heures du soir, coma complet. On ne peut arracher une parole au malade. L'intelligence est complétement perdue ; la respiration n'est pas embarrassée, mais on entend à chaque inspiration un ronflement très-fort ; il n'y a plus de soubresauts dans les tendons. Le mouvement est perdu des deux côtés. Lorsqu'on a élevé le bras droit ou le bras gauche, ils retombent sur le lit comme des masses inertes. La sensibilité est également perdue, car on ne voit aucun signe de sensation se produire, à moins d'un pincement très-fort de la peau des mains, des avant-bras, des bras. Pouls à 110 pulsations, plein, non résistant. Le côté droit est moins embarrassé que le côté opposé.

Auscultation. — Côté droit : bourdonnement sourd, embarrassé, inégal, lent ; il baisse et devient très-profond et très-rare ; petillements très-rares.

Côté gauche : bourdonnement et petillement presque nuls.

Traitement : Purgation avec l'huile de ricin ; lavement avec sulfate de soude.

Le 10 juillet, l'état n'a pas changé ; le malade est resté dans la même position que la veille. Le coma est aussi profond ; l'auscultation de la poitrine ne permet de constater aucun râle ; les battements du cœur sont sourds, profonds ; le pouls est petit et fréquent. Le mouvement et la sensibilité sont dans le même état que la veille ; le malade est allé sous lui sans s'en apercevoir. Il peut boire sans difficulté, mais il ne paraît pas le désirer, car il refuse la cuillerée qu'on lui présente. Pouls à 115 pulsations ; il est encore fort et résistant.

Auscultation. — Côté droit : bourdonnement sourd, embarrassé, plus fort que celui du côté gauche ; il est inégal et lent ; petillements rares, avec le caractère que j'ai appelé *éteint*.

Côté gauche : bourdonnement petit, plus développé que la veille, éteint, faible, mais continu ; petillement nul.

A dix heures du soir, il n'y pas de mieux. La boisson est prise avec plus de difficulté ; la respiration est plus fréquente et plus bruyante ; quelques râles sibilants se font entendre à l'auscultation, le coma existe toujours, ainsi que l'absence d'intelligence, de sensibilité et de mouvement. Il y a eu quelques selles assez copieuses. Le pouls est devenu plus petit et plus irrégulier.

Auscultation. — Côté droit : bourdonnement presque nul ; on l'entend mieux à certains moments ; il est excessivement faible ; petillement nul.

Côté gauche : bourdonnement très-petit, aussi peu développé que de l'autre côté et souvent non entendu ; petillement nul. Des deux côtés, les absences de bourdonnement sont de longue durée.

Le 11 juillet, M. C... est à l'agonie ; respiration latente ; figure décomposée ; pouls complétement irrégulier ; râles sibilants ; ronflements et mucosités remplissant toute la poitrine. On s'attend à une mort prochaine, qui arrive en effet à deux heures de l'après-midi.

Auscultation. — Bourdonnement nul des deux côtés, ainsi que le petillement.

RÉSULTATS DE LA DYNAMOSCOPIE. — Auscultation le 9 juillet. Côté droit, bourdonnement sourd, embarrassé ; il baisse et disparaît ; petillement petit, très-fort et très-fréquent. Du côté gauche, bourdonnement petit, égal, continu, très-faible. Le soir, bourdonnement sourd, embarrassé, inégal, lent ; il baisse et devient très-profond et très-rare ; petillements très-rares. Côté gauche, bourdonnement et petillement presque nuls. Le 10, côté droit, bourdonnement sourd, embarrassé, plus fort que celui du côté gauche, inégal, lent ; petillement rare, éteint. Côté gauche, bourdonnement petit, développé, éteint, faible, continu ; petillement nul. Le soir, côté droit, bourdonnement presque nul, faible, petillement nul. Côté gauche, bourdonnement très-petit, non entendu ; petillement nul. Mort le 11 juillet, bourdonnement et petillement nuls des deux côtés.

OBS. VIII. — Mme M...., âgée de 56 ans, est d'une constitu-

tion assez délicate. Elle a eu quatre attaques d'apoplexie avec
hémiplégie du côté gauche. Dans le moment actuel, elle éprouvait beaucoup de gêne pour marcher, et souvent sa tête paraissait être très-affaiblie; elle ne pouvait parler qu'avec la plus
grande difficulté.

Le 6 septembre 1857, elle s'est levée comme à l'ordinaire et
s'est occupée toute la journée. Ce n'est qu'après le dîner, vers
six heures, qu'elle a éprouvé de la céphalalgie et que son lan-
gage est devenu diffus; à·six heures et demie, elle perdait connaissance complétement et était frappée d'une nouvelle attaque d'apoplexie. On vint me chercher, et lorsque j'arrivai, je
la trouvai dans l'état suivant : elle est couchée sur le dos ; la
peau est moite dans toute sa surface; toute la face est congestionnée; les yeux sont saillants et comme sortant de leur
orbite; ils sont très-rouges; le pouls est assez fort et très-fréquent; le côté gauche offre du mouvement quand on pince la
peau. La paralysie est complète du côté droit. La respiration est
très-difficile; les sons sont très-mal articulés; la malade paraît
ne pas entendre, et elle avale avec une très-grande difficulté.
La percussion et l'auscultation donnent des signes négatifs. Il
est impossible de voir la langue. Il y a des selles involontaires.

Le thermomètre indique 36° entre les cuisses, et 37° sous
l'aisselle des deux côtés.

Auscultation. — Côté droit : bourdonnement assez net et
distinct; il est tantôt fort, tantôt faible; mais il y a des intervalles très-longs de disparition.

Côté gauche : bourdonnnement le plus souvent vague, caché
et nul.

Traitement : Saignée de 500 grammes; sinapismes promenés sur les membres inférieurs ; diète absolue; eau sucrée.

Le 7 au matin, les convulsions ont diminué après la saignée,
mais elles ont continué jusqu'à trois heures du matin. Alors la
malade a paru engourdie d'un sommeil comateux. Le pouls

est plus faible, 108 pulsations. La malade ne paraît pas souffrir. La sensibilité est exagérée au côté gauche et nulle du
côté droit. Elle ne donne aucun signe de connaissance. La
déglutition est très-difficile; c'est à peine si la malade peut
avaler quelques tasses de tisane.

Auscultation. — Bourdonnement affaibli des deux côtés; on
ne l'entend presque plus aux extrémités digitales.

Le soir, les symptômes se sont aggravés encore, et la malade est insensible à tout; la figure se décompose. Le pouls est
irrégulier et éteint. Le bourdonnement n'existe plus aux doigts.
J'ai pu alors faire une remarque que j'avais déjà faite chez un
autre malade quelques heures avant la mort : c'est qu'en écoutant les deux régions latérales du crâne avec le dynamoscope,
il existait un côté où le bourdonnement était plus fort que de
l'autre côté, et de ce côté le bourdonnement était comme tremblotant.

La mort a lieu le 8 septembre, vers trois heures du matin.

Résultats de la dynamoscopie. — Auscultation le 6 septembre. Côté droit, bourdonnement net et distinct, fort, faible,
disparaît. Côté gauche, bourdonnement vague, caché et nul.
Le soir, bourdonnement nul aux doigts. Mort le 8.

Obs. IX. — Mme V..., âgée de 65 ans, est frappée d'une attaque d'apoplexie cérébrale le 23 août 1858, à quatre heures du
soir. Cette dame était venue de Bordeaux pour passer la saison
d'été à Passy. En revenant d'une course à Paris, elle est prise
subitement, dans les Champs-Elysées, de tournoiements de tête ;
les jambes semblent lui refuser le mouvement. Grâce à une
amie qui l'accompagnait, elle a pu monter dans une voiture,
et être ramenée chez elle à quatre heures du soir. Appelé à
cinq heures, je trouvai Mme V... dans l'état suivant : elle est
couchée sur le dos ; la figure est rouge, tuméfiée, l'œil ouvert,
et il est facile de se convaincre, en approchant de très-près une

allumette enflammée, qu'elle n'y voit plus. La respiration ne paraît pas gênée. Je crie très-fort pour lui faire plusieurs questions; elle reste immobile et sans parole. En examinant le côté droit, je le trouve complétement privé de mouvement et de sentiment. Le côté gauche n'est pas paralysé. Ainsi, elle remue sans cesse la main gauche, et la porte souvent à sa tête et à sa bouche. Lorsqu'on la pince, elle s'en aperçoit, et crie ou se retire brusquement. Elle n'a pas eu de selle. Le pouls est plein, fort; 75 pulsations.

Auscultation. — Côté droit : bourdonnement et petillement nuls.

Côté gauche : bourdonnement et petillement nuls.

Traitement : Saignée.
A dix heures du soir, même état.
Auscultation. — Bourdonnement et petillement nuls des deux côtés. A la tête, le bourdonnement et le petillement ne sont pas entendus.

Le 24, la malade reste plongée dans un coma profond. Rien ne la réveille, quelque bruit que l'on fasse. La saignée de la veille n'a rien produit; la malade semble plus affaissée; elle a beaucoup transpiré.

Le thermomètre indique 37° entre les cuisses et aux aines, 37 sous les aisselles, 32 à la voûte crânienne, et 36 à la région épigastrique.

Auscultation. — Bourdonnement et petillement nuls des deux côtés.

J'ai visité quatre fois Mme V... dans la journée, et chaque fois l'auscultation dynamoscopique a été la même.

Traitement : Sangsues et une purgation.

Le 25, les lavements purgatifs et la purgation ont amené des matières fécales abondantes. Aucun changement dans l'état antérieur; il y a eu une fréquence plus grande dans le pouls et plus de faiblesse. La malade est toujours dans un état comateux. Le côté droit n'est pas plus sensible et reste paralysé; elle peut continuellement remuer le côté gauche. Elle urine et fait dans son lit.

Trois fois dans cette journée, j'ai visité Mme V...., et trois fois à des heures bien différentes. J'ai toujours trouvé absence de bourdonnement et de petillement des deux côtés.

Le **26**, à sept heures du matin, la malade meurt.

Auscultation deux heures après la mort. — Bourdonnement excessivement faible à la région précordiale. Il n'existait pas ailleurs.

Résultats de la dynamoscopie. — Auscultation le **23** août: Bourdonnement et petillement nuls des deux côtés. Le **24**, id. Mort le **26**. Bourdonnement excessivement faible à la région précordiale, deux heures après la mort.

Obs. X. — M. L..., âgé de **75** ans, d'une constitution vigoureuse et d'un tempérament sanguin, vit en garçon et habite seul un appartement au rez-de-chaussée.

Le **29** août, à onze heures du matin, la femme de ménage arrivant comme à l'ordinaire, trouve son maître dans son lit, contrairement à son habitude. Elle croit d'abord à un sommeil naturel et se retire; mais elle revient peu de temps après, s'approche du lit, et comprend que l'état de M. L... est grave. Elle appelle du secours, et c'est dans cette circonstance que je suis arrivé auprès du malade. Il est probable que M. L... est dans cet état depuis plusieurs heures. Le coma est aussi complet que possible. La figure est immobile et sans expression. Le côté droit est immobile et insensible. Les muscles de la face sont également frappés de paralysie. La lèvre supérieure est abaissée et déviée. La paupière supérieure droite est abaissée, et non la gauche. L'ouïe est abolie; les cris les plus forts ne font aucune impression sur lui. Les deux yeux sont légèrement déviés en haut. Il ronfle et il *fume la pipe*. La respiration est intacte ; le cœur bat normalement ; le pouls est régulier : 94 pulsations. L'hémiplégie est complète à droite. Absence de ce côté du mouvement, soit volontaire, soit instinctif ou provoqué. La sensibilité y paraît nulle. Il n'y a pas, sur les couvertures, de traces de vomissements, mais il y a des déjections alvines trèsabondantes. Le côté gauche est sensible, mais la sensibilité y est un peu obtuse ; les mouvements de ce côté sont libres, pourtant le bras gauche reste assez facilement dans la position où on le place.

Auscultation. — Côté droit : bourdonnement nul ; petillement : quelques décharges.

Côté gauche : le bourdonnement paraît baissé ; il disparaît, et alors les décharges de petillement sont nombreuses et fortes.

L'auscultation dynamoscopique de la tête permet de constater, à droite du crâne, un bourdonnement assez fort, uni à un battement artériel distinct et à des secousses de la masse cérébrale. A gauche, aucune espèce de bruit distinct.

Traitement : Saignée, lavement, purgatif.

Le soir, l'état est absolument le même que le matin.

Le 30, à huit heures du matin, même insensibilité et même immobilité du côté droit. Il y a eu de nombreuses garde-robes. Les mouvements du côté gauche sont plus nombreux. Les deux paupières se lèvent et s'abaissent en même temps. Il porte souvent la main au front. Il ne prononce pas la moindre parole ; il ne voit pas et n'entend pas. Il n'est pas aussi plongé dans le coma que la veille. Si on l'appelle par son nom, il fait un léger mouvement des yeux. Pouls à 86. De temps en temps, quelques ronflements.

Auscultation. — A droite et à gauche, à l'extrémité des doigts, absence de bourdonnement et presque plus de petillement. Le bourdonnement est absent à gauche dans toutes les positions de la main. Ainsi, le malade tenant le bras gauche, comme dans la catalepsie, dans la position où on le met, dans cette position on n'entend pas le bourdonnement, pas plus que lorsque la main repose sur le lit.

Le côté droit du crâne présente les mêmes phénomènes que la veille; mais à gauche, on n'entend rien.

A midi, même situation.

A neuf heures du soir, la figure est plus pâle , le pouls est plus élevé et le coma plus profond.

Les résultats dynamoscopiques sont les mêmes.

Traitement : Vingt sangsues sont mises sur les tempes; sinapismes; lavement purgatif.

Le 31, à huit heures du matin, pâleur moindre à la face. Le malade n'est pas sorti de cet état d'assoupissement continuel dans lequel il est. Même insensibilité à droite. Pouls, 96. La respiration est plus difficile. Le bras gauche ne reste plus dans la position où on le place. Le malade avale assez bien tout ce qui lui est donné.

Auscultation. — Côté droit : absence du bourdonnement et du petillement. Côté gauche : le bourdonnement a repris; il est lointain, vague, à oscillations éloignées, et s'arrête tout à fait. A la tête, le bourdonnement est entendu à gauche; il continue de l'être à droite.

Traitement : Eau de Sedlitz par quart de verre.

A midi, le bourdonnement est absent, ainsi que le petillement. A droite et à gauche, le bourdonnement de la voûte crânienne est très-vague.

A neuf heures du soir, la respiration est devenue très-difficile. Il y a des moments d'arrêt, et puis elle revient bruyante et excessivement fréquente.

Le bourdonnement, à droite comme à gauche, paraît lointain, vague, sourd, et finit par ne plus être entendu du tout.

La voûte crânienne ne fait entendre qu'un bruit artériel correspondant au pouls.

Le 1ᵉʳ septembre, à sept heures du matin , il ne paraît rien entendre ; il ne prononce pas la moindre parole, et il est encore sur le dos et souvent dans le coma profond. Le pouls s'est affaibli et il est plus fréquent : 116 pulsations. La respiration est gênée.

Auscultation. — Bourdonnement et petillement nuls des deux côtés aux extrémités.

A neuf heures du soir, même état et même absence du bourdonnement.

Le 2 septembre, la respiration est devenue très-bruyante à midi, et l'agonie a commencé. La sueur froide a couvert tout son corps. Pouls, 140. Le bourdonnement et les petillements n'ont été entendus ni à l'extrémité des doigts, ni à la voûte crânienne. La mort est survenue à huit heures du soir, dans le cinquième jour qui a suivi le début de l'attaque.

Résultats de la dynamoscopie. — Auscultation le 29 aout. Côté droit : bourdonnement nul ; petillement à décharges ; côté gauche : bourdonnement baissant et disparaissant ; petillement à décharges nombreuses. Le 30, absence de bourdonnement et presque plus de petillement à droite et à gauche. Le 31 , côté droit, bourdonnement et petillement nuls ; côté gauche, bourdonnement lointain, vague, à oscillations éloignées, il s'arrête ; à la tête, bourdonnement à droite et à gauche. Le 1er septembre, bourdonnement et petillement nuls des deux côtés. Le 2 id. Mort.

Obs. XI. — Le 7 avril 1861, M. P... était dans son jardin, au soleil, lorsqu'il tombe et ne peut se relever. A peine à terre, on le transporte dans sa chambre et on vient me chercher.

Il était trois heures et demie, la perte des sens était complète ; absence de connaissance. Il ne paraît rien entendre aux cris les plus forts. Il n'y voit pas ; la tête est portée en arrière. Lorsqu'on le pince, soit d'un côté, soit de l'autre, il y a une contraction dans le membre. Malgré l'excitation, on remarque une certaine contracture dans le muscle des jambes, des cuisses, des bras et des avant-bras. Cette contracture est plus forte à droite qu'à gauche. Il urine involontairement. Il y a 40 inspirations par minute, 120 pulsations. Déglutition facile. Pâleur de la figure.

Auscultation. — Côté droit : bourdonnement sourd, petit, disparaissant ; pas de petillement.

Côté gauche : bourdonnement nul.

Sangsues derrière chaque oreille.

Le soir, la pâleur est moindre à la face ; le pouls est à **88** ; mais il y a toujours perte des sens et du mouvement ; roideur musculaire, surtout à gauche.

Auscultation. — Absence de bourdonnement à droite et à gauche.

Le 8 avril, à neuf heures du matin, impossible de réveiller les sens en les excitant ; mouvements réflexes en piquant les membres ; **120** pulsations ; roideur dans les membres ; respiration fréquente.

Auscultation. — Côté droit : bourdonnement vague et absent. Côté gauche : bourdonnement nul.

Même état dans la soirée.

Le 9, déglutition presque impossible. Il remue les pieds ; presque plus de roideur et une espèce de résolution. Pouls **120.** Perte complète des sens.

Auscultation. — Côté droit : bourdonnement vague et absent ; pas de petillement.

Côté gauche : ni bourdonnement, ni petillement.

A dix heures, absence totale de bourdonnement à droite et à gauche. Mort à minuit et demie.

RÉSULTATS DE LA DYNAMOSCOPIE. — Auscultation le **7** avril.

Côté droit, bourdonnement sourd, petit, disparaît ; pas de petillement ; côté gauche, bourdonnement nul. Le **8**, côté droit,
bourdonnement vague, nul ; côté gauche, bourdonnement nul.
Le **9**, côté droit, bourdonnement vague et nul ; petillement
nul ; côté gauche, bourdonnement et petillement nuls. Mort.

Obs. XII. — Cette observation présente un intérêt très-grand,
parce qu'elle est la confirmation d'une des lois posées par la
dynamoscopie, et qu'elle a semblé s'en vouloir écarter sans le
faire.

M. P... est tombé du haut d'un escalier sur la tête, un mois
avant le **16** mai. Ce jour-là, vers une heure de l'après-midi,
il tremblote sur ses jambes, ne sait pas ce qu'il fait, s'affaisse,
et on le couche. Je m'aperçois, en arrivant, qu'il ne remue le
côté droit que difficilement ; car il n'y a pas eu paralysie complète. Il sent si on le pince ; les paupières sont lourdes. Il est
couché sur le dos, est appesanti par une sorte de coma. Il ne
comprend que difficilement ; il entend. La respiration est bonne ;
il n'y a que **60** pulsations.

Auscultation. — Côté droit : bourdonnement petit, profond,
sourd, pas de petillement.
Côté gauche, id.

Eau de Seidlitz ; une saignée.

Le **17** mai, mêmes symptômes. On ne peut rien en obtenir.
Il répond pourtant : Monsieur ! si on l'appelle par son nom
très-fortement. Même état du pouls ; respiration bonne ; il urine
et va à la selle sans s'en apercevoir.

Auscultation. — Absence de bourdonnement à droite et à
gauche.

Le soir, même absence de signes dynamoscopiques.

Le **18**, mêmes symptômes. Il ouvre mieux les yeux ; sa
figure ne change pas, et il y a toujours moins de mouvement à
droite, mais il remue le bras ; **65** pulsations.

Auscultation. — A droite et à gauche, absence de bourdonnement et de petillement.

Le soir, le bourdonnement semble exister un peu à gauche, puis disparaît ; à droite, on ne peut le constater.

Le **19**, une amélioration réelle semble évidente. La famille espère qu'il sera sauvé, et j'avoue que, me défiant de moi-même, je n'eus garde de lui enlever cet espoir, quoique je ne pouvais pas croire que ce premier exemple pût infirmer la loi trouvée.

M. P... entend mieux ; il parle, demande à se lever. Il respire librement, mais il ne s'aperçoit pas qu'il urine dans le lit. Il est toujours plus paresseux pour remuer le côté droit. Pourtant, la figure est toujours sans expression, et il y a comme une tendance au sommeil.

Auscultation. — Côté droit : bourdonnement sourd, lent, difficile, continu, très-grave.

Côté gauche : id.; pas de petillement.

Le **20** mai, il n'y a plus l'amélioration de la veille. Il ne demande pas à se lever ; coma ; il entend moins bien. Pouls, 56.

Auscultation. — Absence de bourdonnement à droite et à gauche ; quelques petillements.

Le soir, même observation ; 56 pulsations.

Le **21**, mêmes symptômes. Il répond par monosyllabes. Il urine toujours sans s'en apercevoir. Si on lui pince le bras droit, il le remue et se défend. Le côté gauche est plus agile ; 60 pulsations ; respiration bonne.

Auscultation. — Absence de bourdonnement à droite et à gauche, ainsi que de petillement.

Le **22**, il semble qu'il y ait un peu d'amélioration. Il ouvre les yeux tout grands, parle moins difficilement ; 60 pulsations. Il perd son urine sans le sentir ; il descend du lit et semble se soutenir sur ses jambes ; il se recouche tout seul.

Auscultation. — Côté droit : bourdonnement aigu, léger, métallique, clair, il disparaît.

Côté gauche : bourdonnement sourd, s'arrête, quelques petil-lements.

Le 23, il n'y a pas d'amélioration ; il semble moins actif; il ne demande pas à se lever ; peu d'hémiplégie véritable, mais diminution de la sensibilité et du mouvement à droite. Il urine sans s'en douter ; 60 pulsations.

Auscultation. —Côté droit : bourdonnement sourd, profond, disparaît.

Côté gauche : bourdonnement plus sourd et vague, nul, quelques petillements éteints.

Le 24, 58 pulsations. Il ne répond plus que par oui et non ; sommeil profond ; tête inclinée en arrière; contractions des muscles du cou. Il urine toujours sous lui.

Auscultation. —Côté droit : bourdonnement vague et obscur, comme existant.

Côté gauche : bourdonnement vague, sourd et disparaissant.

Le soir, pas de bourdonnement, ni à droite, ni à gauche.

Le 25, 76 pulsations. Il est dans le coma, ne parle plus. La respiration est moins large.

Auscultation. — A droite et à gauche, bourdonnement sourd, lent, obscur et s'éteint.

Le 26, forte contraction de la tête en arrière; décomposition de la face ; les ailes du nez se rapprochent de la cloison ; odeur de souris. Il urine sous lui ; respiration difficile.

Auscultation. — Bourdonnement sourd et vague, s'étei-gnant.

Le 27, plus de parole ; odeur de souris ; contracture des

muscles; pouls, 78; tremblements; excoriation du scrotum par la perte des urines.

Auscultation. — Côté droit : bourdonnement léger, faible, continu, uniforme.

Côté gauche : bourdonnement nul.

Le soir, absence de bourdonnement des deux côtés. L'agonie a commencé. La mort a eu lieu le **28** à sept heures du matin.

Résultats de la dynamoscopie. — Auscultation le **16** mai. Côté droit, bourdonnement petit, profond, sourd; petillement nul; côté gauche, bourdonnement et petillement nuls. Le **17**, bourdonnement et petillement nuls des deux côtés. Le **18**, id. Le **19**, côté droit, bourdonnement sourd, lent, difficile, continu, très-grave; côté gauche, id.; pas de petillement. Le **20**, absence de bourdonnement des deux côtés. Le **21**, bourdonnement et petillement nuls. Le **22**, côté droit, bourdonnement aigu, léger, métallique, clair, disparaissant; côté gauche, bourdonnement sourd, s'arrête; quelques petillements. Le **23**, côté droit, bourdonnement sourd, profond, disparaît; côté gauche, bourdonnement plus sourd, vague et nul; quelques petillements. Le **24**, côté droit, bourdonnement vague et obscur; à droite et à gauche, bourdonnement lent, obscur, s'éteint. Le **26**, bourdonnement sourd, vague, s'éteignant. Le **27**, côté droit, bourdonnement léger, faible, continu, uniforme; nul à gauche. Le **28**, absence de bourdonnement des deux côtés. Mort.

Cette observation m'avait inspiré la pensée que la mort s'accomplirait le **22**, le **25** ou le **28**, m'appuyant sur la régularité des phénomènes observés les quatre premiers jours, et le retour du bourdonnement digital le **19**, après en avoir été absent le **17** et le **18**.

Obs. XIII. — Le **17** septembre, à dix heures du matin,

Madame L... âgée de 78 ans, est frappée des symptômes de l'attaque d'hémorrhagie cérébrale. Elle tremble en voulant marcher, bégaye et ne peut parler. Fort heureusement qu'il se trouvait quelqu'un auprès d'elle. En arrivant, je constate qu'il y a du coma, impossibilité de parler, une faiblesse dans les mouvements et la sensibilité du côté droit. Il n'y a pas absence de tout mouvement, ni absence de sensibilité complète du côté gauche. Le mouvement est facile à distinguer, et la sensibilité est assez obtuse. La respiration est bonne ; il n'y a pas de déviation dans les traits de la face ; elle fait signe qu'elle reconnaît, et tend la main à ses enfants.

Auscultation. — Côté droit : le bourdonnement à note régulière, uniforme, comme harmonique, moins élevé, tendu, petit, contracté ; pas de petillement.

Côté gauche : bourdonnement roulant, très-bas et très-lent.

Traitement : Application de sangsues.

Vers deux heures de l'après-midi, les symptômes n'ont pas changé.

Auscultation. — Côté droit : bourdonnement avec une note lente et faible, baissant ; pas de petillement.

Côté gauche : bourdonnement roulant, détendu ; quelques petillements.

Dix heures du soir, pas de petillement ni de bourdonnement.

Le 18, le coma n'a pas cessé ; il y a ronflement ; *elle fume la pipe;* elle avale facilement ; signes douteux d'intelligence ; elle ne peut parler. La sensibilité paraît, du côté droit, n'obéir qu'à des mouvements réflexes ; elle est très-lente à se produire, même du côté gauche. Il y a plusieurs selles.

Auscultation. — Côté droit : bourdonnement lent, très-grave, il est absent à quelques doigts, il paraît éteint.

Côté gauche : bourdonnement continu, on entend plusieurs notes à la fois.

Vers quatre heures, il semble qu'un peu d'amélioration se soit déclarée, et elle peut même ouvrir les yeux et suivre ce qui se passe. Pouls, 96 à 120.

Auscultation. — Côté droit, à tous les doigts : bourdonnement petit, profond, lent et comme détendu, il s'affaisse, baisse et s'arrête.

Côté gauche : bourdonnement plus fort qu'à droite, il est toujours grave, lent, il baisse et finit par devenir excessivement lent et bas.

Neuf heures du soir, trente-deux heures après l'attaque. La malade n'a jamais été aussi bien ; elle ouvre les deux yeux sans abaissement paralytique des paupières, ni d'un côté, ni de l'autre. Il y a très-peu de déviation des lèvres. Il serait difficile d'apprécier, d'après l'aspect de la face, s'il y a eu une hémiplégie. Ellé ne peut parler, mais suit tout ce qui se passe des yeux. On ne sait pas si elle entend, mais elle comprend ; elle tend la main à tous ses amis, et surtout à ses petits enfants, et leur vue la fait pleurer. Une consultation avec le docteur Noël confirme le diagnostic d'une hémorrhagie cérébrale, et l'amélioration apparente, trompant mon confrère, il établit qu'il pourra y avoir de cinq à six semaines de vie. Les résultats de la dynamoscopie me persuadent le contraire. J'émets, sans y insister, mon opinion, et présume que la maladie sera d'un septénaire. Le pouls est à 108, et le côté droit reste toujours inactif, sans mouvement ; elle remue assez facilement le côté gauche ; la sensibilité paraît, à M. Noël, obtuse des deux côtés.

19, huit heures du matin. Elle est restée les yeux ouverts et comme à l'état de veille jusqu'à trois heures du matin, et depuis ce moment, elle est retombée dans le coma le plus profond ; l'abaissement du bras à droite est aujourd'hui très-marqué ; le pouls est devenu irrégulier, 108 pulsations ; toujours même observation, à droite et à gauche, sur la sensibilité et la motilité.

Auscultation. — Côté droit : bourdonnement éteint et continu, comme une note harmonique dans le lointain, uniforme,

Côté gauche : bourdonnement plus sourd, plus fort, continu, éteint.

Même observation à deux heures.

Vers onze heures du soir, l'affaissement est plus complet ; il y a du ronflement et un peu de gêne dans la respiration ; pas de râle trachéal ; le pouls est irrégulier, 116 pulsations.

Auscultation. — Côté droit : bourdonnement à note harmonique, lointain, petit, s'affaissant jusqu'au silence, nul à quelques doigts ; pas de petillement.

Côté gauche : bourdonnement plus grave qu'à droite, détendu, baissant et reprenant sa vigueur, puis s'éteignant pour ne plus reparaître.

Le 20, la malade a transpiré toute la journée, et elle a perdu l'usage du mouvement de gauche. Ainsi, il n'y a pas de contraction musculaire assez forte pour soutenir son bras soulevé ; la sensibilité n'existe plus ; pas même la sensibilité réflexe ; elle tourne les yeux vers le haut, et sa figure est terreuse et prend un caractère hyppocratique.

Auscultation. — Le bourdonnement s'égalise à droite et à gauche : c'est le bourdonnement à note harmonique, éteint, sans caractère précis, durant, à une intonation régulière, une minute, puis s'éteint, baisse et disparaît.

Trois fois dans la journée, l'observation a été répétée, et trois fois elle a été pareille.

Le 21, pouls à 135 et 140 pulsations ; la sueur continue ; l'affaissement est de plus en plus marqué ; plus de sensibilité ni de motilité.

Auscultation. — Côté droit : bourdonnement éteint, à note harmonique, il paraît et disparait totalement. Observation pareille à tous les doigts.

Côté gauche : bourdonnement éteint, à note harmonique, il baisse d'octave en octave jusqu'au silence.

Le 22, pouls à 135 pulsations ; même état que la veille. Le bourdonnement ne paraît plus ; il est absent aux extrémités digitales des deux côtés pendant toute la journée. Mort à onze heures du soir.

RÉSULTATS DE LA DYNAMOSCOPIE. — Auscultation le 17 septembre. Côté droit, bourdonnement à note régulière, uniforme, comme harmonique, moins élevé, tendu, petit, contracté ; pas de petillement ; côté gauche, bourdonnement roulant, très-bas et très-lent. L'après-midi, côté droit, bourdonnement avec une note lente et faible, baissant ; pas de petillement ; côté gauche, bourdonnement roulant, détendu ; quelques petillements. Le soir, bourdonnement et petillement nuls. Le 18, côté droit, bourdonnement lent, très-rare, absent à quelques doigts, paraît et disparaît ; côté gauche, bourdonnement continu, à plusieurs notes. A quatre heures, côté droit, bourdonnement petit, profond, lent et comme distendu, s'affaisse, baisse et s'arrête ; côté gauche, bourdonnement plus fort qu'à droite, grave, lent, baisse et devient excessivement lent et bas. Le 19, côté droit, bourdonnement éteint et continu, à note harmonique dans le lointain, uniforme ; côté gauche, bourdonnement plus sourd, plus fort, continu, éteint. Le soir, côté droit, bourdonnement à note harmonique, lointain, s'affaisse, nul à quelques doigts ; pas de petillement ; côté gauche, bourdonnement plus grave, détendu, baissant et reprenant, puis disparaît tout à fait. Le 20, bourdonnement à note harmonique, baisse et disparaît. Le 21, côté droit, bourdonnement éteint, à note harmonique, paraît et disparaît ; côté gauche, bourdonnement à note harmonique, baisse et disparaît totalement. Mort.

Il résulte de ces observations que :

1° Le bourdonnement peut rester supprimé pendant tout le

temps de la vie aux extrémités digitales et des deux côtés, soit du côté paralysé, soit du côté non paralysé.

2° Le bourdonnement peut exister par exception du côté paralysé, et ne pas exister du côté non paralysé.

3° Le bourdonnement peut ne pas exister du côté paralysé, et exister du côté non paralysé.

4° Enfin, le bourdonnement peut exister des deux côtés. Quelques heures avant la mort, ordinairement le bourdonnement se supprime complétement à l'extrémité des doigts. Les petillements sont rares, petits, éteints et souvent très-vagues.

5° L'auscultation, localisée à la tête, y montre un bourdonment très-fort et normal. Il peut être plus fort d'un côté que de l'autre. Ce bourdonnement peut être plus fort en un point de la voûte crânienne.

Obs. XIV. — M. J... habitait Passy depuis longtemps, et allait tous les jours à Paris pour ses affaires. Un jour, le 2 janvier, vers trois heures de l'après-midi, il ne peut plus avancer, il sent ses jambes lourdes, se traîne comme il peut jusqu'au premier corridor qu'il rencontre, et tombe sans pouvoir bouger. Ce ne fut que quelque temps après qu'il put appeler à son secours, demander une voiture et donner son adresse. Il fut transporté à son domicile, et je fus appelé. Je constatai une paralysie complète du côté gauche, insensibilité des membres supérieurs et inférieurs, ainsi que du côté droit; la figure grimaçant et la lèvre déviée du côté paralysé; la langue est embarrassée, mais non paralysée, car M. J... peut nous exprimer tout ce qu'il éprouve. La vue est assez nette; il y a pourtant un affaiblissement du côté gauche. Nul phénomène précurseur n'avait annoncé l'irruption de cette maladie. L'état de l'intelligence m'a paru sain; la respiration est libre; le pouls indique 80 pulsations, il est plein, régulier.

Auscultation. — Côté droit : bourdonnement fort, égal, régulier, comme dans l'état normal; petillement distinct, rare.

Côté gauche : bourdonnement tantôt imperceptible, et quelquefois comme s'il existait légèrement, petillement éteint.

Une saignée est pratiquée.

Le soir, l'auscultation dynamoscopique donne les mêmes résultats.

Le 3 janvier au matin, **M.** le docteur Vosseur vient voir le malade, et nous pensons avoir à traiter une hémorrhagie cérébrale. L'état n'a pas changé depuis la veille. M. J... conserve toute son intelligence. La paupière supérieure gauche est plus affaissée; le malade peut parler; il n'est pas allé à la selle. Nous sommes d'avis de ne pas insister sur l'émission sanguine et de donner de l'eau de Pulna, en renouvelant fréquemment les sinapismes sur les extrémités inférieures.

Auscultation. — Côté droit : bourdonnement comme à l'état normal; petillement comme à l'état normal.

Côté gauche : bourdonnement sourd, vague ou non entendu.

Le soir, le bourdonnement et le petillement sont comme dans l'auscultation pratiquée le matin.

Le 4, **M.** J... est dans la même situation; le pouls n'est pas aussi élevé; la parole est plus facile; cependant le malade se fatigue vite et ne peut entretenir une conversation soutenue.

L'auscultation dynamoscopique fournit les mêmes résultats, c'est-à-dire qu'il y a une grande difficulté à saisir le bourdonnement du côté paralysé, tandis qu'il est facile de le distinguer du côté opposé. Nous avons ausculté les deux bras et les deux avant-bras comparativement.

Le bourdonnement du côté paralysé nous a toujours paru inférieur, et il ne nous était pas même souvent possible de l'entendre; du côté opposé, il est toujours resté évident.

Nous n'avons rien noté de particulier sous le rapport du bourdonnement et de la guérison jusqu'au 20 janvier.

Depuis ce moment seulement, la paupière supérieure gauche a commencé à se relever, et il nous a semblé remarquer un léger mouvement imprimé à l'épaule gauche par les efforts de la volonté ; du reste, le malade, qui ne sentait pas du tout le côté paralysé jusque-là, a commencé à sentir la partie supérieure du bras.

Auscultation. — Côté droit : bourdonnement normal ; petillement id.

Côté gauche : bourdonnement sourd, profond, obscur et nul; petillement parfois très-fort et très-distinct.

L'auscultation du bras nous permet d'entendre un certain bruit à la partie supérieure.

Nous permettons à M. J... de se lever, et il a commencé à manger. Comme unique traitement, nous avons employé la pommade à la strychnine en frictions.

Le 1er février, M. J... est allé auprès de son feu, porté sur un fauteuil, et il a pu rester levé pendant trois heures sans éprouver une trop grande fatigue. Un sinapisme, appliqué au moment de l'attaque, et resté trop longtemps, a produit une plaie difficile à guérir et qui fait beaucoup souffrir le malade. A notre visite, nous trouvons M. J... levé, et nous avons avec lui une longue conversation, sans qu'il en soit fatigué. La paupière du côté gauche n'est plus paralysée et suit les mouvements de la volonté. Les mêmes souffrances se font sentir dans le bras gauche et semblent se prolonger jusqu'à la main. M. J... essaye de marcher, et il ne peut se soutenir sur la jambe; mais le sentiment est revenu, et il la meut à volonté. Ainsi le sentiment et le mouvement sont revenus au membre inférieur.

Auscultation. — Côté droit : bourdonnement et petillement normaux.

Côté gauche : bourdonnement moins sourd et très-peu développé, comparativement à l'autre côté; petillement rare et petit.

L'auscultation des membres inférieurs permet d'entendre le

bourdonnement dans les parties où antérieurement il n'existait pas.

Le **15**, M. J... se lève tous les jours; il a pris deux repas par jour, et peu à peu il a pu s'appuyer sur le membre inférieur gauche. Il ne lui est pas encore possible de marcher.

Auscultation. — Côté droit : bourdonnement à l'état normal.

Côté gauche : bourdonnement toujours plus profond, et quelquefois on ne le distingue pas.

Le **30**, nous avons fait faire des béquilles, et, avec ce soutien, M. J... peut faire à grand'peine quelques pas. Tous les jours nous le faisons s'exercer, et plusieurs fois par jour; il peut actuellement rester levé presque toute la journée , manger avec sa famille et écrire. Le bras est toujours paralysé ; il ne peut lui imprimer aucun mouvement. Il y a quelquefois dans la nuit un soubresaut, et il en souffre beaucoup.

Auscultation. — Côté droit : bourdonnement normal, petillement idem.

Côté gauche : bourdonnement petit, assez évident, mais profond et régulier.

Dans le mois de mars, M. J... a pu marcher seul et à l'aide d'un bâton ; mais il a toujours conservé la paralysie du membre supérieur gauche. Aussi l'auscultation dynamoscopique de ce côté nous a toujours fourni une diminution très-grande du bourdonnement, bien qu'il n'y ait pas eu absence totale et qu'il soit devenu de plus en plus net de ce côté.

RÉSULTATS DE LA DYNAMOSCOPIE. — Auscultation le **2** janvier. Côté droit, bourdonnement fort, égal, régulier; petillement distinct, rare ; côté gauche, bourdonnement imperceptible, puis léger; petillement éteint. Le 3, côté droit, bourdonnement normal; petillement id. ; côté gauche, bourdonnement sourd, vague ou non entendu. Le **20**, côté droit, bourdonnement normal; petillement id.; côté gauche, bourdonnement sourd, profond, obscur et nul; petillement très-fort et très-distinct. Le 1er février, côté droit, bourdonnement et petillement normaux; côté gauche, bourdonnement moins sourd et peu développé; petillement rare et petit. Le 15, côté droit, bourdonnement normal; côté gauche, bourdonnement plus profond et quelquefois on ne le distingue pas. Le 30, côté droit, bourdonnement et petillement normaux; côté gauche, bourdonnement petit, évident, profond, régulier.

Obs. XV. — M. P... est employé dans une teinturerie de Passy comme caissier depuis cinq ans. Il est chargé de temps en temps de faire des recouvrements et d'aller faire quelques courses. Pendant qu'il était en tournée, le 30 octobre 1857, il sentit ses jambes plier; n'étant pas loin de sa demeure, il voulut y retourner. Il a mis une demi-heure pour faire trente pas, et, arrivé chez lui, le concierge et un domestique sont parvenus à lui faire monter l'escalier, qu'il n'aurait pu gravir tout seul. Arrivé une heure après, je le trouvai dans l'état suivant : la langue est embarrassée; elle est déviée du côté gauche ; le malade ne paraît pas du tout avoir perdu connaissance; les facultés intellectuelles ont toujours été dans un état parfait d'intégrité; la paralysie du côté gauche est complète; le côté droit n'est pas atteint; le malade remue la main, serre les petits objets, presse la main fortement. La paralysie est complète, tant aux membres supérieurs qu'aux membres inférieurs; la paupière gauche est affaissée, et le malade ne peut lui imprimer de mouvement d'élévation. Les muscles sont flasques. La paralysie de la sensibilité est, dans ce cas, liée à la paralysie du mouvement. Nous avons beau pincer la peau, le malade n'exprime aucune souffrance, et cette anesthésie affecte tout le côté gauche. La bouche est déviée, la face est pâle. Le pouls est presque normal, un peu vif et fort, 75 pulsations. La respiration est normale, la déglutition n'est pas difficile, la peau est chaude.

Auscultation.—Côté gauche : bourdonnement vague, obscur et presque nul ; petillement petit, éteint, rare.

Côté droit : bourdonnement fort, rapide, bruyant; petillement plus distinct et plus fréquent.

Une saignée est pratiquée; sinapisme et eau de Pulna, un demi-verre toutes les trois heures.

Le soir, à dix heures, même état que précédemment. Le malade n'a pu dormir; il a souffert de la tête.

Auscultation. —Côté gauche : bourdonnement sourd, vague ou nul ; petillement rare.

Côté droit : bourdonnement très-net et très-fort; petillement rare et éclatant.

Le 31, au matin, M. P... a beaucoup souffert du bras et de la jambe; il lui semblait qu'ils remuaient et qu'il les faisait agir. La tête est douloureuse du côté droit et sur les yeux. Il semble que M. P... parle mieux et plus distinctement. Il n'y a pas eu de garde-robe; la langue est chargée; les membres sont dans le même état que la veille ; la résolution est complète. Il est impossible à M. P... de faire un seul mouvement, ni avec son bras gauche, ni avec le membre inférieur correspondant.

Le thermomètre indique 36 degrés sous les aisselles, tant du côté droit que du côté gauche.

Auscultation. — Côté gauche : bourdonnement vague ou nul; petillement petit et peu distinct.

Côté droit : bourdonnement fort et très-distinct, plus doux que la veille ; petillement rare et fort.

Une purgation, une bouteille d'eau de Sedlitz. Les sinapismes sont promenés aux extrémités inférieures.

Le soir, le bourdonnement et le petillement des deux côtés présentent les mêmes caractères.

Le 1er novembre, il y a une légère amélioration. La parole n'est presque pas embarrassée, et la paupière supérieure du côté gauche ne tombe plus sur l'œil. Le malade a senti un fourmillement toute la nuit dans tout ce côté, et principalement dans la jambe. Il ne lui est pas possible d'exécuter un mouvement, malgré l'insistance qu'il y met. Il se plaint moins des reins. Il témoigne le désir de manger. Le pouls est fort, 90 pulsations.

Quelques sangsues sont appliquées, une à une, derrière les oreilles.

L'auscultation dynamoscopique est pratiquée sur tout le côté gauche. A l'extrémité des doigts, bourdonnement nul ou très-vague. Au poignet, bourdonnement nul; à l'avant-bras et au coude, également nul; au bras, vers la région de l'épaule, il est assez distinct; il est entendu vers le cou et l'épaule. Le petillement à l'extrémité des doigts est obscur. Sur le membre inférieur, le bourdonnement ne paraît pas distinct. Du côté droit, il paraît être normal partout, ainsi que le petillement.

Le 4, la fièvre a disparu et l'amélioration continue, car il y a eu deux mouvements involontaires dans la jambe gauche, et un volontaire très-léger. La main est restée dans le même état. La paupière supérieure du côté gauche suit les mouvements de la volonté. Le malade demande à manger; les selles ont été abondantes. La sensibilité est obtuse à la partie inférieure, et le malade se plaint quand on le pince un peu fortement. La main est insensible, mais non la partie supérieure du bras.

Auscultation. — Côté gauche : bourdonnement sourd, profond; petillement rare. Le bras fait entendre le bourdonnement à la partie supérieure.

Côté droit : bourdonnement très-distinct et très-net; petillement fort.

Le traitement consiste en simples frictions avec l'eau de mélisse et des lavements purgatifs. Trois tasses de bouillon par jour pour régime.

Vers le **15** novembre, M. P... pouvait remuer la jambe gauche et la porter hors de ses couvertures. Il ne pouvait exécuter aucun mouvement avec la main. Du reste, la parole est facile ; le malade est très-gai et demande à se lever. Nous permettons de le transporter sur un fauteuil. Les fonctions digestives s'accomplissent bien, les selles également, sous l'influence d'un peu de rhubarbe ; il n'y a point de fièvre. Si nous ne réglions pas notre malade pour la nourriture, il mangerait autant qu'avant sa maladie.

Auscultation. — Côté gauche : bourdonnement sourd, profond ; il nous a été possible de l'entendre sur tout le bras ; petillement assez fréquent et petit, simple.

Côté droit : bourdonnement distinct et fort ; petillement fréquent.

Le 2 décembre, M. P... se plaint de fourmillements très-nombreux dans tout le côté paralysé ; il éprouve pendant la nuit des soubresauts qui l'empêchent de dormir et qui font sauter la main paralysée. Du reste, il remue le bras vers l'articulation de l'épaule, mais il ne peut imprimer aucun mouvement à la main, et si on le pince, il n'éprouve aucune souffrance ; il en est autrement lorsque l'on va plus haut, car il éprouve une sensation désagréable. A mesure que l'on avance vers le coude, le bras est sensible. Du reste, M. P... peut se lever et marcher pendant quelques instants dans la chambre, sans appui ; il ne souffre pas de la tête ; il peut lire et écrire sans trop de fatigue. Il fait deux repas sans assouvir sa faim ; les digestions sont régulières. Les selles sont normales ; il urine bien et naturellement. Nulle altération dans l'intelligence. Le pouls est excellent.

Auscultation. — Côté gauche : bourdonnement assez net, mais obscur ; il est facile de l'entendre sur l'avant-bras, au tiers supérieur ; petillement rare et simple.

Côté droit : bourdonnement plus fort que du côté opposé ; il est à l'état normal ; petillement assez fréquent.

Vers le 15 décembre, nous commençons le traitement par l'électricité.

L'électricité est employée tous les jours, et chaque séance a duré de dix minutes à un quart d'heure.

Le 20 décembre, M. P... n'éprouve aucune modification sur le membre supérieur gauche par le contact de l'électricité. Son application a été de dix minutes. C'est au moyen de l'appareil Legendre et Morin que nous avons opéré. Le membre électrisé n'a rien éprouvé, et le malade n'a rien ressenti. Si cette application, au lieu d'être faite à l'avant-bras, est prolongée jusqu'au bras, les muscles se contractent et le malade s'en plaint. Du reste, M. P... se lève presque toute la journée; il mange comme en état de santé, et son esprit n'éprouve aucune lassitude. Toute la nuit est assez tranquille; il dort.

L'auscultation dynamoscopique est faite, et le bourdonnement du côté gauche, bien que l'on puisse l'entendre, est obscur et montre une grande différence avec le côté droit. Ce bourdonnement, écouté au moment de l'électrisation, n'éprouve pas de changement. Le petillement existe des deux côtés.

Le 12 janvier, M. P..., après avoir subi un certain nombre de séances d'électrisation, n'éprouvait aucune amélioration du côté de l'avant-bras et de la main. Il peut actuellement gravir les escaliers sans soutien; il marche sans béquilles. La main est insensible et ne peut agir.

L'auscultation dynamoscopique est pratiquée, et il y a toujours les mêmes différences du côté gauche.

A cette époque, je me suis décidé à faire connaître ce fait à plusieurs confrères, et M. P... a eu l'obligeance de se rendre avec moi au Cercle de la presse scientifique, où plusieurs personnes se sont plu à examiner ce qu'il serait facile de distinguer dans tous les hôpitaux sur un hémiplégique quelconque.

Vers la fin de janvier, l'électricité n'ayant pas réussi, j'ai employé les bains de Baréges sans modifier la paralysie du bras gauche, et surtout celle de la main, qui reste toujours impotente.

La différence dans les bruits dynamoscopiques existe toujours; seulement, on trouve que, du côté gauche, le bourdonnement, qui reste petit, profond, sourd, devient moins vague, plus distinct.

Nous avons été obligé, à ce moment, de conseiller à notre malade de prendre des dispositions conformes à sa situation, et il a résolu de se retirer dans une maison de santé pour y terminer sa vie.

Nous avons eu, il y a peu de temps, des nouvelles de M. P..., et nous avons appris que rien n'était changé dans sa position.

Résultats de la dynamoscopie. — Auscultation le 30 octobre. Côté gauche, bourdonnement vague, obscur, presque nul; petillement petit, éteint, rare; côté droit, bourdonnement fort, rapide, bruyant; petillement distinct et fréquent. Le soir, côté gauche, bourdonnement sourd, vague ou nul; petillement rare; côté droit, bourdonnement très-net et très-fort; petillement rare et éclatant. Le 31, côté gauche, bourdonnement vague ou nul; petillement petit et peu distinct; côté droit, bourdonnement fort et très-distinct; petillement rare et fort. Le 1er novembre, bourdonnement nul et très-vague; petillement obscur. Le 4, côté gauche, bourdonnement sourd, profond; petillement rare; côté droit, bourdonnement très-distinct et très-net; petillement fort. Le 15, côté gauche, bourdonnement sourd, profond; petillement assez fréquent, petit, simple; côté droit, bourdonnement distinct et fort; petillement fréquent. Le 2 décembre, côté gauche, bourdonnement assez net, mais obscur; petillement rare et simple; côté droit, bourdonnement plus fort que du côté opposé, normal; petillement assez fréquent. Le 20, bourdonnement obscur du côté gauche et normal du côté droit; petillement existant des deux côtés. Vers la fin de janvier, le bourdonnement du côté gauche devient moins vague, plus distinct.

Obs. XVI. — L... (Pierre), ébéniste, né à Paris, âgé de 47 ans, entre à l'hôpital Saint-Éloi de Montpellier le 19 octobre 1856. Il est couché à la salle Saint-Gabriel, n° 12. La vie de L... est un peu désordonnée ; il aime les plaisirs et la table. Il a été porté à l'hôpital quelque temps après une perte de connaissance, et présentant tous les symptômes d'une hémorrhagie cérébrale. Au moment de notre visite, il est hémiplégique, et toute la maladie se renferme dans ce symptôme.

Auscultation le 13 février. — Du côté non paralysé, bourdonnement continu ; petillement fréquent.

Le 15, bourdonnement distinct, continu, clair du côté non paralysé ; petillement normal.

Côté paralysé : bourdonnement et petillement nuls.

Le 24 , il y a quatre jours que le malade se lève dans la journée, mais les mouvements du côté paralysé sont abolis ; il ne peut faire usage de ses membres. L'amélioration n'est pas sensible.

Auscultation. — Côté gauche (non paralysé) : bourdonnement normal ; petillement clair, petit, simple.

Côté droit : bourdonnement et petillement nuls.

Le 27 au matin, même état.

Auscultation. — Côté gauche : bourdonnement clair, ordinaire, continu ; petillement simple et double.

Côté droit : bourdonnement lointain, continu ; petillement nul.

Le 2 mars , bourdonnement et petillement distincts du côté gauche, nuls du côté droit.

Le 5 , le malade va mieux, il se lève depuis le 29 février ; il est d'abord resté assis, puis il a pu faire quelques pas à l'aide d'une chaise.

Auscultation. — Côté gauche : bourdonnement fort, clair, légèrement sonore, mugissant ; petillement rare, simple, faible.

Côté droit : avec une attention un peu vive, on distingue le bourdonnement ; il a le même timbre que de l'autre côté ; mais il est petit, profond ; petillement de temps en temps, simple, clair, de relâchement.

Résultats de la dynamoscopie. — Auscultation le 13 février. Côté non paralysé, bourdonnement continu ; petillement fréquent. Le 15, bourdonnement distinct, clair du côté non paralysé ; petillement normal ; côté paralysé, bourdonnement et petillement nuls. Le 24, côté non paralysé, bourdonnement normal, petillement clair, petit, simple ; côté droit, bourdonnement et petillement nuls. Le 27, côté gauche, bourdonnement clair, ordinaire, continu ; petillement simple et double ; côté droit, bourdonnement lointain, continu ; petillement nul. Le 5 mars, côté gauche, bourdonnement fort, clair, légèrement sonore, mugissant ; petillement rare, simple, faible ; côté droit, bourdonnement petit, profond ; petillement simple, clair, de relâchement.

Obs. XVII. — Enfin, il me reste à citer en quelques mots l'exemple de M. l'abbé B... qui, en 1859, a été frappé subitement d'une hémiplégie avec déviation des traits ; somnolence ; mais pas de perte absolue de connaissance. C'est le côté gauche qui était paralysé. En effet, la sensibilité était détruite au moment de l'accident, et la motilité également. La figure était rouge et congestionnée. Il était évident qu'une congestion accompagnait cet état d'apoplexie. L'auscultation dynamoscopique a démontré plusieurs fois que le côté paralysé avait le bourdonnement digital, et que le côté sain n'avait aucune espèce de bruit. Cet abbé, après deux mois de traitement, a pu dire sa messe, et depuis lors, il a pu faire usage de ses membres, et la guérison est confirmée : seulement, le bourdonnement de gauche est toujours faible, petit, incomplet, tandis qu'il est normal du côté droit.

De ces observations, on peut déduire que :

1° Le bourdonnement, ou bien n'est pas entendu du côté paralysé et sur les parties paralysées, ou bien il est petit, profond, vague, obscur.

2° Le bourdonnement existe à l'état normal du côté non paralysé, et sans variation, soit au moment de l'attaque, soit après.

3° Le bourdonnement, qui a été supprimé ou très-obscur du côté paralysé au moment de l'attaque, peut reparaître le jour suivant un peu plus fort, plus distinct. Il reste pourtant obscur et avec des caractères très-différents de celui du côté opposé pendant tout le temps de la paralysie.

4° Dans un membre paralysé, on peut suivre avec le dynamoscope, suivant la force du bourdonnement, les endroits plus ou moins paralysés, et quels sont les points où se limite la paralysie. Le petillement du côté paralysé y est petit, éteint.

Nous pouvons établir, dans l'apoplexie cérébrale, quatre lois bien distinctes :

Première loi. — Si, dans une attaque d'apoplexie cérébrale, le bourdonnement est supprimé pendant douze ou vingt-quatre heures, à l'extrémité des doigts des mains des deux côtés, le malade ne survivra pas à l'attaque, et succombera dans les deux premiers septénaires.

Deuxième loi. — Si, dans une attaque d'apoplexie cérébrale, le bourdonnement est supprimé d'un côté, et persiste de l'autre côté d'une manière à peu près normale, après avoir vérifié ce fait plusieurs fois dans les vingt-quatre heures, on peut dire que le malade restera paralysé d'un côté, et qu'il survivra probablement à cette attaque.

Troisième loi. — Si, dans une attaque d'apoplexie cérébrale, le bourdonnement ne se supprime ni d'un côté ni de l'autre, on peut établir que le malade survivra non paralysé, et que l'attaque n'est que le fait d'une congestion cérébrale.

QUATRIÈME LOI. — Si, dans une attaque d'apoplexie cérébrale, le bourdonnement se fait entendre du côté paralysé, et ne se fait pas entendre du côté où il y a sensibilité et motilité, le malade survivra et guérira de son hémiplégie momentanée. Il n'aura cependant pas la même facilité du côté hémiplégique, et souffrira.

Ces lois, contenues, non aussi explicitement, dans une brochure publiée en 1859, ont été vérifiées plusieurs fois depuis.

Hémoptysie.

OBS. — M. Ch..., atteint d'une pneumorrhagie du poumon gauche, a déja eu plusieurs crachements de sang depuis le mois de septembre 1855. Il est d'un tempérament sanguin et nerveux très-irritable.

Le 26 mai 1856, il a une hémoptysie assez abondante à neuf heures du matin. Je pratique une saignée de 600 grammes; l'hémoptysie s'arrête.

Auscultation. — Pendant l'hémoptysie, bourdonnement rapide, roulant, rude, égal, régulier, fort, tremblotant. Après l'hémoptysie, bourdonnement rapide, roulant, fort, égal, régulier, tremblotant. (Diète observée; glace; limonade glacée.)

Le 28 au matin, le bourdonnement est devenu un peu grondant, il est rapide, doux, égal, régulier.

Le 29, la nuit a été bonne; le malade a toussé, ce qui est l'indice d'une affection catarrhale prise à la suite d'une longue course ou d'un changement de maison. Le soir, à quatre heures, il est plus tranquille, il sue, il a de la fièvre. Le pouls a changé de caractère, il est moins rénitent, moins rebondissant; il est plus dépressible. Le malade tousse; les crachats sont muqueux. La figure est rouge. (Il prend une émulsion, trois bouillons froids; la glace est suspendue; lait; eau d'orge miellée.)

Auscultation. — Bourdonnement moins rapide, doux; il se rapproche un peu du type normal; pourtant le malade a la fièvre catharrale.

Le 30, il est encore affaissé; il y a de la fièvre; il sue. Le pouls est fréquent, encore tendu. Les crachats sont muqueux, verdâtres; le malade tousse; la toux est caverneuse; il est allé du ventre une fois; la langue s'est humectée, elle est moins rouge à la pointe; peau chaude, humide.

Auscultation. —Bourdonnement roulant, fort, vite; il baisse aussitôt et se maintient bas, doux, assez petit, un peu vite, égal, régulier.

Le malade a mangé quelques fraises. (Bouillon; eau d'orge miellée; lait; un looch.)

Le 31, pas de fièvre. Le malade est un peu pâle; quelques palpitations de cœur. Le pouls est régulier, non tendu. La peau n'est plus moite, chaleur douce. Il maigrit, il tousse, et cette toux est un peu grasse, quoique par moments elle soit caverneuse. Les matières rendues sont muqueuses et d'un vert sombre. Les urines ont toujours une teinte foncée. (Un bouillon; un potage; des fraises; un looch diacodé le soir et une cuillerée d'huile de foie de morue blanche.

Auscultation. — Bourdonnement un peu roulant, quoique doux, pas trop rapide, mais clair, égal, continu.

Le 1er juin, le malade tousse un peu moins; ses crachats sont muqueux, couleur vert-foncé, sombre, puis jaunâtre. Il est resté levé pendant quatre heures; il a un peu de fièvre le soir; il est allé une fois à la selle après un lavement. Il est plu s abattu, moins excité.

Auscultation. — Bourdonnement doux, non rapide, clair (c'est le caractère principal), continu, égal, régulier. (Une côtelette; eau miellée; un looch avec dix gouttes de laudanum.)

Le 2, il commence l'huile de foie de morue.

Le 4, il tousse davantage ; les crachats sont chargés ; ils sont muqueux, vert sale et un peu jaunâtre ; il a des battements de cœur. Pouls tantôt fréquent, tantôt assez rare. La peau est chaude, la gorge un peu douloureuse. Il a bon appétit; il sent des raptus vers la bouche. (Deux bains de pieds; un looch avec 5 gouttes de laudanum.)

Auscultation. — Bourdonnement roulant, un peu rapide, inégal, continu, régulier, un peu clair.

Le 8, hémoptysie de 80 grammes, après une promenade au jardin.

Auscultation une heure après. — Bourdonnement roulant, rapide, tremblotant, continu. (Glace ; sinapisme aux jambes; looch.)

Ce jeune homme a un tempérament trop irritable; il faut éviter tout ce qui peut l'exciter. Le seigle ergoté, pris pendant deux jours, ne serait-il pas la cause de la nouvelle hémoptysie? Je le crois. Les bains d'Amélie ne sont plus jugés utiles. Je conseille au malade de retourner à Paris ou d'habiter un climat plus doux. (Looch; fraises; un bain tous les jours.)

Résultats de la dynamoscopie. — Malade le 26 mai. Ausculté le même jour : bourdonnement rapide, roulant, rude, égal, régulier, fort, tremblotant, pendant l'hémoptysie; après l'hémoptysie, bourdonnement rapide, roulant, fort, égal, régulier, tremblotant. Le 28, bourdonnement grondant, rapide, doux, égal, régulier. Le 29, bourdonnement moins rapide, doux. Le 30, bourdonnement roulant, fort, vite, baisse, doux, assez petit, vite, égal, régulier. Le 31, bourdonnement un peu roulant, doux, clair, égal, continu. Le 1er juin, bourdonnement doux, non rapide, clair, continu, égal, régulier. Le 4, bourdonnement roulant, rapide, inégal, continu, régulier, un peu clair. Le 8, bourdonnement roulant, rapide, tremblotant, continu.

EMPOISONNEMENT PAR L'EAU DE CUIVRE.

Le poison a été pris à dix heures du soir; on est venu me chercher à deux heures du matin, et la personne ne s'est dite atteinte que de coliques. Le symptôme venant du pouls, et surtout la gravité de l'auscultation dynamoscopique, me firent diagnostiquer un empoisonnement. Cette auscultation révèle des variations extraordinaires dans le bourdonnement : il était rarement fort et roulant; le plus souvent il était nul; quelquefois il apparaissait fort et devenait très-petit, puis disparaissait. Le petillement était excessivement fort et quelquefois très-longtemps absent.

La malade est morte à cinq heures du matin.

MALADIES CHRONIQUES.

Scorbut.

TABLEAU DYNAMOSCOPIQUE DES MALADIES OBSERVÉES.

Ayant eu l'occasion d'étudier attentivement une maladie chronique, le scorbut, pendant la campagne de Crimée, nous nous en servirons comme d'un type, et son étude pourra nous dispenser de l'étude de la phthisie et de bien d'autres maladies chroniques.

I. — Genies (Charles), âgé de 23 ans, scorbut aux jambes,

quelques taches scorbutiques. Malade depuis trois mois. 15 février, bourdonnement continu, petit, peu nourri, égal, régulier; petillement assez fréquent. 21, bourdonnement continu,
grondant, il a marché; petillement fréquent. Sorti en convalescence le 26.

II. — Brigantais (J.-P.), 22 ans. Malade depuis deux mois.
Scorbut à la bouche, taches aux jambes. 16 février, bourdonnement non entendu à quelques doigts; aux autres, bas, petit,
peu nourri, lent. 20, id. Sorti en convalescence le 26. Le bourdonnement est entendu aux autres parties du corps.

III. — Geniès, 34 ans, tempérament sanguin. Malade depuis
deux mois et demi. Scorbut aux jambes, taches qui sortent encore. 17 février, bourdonnement vague, non entendu, petit.
Sur les autres parties du corps, il est le même. 21, Geniès s'est
levé. Bourdonnement grondant, petit, peu nourri.

IV. — Guichard, 29 ans. Malade depuis un mois et demi.
Scorbut à la bouche et aux jambes. 18 février, bourdonnement
roulant, sourd; petillement fréquent. Le bourdonnement, sur
les autres parties du corps, présente les mêmes changements.
24, bourdonnement fort, sonore, mais peu nourri, clair. Sorti
le 26.

V. — Lafont, 24 ans. Diarrhée scorbutique; marasme; quatre mois de scorbut. 22 février, bourdonnement petit, bas,
faible, peu nourri, continu. 5 mars, bourdonnement peu nourri
et grondant. 7, bourdonnement roulant; il baisse, mais ne disparaît pas; il est alors petit, peu nourri, clair. 10, bourdonnement petit, clair, peu nourri. 11, bourdonnement roulant; il
baisse. 12, bourdonnement petit, profond, à ressauts; il disparaît. 16, bourdonnement petit; il baisse et devient insensible.
17 au soir, bourdonnement petit; il baisse et se supprime huit
heures avant la mort.

VI. — Amat, 22 ans. Deux mois de maladie; scorbut aux

jambes, sans taches. 27 février, bourdonnement petit, peu nourri, continu. Sorti le 8 mars.

VII. — Thomas, 24 ans. Deux mois de scorbut à la bouche, aux jambes; œdème des jambes. 27 février, bourdonnement sourd, petit ou non entendu; petillement très-fréquent. On l'entend sur différentes parties du corps.

VIII. — Huffel, 25 ans. Un mois de maladie; œdème général; taches sur tout le corps. 22 février, bourdonnement sonore, métallique, grondant, clair. 24, bourdonnement grondant, sourd et petit; petillement fréquent. Il est entendu sur les autres parties du corps. 29, bourdonnement très-faible, petit, peu nourri. 5 mars, bourdonnement grondant, sonore. Sorti le 20 mars.

IX. — Bardoulat, 25 ans. Malade depuis trois mois. Scorbut aux jambes, à la bouche; diarrhée scorbutique. 1er mars, bourdonnement petit et non entendu, peu nourri. 5, bourdonnement petit, clair.

X. — Pillot, 27 ans. Scorbut depuis deux mois; bronchite. Le 7 mars, bourdonnement petit; il baisse et paraît se supprimer. 8, bourdonnement petit, clair; il baisse, disparaît; petillement nul. Mort le soir à neuf heures, douze heures après l'auscultation.

XI. — Ruffiac, 30 ans. Quatre mois de scorbut aux jambes; pneumonie scorbutique. 1er mars, bourdonnement petit, rapide; il baisse, se ralentit, paraît se supprimer; petillement nul. 8, id. 10, bourdonnement petit, à ressauts, grondant, se mélant; il baisse et est égal; petillement rare. Id., le soir. 11, bourdonnement petit et grondant. 15, bourdonnement roulant, actif, continu. Sorti le 30 mars.

XII. — Frœliger. Trois mois de maladie; diarrhée; épanchement; dernière période du scorbut. 1er mars, bourdonnement roulant, sourd, clair; il baisse et se supprime. 10, bourdonnement continu, grondant. Mort le 20 mars.

XIII. — Pierre, 24 ans. Malade depuis quatre mois; diarrhée scorbutique. 23 mars, bourdonnement fort, sourd, à ressauts. 25, bourdonnement petit, très-faible, éteint. Mort le 26 mars à six heures du matin.

XIV. — Despeaux (Vincent), 24 ans. Trois mois de maladie. Scorbut aux jambes. 27 mars, bourdonnement fort, sourd. 30, bourdonnement petit, scorbutique. 5 avril, bourdonnement roulant, rare. 7, bourdonnement rude, petit, clair. 13, bourdonnement peu nourri. 22, bourdonnement peu nourri. Sorti le 23 avril.

XV. — Gabozit, 22 ans. Malade depuis trois mois; diarrhée scorbutique. 27 mars, bourdonnement petit, profond. 7 avril, bourdonnement grondant, à ressauts; petillement fréquent. 13, bourdonnement petit, scorbutique. Sorti le 8 mai.

XVI. — Thomas, 22 ans. Scorbut depuis 5 mois. 18 avril, bourdonnement scorbutique. 21, bourdonnement roulant, sourd, rapide. 22, bourdonnement roulant, rugueux. 23, bourdonnement roulant, à ressaut. 24, bourdonnement roulant, rapide, tremblotant; il baisse et se supprime. 25 et 26, id. 27, bourdonnement grondant, sourd, tremblotant. 29, bourdonnement petit, éteint dix-huit heures avant la mort.

Nous rapporterons seulement les observations les plus importantes.

Obs. I. — Pillot (Joseph), 27 ans, chasseur à pied, entre le 16 février, salle Saint-Lazare, 7 *bis*. Il vient de Crimée; il y est resté deux mois malade. Il ne peut nous donner que quelques renseignements sur son état actuel. Il tousse beaucoup : c'est une bronchite capillaire entée sur un scorbut. Il a eu le 26 février un point de côté qui l'a fait souffrir horriblement. (Sinapisme; vésicatoire sur le côté.) La toux arrive par quintes, et elle est excessivement pénible. Le malade, ne pouvant pas supporter les toniques ni les antiscorbutiques, va en s'affaiblissant tous les jours ; la maladie et l'amaigrissement progressent à ce point que, le 7 mars, il est dans l'état suivant : sommeil ressemblant à un état comateux ; les traits sont bouleversés ; la face s'hyppocratise ; les ailes du nez se rapprochent ; le malade entend mal, et sa maigreur est extrême. Il tousse de temps en temps, et c'est une toux longue, sans expiration fatigante ; sa langue est mince, humide, rouge-net. Il fait sous lui sans le savoir ; il a une diarrhée très-fétide. Le pouls est tendu comme une corde de violon, roide, 105 pulsations. L'état des muscles est roide, tendu comme des cordes.

Auscultation. — Main gauche : bourdonnement clair, petillant, lent ; il baisse, devient vague ; on croirait qu'il se supprime ; petillement nul.

Le 8 mars au matin à huit heures, il ne s'occupe presque plus de ce qui se passe autour de lui. Le râle de la mort commence. Le pouls est très-irrégulier et presque imperceptible.

Auscultation. — Main droite (on tire les mains de dessous les draps) : bourdonnement excessivement petit, clair, net, filiforme, lent et distinct, et peu après son apparition avec ces caractères, il disparaît et ne reparaît plus ; petillement nul, un semblant parfois. Au médius et à l'annulaire, bourdonnement et petillement nuls. A la région du cœur et au creux épigastrique, on n'entend que le bruit respiratoire et le mouvement du cœur.

Le malade meurt le soir à neuf heures et demie.
Bourdonnement au creux épigastrique dix heures après la mort.

OBS. II. — Ruffiac (François), 30 ans, soldat au 46e de ligne, entre à l'hôpital le 1er mars. Il est parti le 15 février de Constantinople ; il n'y est resté que trois jours ; il a été quatre mois à l'ambulance pour le scorbut aux jambes ; il n'a jamais eu le scorbut à la bouche ; il n'a pas eu de diarrhée. Sur le bateau à vapeur, il a pris un coup d'air qui n'a pas été soigné ; aphonie présumée produite par un état scorbutique de la muqueuse laryngée. L'auscultation de la poitrine ne fait entendre aucun râle ; seulement, à la partie postérieure et à la base, il y a difficulté de la respiration ; on n'entend pas le murmure vésiculaire. Le malade tousse beaucoup, il est affaibli ; il y a 100 pulsations.

Auscultation. — Main droite (indicateur, médius, annulaire) : bourdonnement se rapprochant du timbre normal, continu, d'abord actif, puis lent. En faisant appuyer la main de manière à ce qu'elle soit immobile, le bruit se supprime ; petillement nul.

Main gauche : bourdonnement profond, continu, même timbre. Les extrémités des doigts blanchissent ; le doigt annulaire a un timbre plus élevé, plus distinct que celui des autres doigts ; petillement nul.

Le 8 mars, même état.

Auscultation. — Main gauche : bourdonnement clair, fort, actif ; petillement nul. Si le malade repose sa main sans faire attention, le bourdonnement n'est plus aussi fort.

10. Le malade est allé deux fois à la selle ; la voix est toujours affaiblie ; il conserve assez d'embonpoint. Les crachats ne sont pas aussi rouge-noir. Il en a rempli tous les draps ; ils sont plus muqueux, liés, quoique verdàtres. Sur les bords, la langue est dépouillée et rosée sur le milieu ; elle est un peu blanche, avec un pointillé rouge au milieu. Il n'a pas de fièvre. Pouls ni fort, ni faible, assez mou, 80 pulsations. Le malade n'a pas de voix ; il est un peu sourd ; il tousse. Les ailes du nez sont un peu blanches.

Auscultation. — Main droite : Indicateur, bourdonnement grondant, timbre *do ;* il n'est pas également fort, il y a des renforcements. Médius, bourdonnement ayant les mêmes caractères, peut-être un peu plus uniforme. Annulaire, bourdonnement plus évident que dans les autres doigts, il est grondant. Écouté avec attention, le bourdonnement étant d'abord grillonnant et fort, devient moins évident; alors il est plus lointain et paraît uniforme, et cela pour reparaître; petillement nul.

Main gauche : Indicateur, bourdonnement petit, profond, timbre musical, uniforme; petillement nul. Médius, bourdonnement plus évident, se rapprochant du timbre grondant. Annulaire, les caractères du bourdonnement sont remarquables, d'abord grillonnant, sautillant, ni lent, ni vite, il passe au caractère continu, égal, et alors il baisse, devient plus lointain ; cela se reproduit plusieurs fois et sans intervalle fixe, timbre *do ;* petillement rare, simple.

Il s'est donc produit un commencement de perturbation dans l'auscultation, auquel on doit faire attention.

Le soir, deux selles. La langue est dépouillée ; nulle souffrance; crachats muqueux; pas de toux. Le malade voudrait, mais ne peut dormir.

Auscultation. — Main gauche : Indicateur, bourdonnement évident, de même caractère que le matin; il y a des moments où il est plus fort. Médius, id. Annulaire, bourdonnement plus soutenu que le matin; il y a pourtant de légères variations, il est moins fort; petillement nul.

Le 11 au soir, le malade a passé une assez bonne journée; il a toussé un peu; crachats muqueux; pas de douleur locale; pouls régulier, sans fièvre.

Auscultation. — Main droite : Indicateur, bourdonnement fort, mugissant; il faiblit et reste bas. Médius, id. ; petillement double, multiple. Annulaire, bourdonnement grillonnant et constant.

Main gauche : bourdonnement clair, petillant, assez uniforme, non actif.

Le 12 mars, le malade est couché sur le côté ; il va rarement à la selle.

Auscultation. — Main gauche : Indicateur, bourdonnement mugissant, fort, puis il faiblit un peu et se maintient faiblissant. Médius, bourdonnement fort, caractère grillonnant ; petillement rare, simple. Annulaire, bourdonnement également fort.

Du 13 au 15 mars, l'amélioration commence à se faire sentir.

Le 15, le malade ne tousse presque plus ; les crachats sont rares, muqueux, verdâtres. L'auscultation de la poitrine ne fait presque rien entendre. Le vésicatoire est sec. Le malade parle mieux ; les jambes le font souffrir.

L'aphonie est moins complète.

Auscultation. — Main droite : Indicateur, bourdonnement mugissant, continu, égal. Médius, le bourdonnement est plutôt roulant ; il y a une différence entre le mugissant et le roulant : l'un est continu, avec un cri aigu et égal, uniforme ; l'autre a un cri moins aigu et moins uniforme. Annulaire, bourdonnement égal ; petillement rare et nul.

Main gauche : Indicateur, bourdonnement actif, roulant, continu, égal ; petillement presque nul. Id. au médius et à l'annulaire.

Sorti le 30 mars.

Obs. III. — Pierre est entré à l'hôpital de la Citadelle le 12 mars. Il est observé le 23. Il présente les caractères suivants : quatre ou cinq selles par jour ; ses traits sont profondément altérés ; il a la parole difficile et lente ; il entend difficilement ; le pouls est petit, fréquent, le ventre assez mou. Il règne sur l'avant-bras une inflammation phlegmoneuse.

Auscultation. — Bourdonnement fort, sourd, ni rare, ni rapide, quelques ressauts.

25 mars. L'affaiblissement est progressif et profond. Le pouls est irrégulier, petit, profond.

Auscultation. — Bourdonnement petit; il baisse beaucoup, est superficiel, éteint.

Mort le 26, à six heures du matin.

Auscultation à quatre heures du matin. — Pas de bourdonnement à l'extrémité des doigts; il est très-faible au creux épigastrique, entre les fausses côtes; il devient évident à la région précordiale du côté droit seulement.

A midi, le bourdonnement n'existe plus à l'extrémité des doigts ni au pli du coude; mais il est encore fort évident à la région précordiale du côté droit, et un peu sur les parties latérales du cou.

M. le professeur Fuster, qui a bien voulu me suivre dans cette expérience, a pu constater que le bourdonnement existait encore à la région précordiale.

A quatre heures du soir, le bourdonnement n'existe pas à l'extrémité des doigts, ni au pli du coude, ni sur le trajet des carotides, ni sur le crâne, ni sur le côté gauche du thorax; il est excessivement petit, profond, et s'éteint du côté droit.

Le lendemain à sept heures du matin, bourdonnement nul partout.

Obs. IV. — Thomas, 22 ans, entré le 13 avril, est atteint de scorbut aux jambes depuis cinq mois. Il a passé ce temps dans les ambulances et dans les hôpitaux. La diarrhée l'a émacié au point qu'il ne lui reste plus que les os. C'est la seconde fois qu'elle reprend; il a un peu de fièvre; le pouls est fréquent. Le malade mange pourtant avec appétit; il n'a pas de céphalalgie; il ne se plaint pas, il est gai; quatre selles le 18 avril.

Auscultation. — Bourdonnement si petit, si faible, qu'il est à peine perceptible; il est peu nourri. C'est le scorbut à sa dernière période.

21. Peau chaude, pouls fébrile. Le malade est plus mal que la veille; il s'est levé deux fois seulement; pas de coliques.

Auscultation. — Bourdonnement roulant, sourd , éloigné, d'une uniformité imparfaite, continu, rapide.

22. Le malade a la langue très-sèche, sans fuliginosités; il a une grande soif; il ne souffre pas du tout; la peau est chaude, aride, sèche; le pouls fréquent, plein, fort.

Auscultation. — Bourdonnement roulant, sourd, masqué par un petillement des plus fréquents, éclatant. Le roulement offre un caractère particulier : ce n'est pas l'uniformité du roulement, ni la titubation du tremblotement.

23. Le malade a déliré; il n'est pas allé à la selle depuis hier midi ; langue sèche, mais moins que la veille ; il ne tousse pas; la tête lui tourne; il n'y voit pas, ce qu'il attribue au sulfate de quinine. Il est d'une maigreur excessive. Le pouls est petit, fréquent.

Auscultation. — Bourdonnement roulant, sourd, à ressauts, un peu obscur. Une heure après, en présence de M. Fuster, bourdonnement roulant, comme s'il y avait rebondissement; il est continu, assez fort.

24. Le malade a la langue moins sèche; il répond avec beaucoup de lucidité aux questions qu'on lui adresse ; il délire souvent; il n'a pas de diarrhée; il ne tousse pas, mange beaucoup; pouls petit.

Auscultation. — Bourdonnement roulant, rapide; parfois ce sont des tremblotements, et ces tremblotements l'emportent sur l'uniformité ; il baisse et on dirait qu'il se supprime.

25. La langue est sèche vers le fond et un peu humide à la pointe; le malade est sourd ; il délire la nuit. Ses idées ne sont pas très-claires; pas de coliques; il ne toussse pas. Le pouls est petit, tendu, fréquent, **75** pulsations.

Auscultation. — Bourdonnement roulant, sourd, rapproché, tremblotant, à tic tac, rare, baisse, devient obscur, très-sourd et reste tremblotant. Il ne disparaît pas.

26. Le malade est toujours assoupi ; la langue est complétement sèche, sans fuliginosités ; elle est épaisse ; il est sourd. Le pouls est fréquent, 85 pulsations, petit, tendu, moins cependant que le jour précédent. Le malade est très-maigre ; il n'est pas allé à la selle hier ; il ne tousse pas.

Auscultation. — Bourdonnement rude, à ressauts, il baisse et se supprime, reprend de suite ; il n'est pas rapide ; il y a quelques essais de tremblotements, et ils sont en général vagues.

27. Le malade a toujours soif ; il n'a pas de diarrhée ; il est continuellement assoupi ; la respiration se fait bien ; la langue est sèche ; pas de toux ni de coliques. Le pouls est très-petit, très-dépressible, fréquent.

29. La diarrhée a recommencé hier ; il fait sous lui ; on le change trois fois ; la langue est sèche, mais elle est moins épaisse ; le malade est complétement sourd ; il boit très-souvent ; pas de céphalalgie ; il ne se plaint pas dans la journée ; il n'a pas dormi la nuit. Pouls plus fréquent et un peu plus développé

Auscultation. — Bourdonnement petit, profond, très-faible ; il semble vouloir disparaître, peu nourri. On ne l'entend que très-peu dans le lointain.

Mort le 30 avril, à trois heures du matin.

Auscultation à sept heures du matin. — Bourdonnement évident aux bras, à la poitrine, à la région précordiale, absent aux jambes.

A cinq heures du soir, bourdonnement nul partout.

Obs. V. — Lafont (Jean), fusilier au 73e de ligne, 24 ans, est resté un an à Sébastopol; il a eu le scorbut deux fois; la première fois, le scorbut étant léger, il a été soigné à l'ambulance, où il est resté deux mois; la seconde fois, quinze jours après, guérison. Il est entré à l'ambulance le **15** décembre **1855**, a été évacué sur Constantinople et est parti le **5** janvier. Arrivé en France le **17**, la diarrhée l'a pris sur le bateau; depuis lors, il a été régulièrement six fois par jour, et rien n'a pu arrêter l'amaigrissement.

10 février. État actuel : La figure est d'une couleur brune basanée; le malade a les yeux enfoncés légèrement dans les orbites. Il est amaigri, la peau est collée contre les os; les extrémités sont émaciées; il a conservé de l'appétit; la langue n'est pas rouge, elle est lancéolée, d'une couleur rosée, sans excès de coloration. Il va toujours quatre, cinq et six fois par jour à la selle, et c'est une diarrhée qui est déterminée par des coliques.

Auscultation. — Main droite : bourdonnement ordinaire, doux, continu; petillement quelquefois simple, fort, doux, rare.

Main gauche : bourdonnement ordinaire, un peu plus bas que de l'autre côté.

23. Le malade est allé quatre fois à la selle en diarrhée provoquée par des coliques. Même état.

Auscultation. — Main droite : bourdonnement légèrement mugissant, continu; petillement (au médius), bruit de relàchement.

Main gauche : bourdonnement id.; petillement rare et de relàchement.

5 mars. La diarrhée continue; elle est plus forte; le malade est allé hier quinze fois à la selle et trois fois dans la journée. Il est excessivement amaigri, pourtant la figure n'est pas aussi mauvaise que les jours précédents. Le pouls n'est pas d'une égale fréquence, **82** pulsations, il est petit.

Auscultation. — Main droite : Indicateur, bourdonnement lent, normal, continu, ordinaire; petillement nul; même résultat au médius et à l'annulaire.

Main gauche : bourdonnement lent, grondant, profond, normal; petillement nul.

7. La figure semble meilleure, la coloration en est moins terne. Il va à la selle un grand nombre de fois; maigreur excessive. L'appétit se conserve; les jambes sont roides, décharnées; les muscles de la cuisse sont tellement amaigris, que leur volume total est réduit à sa plus simple expression.

Auscultation. — Main droite : bourdonnement non complétement uniforme, car il est fort, baisse et ne disparaît pas complétement; le timbre est grave, lent; petillement quelquefois simple et clair.

Main gauche : bourdonnement plus uniforme ; moins évident, continu, lent; petillement triple, clair.

10. Maigreur considérable ; le malade est allé quatre fois à la selle ; coliques violentes, presque incessantes, qui sont surtout provoquées par la boisson. C'est pour cela que le malade boit peu (un pot par jour). Il mange avec appétit; il voudrait manger davantage. Pouls 95.

Auscultation. — Bourdonnement évident, petit, timbre *do*, clair, doux, égal ; petillement nul.

11 au soir. — Le malade a des coliques si violentes, qu'il se désole, se désespère et voudrait être mort depuis longtemps.

Auscultation. — Bourdonnement assez clair, roulant; il baisse, mais ne se supprime pas; il est très-faible et clair à l'annulaire.

12. Il y a eu trois selles dans la nuit ; les coliques ne sont pas aussi violentes. Pouls 90.

Auscultation — Bourdonnement continu, petit, éloigné. On ne l'entend pas à l'annulaire.

Le soir, le malade a un peu saigné du nez; il parle avec assez de force. Sa figure devient plus nette ; il n'est allé qu'une fois à la selle depuis le matin ; peu de coliques. (Deux cuillerées de gelée de lichen ; six cuillerées de vin; tisane d'orge, 1,500 grammes ; vin, 300 grammes ; sous-nitrate de bismuth, 75 centigrammes toutes les demi-heures.

Auscultation. — Indicateur : bourdonnement très-petit, profond, continu ; il est sautillant, rappelle le tic tac d'un moulin ; il persiste et semble tremblotant, s'efface parfois, car il est masqué par le pétillement, qui devient très fréquent. Médius : après s'être fait entendre clairement, le bourdonnement disparaît. En retirant le dynamoscope, on voit le doigt pâle, blanc. Creux épigastrique : le bourdonnement est fort, petit, très-obscur, profond. Les bruits du cœur ne sont pas entendus.

14. Le malade dit que les douleurs de ventre commencent ordinairement à cinq heures du soir et durent jusqu'à minuit, en déterminant de nombreuses selles.

15. Il y a eu au moins vingt selles. (Traitement au bismuth.)

16. Toujours le même affaissement ; le malade est couché sur le côté droit ; il est allé huit ou dix fois à la selle, et ne rend que des vents ; il ne peut transpirer.

Auscultation. — Indicateur : bourdonnement continu, petit, il baisse et devient insensible. On ne l'entend presque pas au médius et à l'annulaire.

Le soir, le malade va de plus en plus mal. Le pouls est de plus en plus petit, 100 pulsations.

Auscultation. — Bourdonnement continu, petit, profond ; il donne la sensation qu'il se termine.

17 au matin. Même état ; le malade se plaint beaucoup d'une

grande chaleur à la bouche qui l'empêche d'avaler ; il a des coliques, et ne rend que des vents.

Le soir, le malade est couché sur le côté droit ; il est très-affaibli. Pouls 150, irrégulier, inégal, fréquent, petit.

Auscultation. — Bourdonnement extrêmement petit, faible, puéril, éloigné ; il faiblit de plus en plus et se supprime, et cela en s'affaiblissant et en donnant la sensation de sa disparition.

Mort à minuit.

Auscultation douze heures et demie après la mort. — Il y a encore, à la région précordiale seulement, un peu de chaleur ; le bourdonnement est supprimé partout.

Autopsie. — Poumon droit : adhérences avec le diaphragme ; il est sain, mais il est tout ratatiné et petit. Poumon gauche : il y a un peu de stase sanguine ; il est perméable à l'air.

Infiltrations sanguines aux muscles de l'abdomen.

Foie sain ; cœur petit, ratatiné, exsangue et violacé.

Les intestins n'ont pas d'altérations ; ils sont blancs et sans autre chose que des gaz.

Ainsi, on ne trouve, dans ce cadavre, rien qui puisse révéler la cause de la mort. Il y a une émaciation extrême, et pas autre chose.

La roideur cadavérique a commencé.

Nous divisons nos malades en deux catégories :

Dans l'une, nous considérons les malades chez lesquels le scorbut est seul, sans complication d'affections locales, telles que diarrhée, pneumonie, hydropéricarde, etc. ; tels ont été les nommés Genies, Brigantais, Guichard, Amat, Thomas, Huffel, Despeaux, Gabozit. Le bourdonnement, chez tous ces malades, a offert en général un fond qui est le même. Ce bourdonnement a pour caractère d'être petit, profond, souvent vague, lent, peu nourri, clair, rare, égal, continu, régulier. Tous ces caractères réguliers forment le bourdonnement que nous appellerons *scorbutique*. Souvent le bourdonnement scorbutique est remplacé par un autre bourdonnement qui est fort, grand, sonore, ou sourd, rare, égal, continu, régulier ; il est aussi peu nourri : nous l'appellerons *bourdonnement grondant*.

Il est surtout bien distinct, et se montre presque toujours alors que le malade a marché. Si le bourdonnement grondant est rapide, il coïncide avec de la fièvre. Le bourdonnement roulant peut se montrer quelquefois. Le petillement s'est montré fréquent.

Dans la deuxième catégorie, nous trouvons le scorbut uni à une affection locale grave. Nous avons pour exemples : Bardoulat, Ruffiac, Lafont, Frœliger, Pierre, Pillot. Chez eux, la complication est une diarrhée qui les conduit au marasme et à la mort. Le bourdonnement offre alors de grandes variations : il est tantôt petit, scorbutique, tantôt roulant, rapide. Quelques jours avant la mort, il paraît être petit, baisser et se supprimer, caractère qu'il garde jusqu'à la huitième heure avant la mort.

Si la complication ne conduit pas le malade à la mort, le bourdonnement a un peu plus de force, et s'il baisse et se supprime, on trouve, on sent qu'il peut se relever ; mais on ne peut rien préjuger avec certitude : il faut attendre la confirmation de l'expérience. Du reste, à mesure que le malade se rétablit, le bourdonnement reprend son uniformité, qui conserve toujours le cachet scorbutique.

Le bourdonnement seul, sans l'ensemble des caractères de la maladie, donne bien une résultante ; mais que de fois se tromperait-on si l'on s'en tenait à ce seul signe !

Cette réflexion est surtout vraie dans les états chroniques ; car la faiblesse du bourdonnement ne permet pas de juger aussi bien l'état des forces.

Névroses.

NÉVRALGIES, CONVULSIONS.

Obs. — Mlle X..., atteinte d'une névralgie du temporal et du nerf dentaire gauche, est en proie à la plus vive souffrance, et le dynamoscope, appliqué sur le trajet du facial, fait entendre un bourdonnement très-fort et quelques petillements rares.

CONVULSIONS.

Obs. — L'enfant D..., à la suite d'un coup violent, est pris de convulsions si fortes, qu'il en meurt au bout de quinz eheures.

Le bourdonnement a été supprimé à l'extrémité des doigts pendant presque tout le temps des convulsions; s'il a paru, ce n'a été qu'à de rares intervalles. Le petillement était incessant et très-fort. Après la mort, le bourdonnement est perceptible à l'extrémité des doigts, mais d'une faiblesse extrême, peu nourri et éteint.

CONVULSIONS ÉCLAMPTIQUES.

Obs. I. — Mme M... a été prise, après l'accouchement, de convulsions puerpérales. J'arrive après la cinquième. L'auscultation dynamoscopique me fait entendre le bourdonnement à gauche et non à droite. Une saignée est pratiquée, et il n'y a pas d'amélioration. Après les sixième et huitième convulsions, le bourdonnement est le même. Je fis mettre vingt sangsues du côté gauche et le long de la colonne vertébrale. Il n'y a plus eu d'attaque, et la malade a guéri. Le bourdonnement s'est rétabli des deux côtés.

Obs. II. — J'ai été appelé en consultation par un confrère pour un jeune dame éclamptique et non accouchée. Malgré la terminaison de l'accouchement par le forceps, malgré tous les soins possibles, il n'y a pas eu d'amélioration, et la malade est restée dans le coma le plus complet. Le bourdonnement a suivi des variations extrêmes; la plupart du temps, il y a eu paralysie à droite, et absence de bourdonnement. On ne l'entendait pas non plus à la main gauche non paralysée; cependant le bourdonnement est revenu petit, profond, jusqu'à sa disparition complète, qui s'est manifestée à l'agonie de la malade.

CONVULSIONS HYSTÉRIQUES.

Parmi les nombreuses attaques d'hystérie que j'ai observées à l'aide du dynamoscope, je n'en ai pas trouvé une seule qui fût semblable au point de vue du bourdonnement. Il peut être absent ou présent à l'extrémité des doigts, et il peut subir toutes les variations et toutes les nuances connues. Il est assez constant de remarquer un bourdonnement énorme au point où l'on écoute : c'est en général au creux de l'estomac.

Apoplexie.

PARALYSIE CONSÉCUTIVE A L'APOPLEXIE CÉRÉBRALE.

(Voir plus haut, à l'apoplexie cérébrale, page 220.)

Paralysie saturnine.

Obs. — Bouchet (Pierre), âgé de 43 ans, né de parents aisés, a fait son éducation à Clermont-Ferrand. Il s'engagea et resta trois ans au service. Il apprit ensuite l'état de fondeur en caractères d'imprimerie, en 1838. Vers la fin de l'année 1855, il dirigeait une fonderie typographique, lorsqu'il fut pris de coliques dites saturines. Traité avec beaucoup d'habileté, il guérit; mais, au commencement de janvier 1856, il sentit qu'il perdait l'usage du côté gauche. Rien n'a pu entraver la marche de la paralysie. Les soins de M. Métru, docteur à Nîmes, qui l'a traité par les pilules de strychnine jusqu'à ce qu'elles déterminassent des secousses involontaires, n'ayant amené aucune amélioration dans son état, il se décida à venir consulter à Montpellier.

État actuel : Le malade présente une constitution forte, vigoureuse ; ses traits ne sont pas altérés. Il digère bien ; les coliques n'ont plus reparu depuis deux mois ; il ne tousse pas et urine sans difficulté. La paralysie est d'autant plus grande, qu'elle va de l'extrémité des membres à la racine : ainsi, sensibilité assez prononcée aux doigts de la main, excepté à l'indicateur et au pouce, qui sont insensibles. La sensibilité devient obtuse à l'avant-bras ; elle est nulle au bras. Il éprouve une légère sensation si on le pince à l'avant-bras ; mais il ne ressent rien au bras. Il ne peut nullement se servir de ce membre. Les mêmes observations comparatives sont applicables au membre pelvien gauche, avec cette différence que le degré d'intensité de la paralysie est toujours d'un degré moindre. Aussi peut-il marcher en sautillant pendant quelques minutes. La poitrine, du côté gauche, se ressent de la paralysie, car la sensibilité y est moindre. Le ventre n'est pas changé, la face non plus, si ce n'est que l'un des yeux a moins de lucidité que l'autre ; c'est l'œil gauche ; la vue y est confuse et la pupille est un peu plus dilatée que dans l'œil droit.

Auscultation. — Main droite : on n'entend pas le bourdonnement à tous les doigts ; le petillement y est multiple, clair, évident ; il est beaucoup plus évident à l'annulaire que partou^t ailleurs. Le creux de la main fait entendre un bourdonnement et un petillement vagues. Le bourdonnement est nul au pli du coude et à l'épaule.

Main gauche : l'indicateur et le pouce n'ont pas de bourdonnement, ou s'ils l'ont, il est vague ; le petillement est avorté, obscur, sourd ; le médius fait entendre le bruit de bourdonnement, ainsi que l'annulaire ; on n'entend au petit doigt qu'un petillement très-vague.

Auscultation dix minutes après. — Main droite : bourdonnement entendu, puis retenu, petit ; petillement fort, éclatant et mou ; au médius, bourdonnement continu, clair, ordinaire ; petillement fort, éclatant, simple ; à l'annulaire, bourdonnement fort.

Main gauche : bourdonnement entendu, petit, profond à tous les doigts ; le petillement est celui de relâchement ; bruit nul au creux de la main, au pli du coude et sur l'épaule. Pas de bourdonnement aux membres pelviens droit et gauche, ni aux jambes, ni aux pieds. On l'entend obscurément sur les deux cuisses. A la tête, le bourdonnement est clair, évident, surtout au côté droit du crâne ; il ne l'est pas au côté gauche.

Le 25 février au soir, le malade a eu deux selles copieuses ; il est moins fatigué de la tête que la veille. Rien à noter.

Auscultation. — Main droite : à l'indicateur et au médius, bourdonnement clair, petit, évident, continu, petillement rare clair, simple. (Il faut que la cavité du dynamoscope ne soit pas trop grande). On n'entend pas de bourdonnement à la main paralysée ; pas de petillement.

Le 26, même état que la veille. Prescription : deux rôtis ; limonade sulfurique.

Auscultation. — Main droite : bourdonnement évident, clair, petit ; petillement quelquefois fréquent et fort clair.
Main paralysée : bourdonnement excessivement vague, peu défini. L'expérience est soumise à la vérification de MM. Boutin, Bouvier, Comperaty, étudiants en médecine. M. Bouvier trouve le bourdonnement du côté droit et non du côté paralysé. Il semble à M. Boutin que du côté gauche, côté paralysé, il y a une grande différence avec le côté normal ; mais il entend un bruit éloigné, sourd, qui lui rappelle le bourdonnement. Ainsi, j'ai le certitude d'avoir bien expérimenté.

Les 27 et 28, même état. Pas d'auscultation.

Le 6 mars, le malade est dans le même état; paralysie du mouvement et du sentiment du côté gauche. Il marche dans la journée autant qu'il le peut. (Deux cautères sur la région dorsale ; frictions sur les bras et les jambes avec la teinture de cantharides, 15 grammes, affaiblie par l'alcool, 32 grammes.

Auscultation. — Côté paralysé : bourdonnement excessivement petit ; il faut une grande habitude pour l'entendre, et encore est-il nul au médius et à l'annulaire ; le petillement est petit, simple, grinçant. A la tête, rien n'est entendu, ni au membre pelvien, ni au pied. Au tibia, bruit vague ; à la euisse et aux mollets, il est évident.

Côté non paralysé : bourdonnement évident, lent, timbre bas et grave; petillement petit, simple, grinçant. Bourdonnement nul à la tête; nul au membre pelvien, au tibia, au péroné, à la cuisse, au mollet.

Résultats de la dynamoscopie. — Malade entré à l'hôpital le 25 février. Ausculté le même jour : Main droite : le bourdonnement n'est pas entendu à tous les doigts ; petillement multiple, clair, évident. Main gauche, pas de bourdonnement à l'indicateur et au pouce, ou bien il est vague ; petillement avorté, obscur, sourd. Dix minutes après, main droite, bourdonnement entendu, retenu, petit; petillement fort, éclatant et mou ; au médius, bourdonnement continu, clair, ordinaire; petillement fort, éclatant, simple ; à l'annulaire, bourdonnement fort; main gauche, bourdonnement entendu, petit, profond à tous les doigts ; petillement de relâchement. Le soir, main droite, à l'indicateur et au médius, bourdonnement clair, petit, évident, continu ; petillement rare, clair, simple; bourdonnement nul à la main paralysée; pas de petillement. Le 26, main droite, bourdonnement évident, clair, petit ; petillement fréquent et fort clair ; main paralysée, bourdonnement vague, peu défini. Le 6 mars, côté paralysé, bourdonnement excessivement petit ; petillement petit, simple, grinçant ;

côté non paralysé, bourdonnement évident, lent, timbre bas et
grave ; petillement petit, simple, grinçant.

PARALYSIE COMPLÈTE DU MEMBRE SUPÉRIEUR GAUCHE, PAR COMPRESSION SUR LE PLEXUS BRACHIAL,

Obs. — Germain Barre, manœuvre, âgé de 21 ans, avait été
renversé par un éboulement de terre en 1854. Cette chute
produisit une luxation dans l'articulation scapulo-humérale
gauche. Un an après, il est entré à l'Hôtel-Dieu-Saint-Jacques
de Toulouse, salle Saint-Lazare, n° 22. Cette luxation, non réduite à l'origine, et à présent trop ancienne pour essayer de la
réduire, avait amené une paralysie complète de tout le bras,
de l'avant-bras et de la main du côté gauche, avec atrophie
générale. Le mouvement était complétement aboli, et pour
donner une idée de la perte de la sensibilité, il nous suffira de
relater que le malade ne sentait rien, soit qu'on le pinçât avec
les doigts, soit qu'on se servît d'une pince à pansement en ser-
rant le plus possible ; une bougie de cire allumée peut seule y
produire une douleur assez forte.

Dans les expériences des 14, 15, 16, 17, 26, 29 août 1855,
expériences qui ont le plus contribué à me décider à l'étude du
bourdonnement, j'ai toujours constaté que le côté non paralysé faisait entendre distinctement le bourdonnement et le petillement ; mais le côté paralysé n'a jamais permis d'entendre
plus de bruit qu'un bâton placé dans mon oreille.

On peut donc, d'après la seule connaissance du bourdonnement, établir différents degrés de paralysie.

La paralysie complète est remarquable par l'absence totale
du bourdonnement et du petillement.

La paralysie incomplète a des degrés très-nombreux : c'est

l'échelle de ces degrés qu'on ne sent bien qu'avec l'étude approfondie du bourdonnement et du petillement. En effet, de l'absence totale du bourdonnement et du petillement à sa production normale, que de variantes ! On l'entend se manifester ici ; là il ne se produit pas toujours ; ailleurs il se produit, mais il est petit, obscur. Dans une foule d'autre cas, il se rapproche davantage du bourdonnement normal.

Non-seulement le bourdonnement donne la mesure du degré de la paralysie, il fournit encore un moyen précieux de connaître le meilleur traitement à suivre pour amener la guérison. Le tableau suivant servira de preuve à cette assertion.

Tableau d'observations prises pendant l'application de l'électricité aux parties paralysées.

NOMS ET PRÉNOMS.	DÉSIGNATION.	JOURS OBSERVÉS.	PARTIES AUSCULTÉES ET CHANGEMENTS dans le CARACTÈRE DU BOURDONNEMENT.
BARRE (Germain).	Paralysie complète du membre supérieur gauche.	19, 20, 21 août 1855.	*Bras paralysé.* — Auscultation des mains avant, pendant et après l'électrisation, bourdonnement nul; petillement nul. *Bras non paralysé.*—Bourdonnement normal; l'application de l'électricité le rend roulant, plus fort; et après l'électrisation, le bourdonnement reprend bientôt son caractère normal.
BOUCHET (Pierre).	Paralysie saturnine incomplète du côté gauche.	7 juin.	*Côté non paralysé.*—Bourdonnement normal. L'application de l'électricité l'augmente; petillement fréquent. *Côté paralysé.*— Bourdonnement petit, vague, peu nourri avant l'application de l'électricité. Pendant l'électrisation, il devien fort, rapide, roulant. Après l'application, il reste un instant roulant, baisse et reprend son timbre normal.

Cette simple ébauche de paralysies, dans lesquelles nous
ajouterons les paralysies par suite d'hémorrhagie cérébrale,
et la paralysie qui survient après les angines couenneuses, nous
prouve combien est variée cette étude, et combien l'application de la dynamoscopie est étendue. On pourrait établir de là
que le bourdonnement doit diriger les applications de l'agent
électrique dans les paralysies.

CHAPITRE II.

DE LA DYNAMOSCOPIE A LA SURFACE
DU CORPS.

RÈGLES PARTICULIÈRES.

Règles relatives au malade. — Les régions que l'on ausculte doivent être à nu ; le moindre vêtement peut empêcher l'audition du bourdonnement. On comprend qu'un bruit très-léger comme celui-ci soit arrêté dès qu'il rencontre un obstacle, quelque petit qu'il soit. Si le bourdonnement est net et évident à l'extrémité des doigts, même pour les personnes qui ne l'ont jamais entendu, il n'en est pas de même à la surface du corps, où il faut de l'habitude pour l'entendre. Il est nécessaire que le malade soit couché horizontalement. Il est des régions du corps où il est très-difficile d'entendre le bourdonnement, à l'extrémité des doigts du pied, par exemple, et sur les parois du ventre.

Règles relatives au médecin. — Le médecin devra s'habituer à ausculter des deux oreilles, afin qu'il puisse écouter la partie antérieure du malade avec une oreille, et la partie postérieure avec l'autre.

L'auscultation ne peut être pratiquée ici que médiatement, à l'aide du dynamoscope. Les phénomènes acoustiques ont besoin d'être conduits dans l'intérieur de la première chambre auditive, tout près du tympan, sans cela ils ne sont pas perçus, à cause de la faiblesse et de l'importance relativement plus grande des bruits qui, venus de tous côtés, remplissent sans cesse le pavillon. Le dynamoscope est ici un instrument indispensable.

Dynamoscope appliqué à la surface du corps. — Il se compose d'un cylindre plein en liége, long de dix à douze centimètres, dont la base est plus large que le corps, pour s'appliquer sur les parties que l'on veut ausculter, et le sommet plus étroit pour pénétrer dans l'oreille. Une enveloppe en argent ou en aluminium recouvre le tout. Cette chemise est nécessaire pour empêcher le frottement du liége contre les parois de l'oreille, dont le contact peut déterminer de l'inflammation et des abcès, comme cela nous est arrivé.

A représente un dynamoscope de liége,

et B une chemise d'argent ou d'aluminium.

Dès que le dynamoscope est placé, le médecin doit retirer sa main, afin qu'il ne perçoive pas son propre bourdonnement ; le placer perpendiculairement sur la surface de la région, et prendre pour point d'appui cette même région et sa propre oreille. Il aura soin de ne pas trop presser ; une forte pression nuirait au malade, au médecin, et empêcherait l'audition du bourdonnement.

Le silence le plus absolu doit régner autour du malade, car le moindre bruit, soit de l'intérieur, soit de l'extérieur, efface ou diminue le bourdonnement, qui, à la surface du corps, est presque toujours excessivement faible et exige l'habileté d'une oreille exercée pour le suivre. Avec de l'exercice seulement, on s'habituera à ne plus entendre autre chose que le bourdonnement.

Le dynamoscope de liége doit toujours être préféré pour la surface du corps. Pour se convaincre de son importance, on prend deux dynamoscopes, l'un de liége, l'autre d'acier. On place l'instrument de liége contre une muraille ou un corps inerte, et on arrive facilement, en tâtonnant, à n'entendre aucune espèce de bruit : on le touche avec un des doigts de la main, le bourdonnement surgit ; on lève le doigt, le bourdonnement disparaît, et ainsi de suite chaque fois que l'on recommencera l'expérience. Cela prouve que le bourdonnement est transmis par le doigt vivant qui touche l'instrument. Avec le dynamoscope d'acier ou de métal, on cherche, en l'appuyant contre un corps inerte, le point où le bourdonnement n'est pas entendu; mais on n'y arrive presque jamais. La pression que doit faire l'oreille pour retenir l'instrument contre le corps inerte est-elle faible, l'instrument perd l'équilibre et s'échappe de l'oreille. Est-elle forte, le bourdonnement du pavillon de l'oreille est transmis à l'ouïe, et l'on ne peut rester convaincu que le bourdonnement du doigt qui touche l'instrument vient de la main, ou du corps inerte, ou du fond de l'oreille.

Cette application du dynamoscope trouve son usage pendant la vie et après la mort; les règles particulières que nous venons de tracer peuvent servir dans les deux cas.

Phénomènes physiologiques. — Le bourdonnement est un fait constant à la surface du corps.

Il y a des régions où il est masqué par d'autres bruits plus forts. Les parties molles et épaisses ne sont pas favorables à l'audition du bourdonnement; les parties osseuses semblent être de bons conducteurs. Ainsi le bourdonnement est moins fort à la cuisse que sur le trajet du tibia.

Le bourdonnement, qui atteint son maximum d'intensité à l'extrémité des mains, n'est presque jamais entendu aux doigts des pieds.

Le bourdonnement a le même timbre partout, et ce cachet le distingue facilement de tout autre bruit. Une oreille un peu exercée le reconnaîtra de suite. Il fait entendre seulement une note plus ou moins grave ; il est plus ou moins facile à entendre.

On peut quelquefois, à l'état physiologique, remarquer une différence entre le bourdonnement du côté droit et le bourdonnement du côté gauche.

Phénomènes pathologiques. — Toute action morbide, locale, exalte le bourdonnement dans la région malade ; il acquiert de suite une intensité considérable qui indique la force de l'activité de l'état pathologique. La rapidité et l'intensité du bourdonnement existent toujours avant la formation du pus dans un abcès ou dans un phlegmon. Lorsque le produit de l'altération du sang ou des humeurs se dessine ou se fixe, la force du bourdonnement domine, car l'action vitale cesse de s'y porter et de s'exciter.

Thorax. — Il n'est pas un médecin qui, depuis l'application de l'auscultation aux maladies de poitrine, n'ait entendu le bruit rotatoire de Laënnec.

M. Piedagnel, qui l'a étudié particulièrement, en a fait un signe d'après lequel on pourrait diagnostiquer sûrement une fluxion de poitrine, et agir, par suite, avant la détermination des symptômes qui sont propres à cette maladie.

Le bruit rotatoire n'est autre chose que le bourdonnement. Je l'ai entendu souvent, car il est quelquefois si fort, qu'il masque tous les bruits pulmonaires, et je n'ai jamais pu arriver à une conclusion rigoureuse de sa définition. Je l'ai constaté au début des pneumonies et dans leur cours, au début des pleurésies et dans leur cours, dans les bronchites, et même sans lésion appréciable quelconque. Cependant, lorsque le bourdonnement est assez fort pour être remarqué aussitôt qu'on ausculte la poitrine, on doit penser qu'un travail morbide se fait, sans pouvoir pourtant bien désigner sa nature.

Abdomen. — Toutes les fois qu'une maladie aiguë, rapide,

siégera dans le ventre, y développera de la tension, du gonflement et de la douleur, on pourra être presque certain que le bourdonnement y est devenu très-fort, très-intense et très-rapide : ainsi dans la péritonite, dans la hernie étranglée. Appelé dernièrement à deux heures du matin près d'un malade que je connaissais pour être atteint de la goutte aux extrémités, avec déformation articulaire, j'ai pu reconnaître, au milieu de douleurs abdominales insupportables, une tension du ventre très-modérée et la présence d'un bourdonnement très-fort et très-rapide sur les parois du ventre. Cet homme, dont les symptômes si graves ont amené la mort en dix heures, n'avait autre chose qu'un accès de goutte abdominale.

Crâne. — Plusieurs travaux importants, publiés dans les journaux et les monographies, notamment ceux de M. H. Roger et de M. Rilliet, ont appelé l'attention sur l'étude de l'auscultation céphalique. Ces auteurs ont étudié particulièrement le bruit de souffle; Fischer est le premier qui en ait parlé et qui l'ait bien observé ; viennent ensuite Whiteney, en Amérique; Wirthgen et Herming, en Allemagne.

Le docteur Fischer a décrit, outre le bruit de souffle, trois bruits céphaliques : 1° bruit céphalique de la respiration; 2° de la voix; 3° de la déglutition.

Le docteur Wirthgen a décrit aussi trois bruits différents : 1° l'égophonie cérébrale; 2° le frémissement cutané; 3° le bruit de roucoulement.

Ces derniers seraient des bruits pathologiques, et les premiers des bruits physiologiques. Toutefois, il faudrait y ajouter le bruit de battement artériel et veineux.

Il est très-facile de se convaincre, dès qu'on a un peu d'expérience sur les bruits céphaliques, que ceux qu'a décrits le docteur Fischer sont facilement perceptibles, et que ceux dont parle le docteur Wirthgen sont vagues et indéterminés. Le bruit d'égophonie ne doit être autre que le bruit de souffle ; le bruissement cutané et le bruit de roucoulement ne doivent être que le bruit de bourdonnement mal étudié, mal compris et mal défini.

Il y a un bruit pathologique dans la première enfance : c'est le bruit de souffle, et je crois, avec les auteurs qui s'en sont occupés, que ce bruit est un bruit artériel qui appartient à la pathologie.

Il n'est pas dans notre sujet de nous en occuper. Nous constatons que c'est le seul bruit céphalique morbide connu s'appuyant sur des faits.

Il y a aussi un autre bruit, inconnu jusqu'ici, morbide le plus souvent et rarement physiologique, qu'on peut entendre à tous les âges : c'est le bruit de bourdonnement.

Nous pouvons donc classer ainsi les bruits céphaliques :

Bruits physiologiques :
1° Bruit de respiration ;
2° Id. de la voix ;
3° Id. de la déglutition ;
4° Id. artériel, normal et bruit de souffle normal ;
5° Id. de bourdonnement normal.

Bruits pathologiques :
1° Bruit de souffle morbide appartenant à la première enfance ;
2° Bruit de bourdonnement appartenant à tous les âges.

Nous n'avons pas à nous occuper du bruit de souffle.

CLASSIFICATION DU BOURDONNEMENT A LA SURFACE DU CORPS. — Il ne présente d'altération que dans son intensité ; il est ainsi plus ou moins fort, plus ou moins faible ou nul. Les maladies locales, comme le phlegmon, la péritonite, la pleurésie, les inflammations locales, en un mot, présentent le bourdonnement très-fort au moment où la souffrance est plus vive, et où le travail local est plus développé.

Nous ne croyons pas utile, pour le moment, de multiplier les exemples de cette particularité de l'auscultation dynamoscopique. On peut en rencontrer tous les jours dans la pratique, et son importance est assez grande pour que nous nous y arrêtions longtemps, et que plus tard nous en fassions une étude particulière.

Le bruit de bourdonnement pathologique se rencontre dans toutes les congestions cérébrales, dans la méningite, l'apoplexie, la migraine, en un mot, dans toutes les maladies aiguës de la tête. Il a une valeur tout à fait digne de remarque ; sa signification, là comme ailleurs, est la turgescence vitale : il peut indiquer le traitement à suivre. La nature de la maladie où il se rencontre doit l'indiquer. Je l'ai rencontré au crâne, après la mort subite par apoplexie cérébrale, presque aussi fort que pendant la vie, et se prolongeant pendant une heure. Je ne suis pas d'avis qu'on le néglige comme un signe inutile.

**BOURDONNEMENT CÉPHALIQUE, SON IMPORTANCE
ET SES INDICATIONS.**

OBS. I. — M... est un enfant de dix ans, atteint de ménigite tuberculeuse ; au mois de septembre 1861, il se plaint du mal de tête, vomit tout ce qu'il prend. Sa figure est pâle, ses yeux ternes ; il n'a plus de goût aux jeux ; il est très-abattu, ne trouve aucune position bonne ; tantôt il veut se lever, tantôt il veut se coucher ; il ne désire rien, et si on ne le poussait à boire ou à prendre quelque chose, il ne demanderait rien. Par moment, il est comme absorbé, et alors il a la tête en arrière, les yeux ou fermés ou à demi-ouverts. Du reste, il ne va pas à la selle.

Auscultation. — Main droite : bourdonnement sourd, vague, profond, comme s'il s'arrêtait et baissait ; il est continu ; pas de petillement.

Main gauche : bourdonnement moins sourd, plus rapide, moins vague, quoique faible, il ne baisse pas ; pas de petillement.

Auscultation du bruit céphalique à l'aide du dynamoscope. — Côté gauche du crâne : bourdonnement fort, net, en tout semblable à celui des doigts; il est continu; pas de petillement.

Le côté droit du crâne fait entendre une sorte de bourdonnement, mais beaucoup plus vague.

L'amélioration ne s'est montrée que passagère, et le malade a présenté sans cesse des symptômes de plus en plus alarmants. Voici son état huit jours avant sa mort : Toutes les douze heures, un moment de faiblesse indiqué par de la pâleur dans la figure et un abattement plus grand. Il est couché sur le dos ou sur le côté droit, la tête fortement portée en arrière; à la faiblesse succède une excitation particulière qui fait que le bras droit se contracte et reste frappé d'une sorte de roideur invincible. Le côté gauche l'est moins. Les vomissements sont incoërcibles; tout ce qu'on donne est rejeté; la constipation est opiniâtre et insurmontable; le ventre est souple, plat. La respiration est bonne et facile; pas de toux; pas de dyspnée. Dès que le malade revient à lui, il se plaint de la tête; du reste il parle peu; tout lui paraît indifférent, et, de temps en temps, des symptômes de carpologie se manifestent.

Auscultation. — Main droite : bourdonnement vague, impossible à définir, baisse et s'arrête, ou bien il est profond et éteint.

Main gauche : bourdonnement d'abord petit, profond, assez aigu, puis il disparaît; quelques petillements.

Auscultation des bruits céphaliques. — Bourdonnement se maintenant très-fort à gauche sur le pariétal, et moins fort du côté droit.

Quelques heures avant la mort, les symptômes semblent s'amender; un calme très-grand s'établit; le pouls, qui s'est montré fébrile tout le temps, n'est plus aussi fréquent, et l'état général prend un aspect meilleur. On croirait volontiers qu'une amélioration sérieuse se produit, si on ne se défiait de ces retours trompeurs. C'est précisément ce qui est arrivé, et une agonie de quinze heures a commencé par un râle trachéal très-facile à reconnaître.

Auscultation. — Main droite : bourdonnement nul.
Main gauche : bourdonnement nul.

Auscultation céphalique. — Le bourdonnement, du côté gauche, est presque entièrement disparu, et on n'entend rien à droite.
Cet enfant est mort le vingt et unième jour de sa maladie.

OBS. II. — L'enfant Cl..., dans le mois de juin, est mort atteint des mêmes symptômes, et présentant les mêmes remarques dynamoscopiques.

L'étude du bourdonnement céphalique est donc un signe de maladie cérébrale ; il indique le côté malade et le lieu d'élection du traitement local.

DE LA DYNAMOSCOPIE APRÈS LA MORT.

Le bourdonnement, après la mort, existe toujours à la surface du corps. Sur un nombre considérable d'auscultations après décès, je ne l'ai trouvé absent qu'une fois chez un homme frappé d'une mort foudroyante. Arrivé vingt minutes après l'accident, il m'a été impossible de trouver ni chaleur, ni bourdonnement. Je pense que ces faits sont excessivement rares. Pour donner une idée de la manière dont je pratique cette auscultation, je vais relater quelques-unes des observations que j'ai déjà publiées dans un mémoire spécial sur l'application de la dynamoscopie à la constatation des décès (1).

____

(1) Paris, 1858, chez Chamerot, libraire, 13, rue du Jardinet.

EXPÉRIENCES FAITES APRÈS LA MORT.

OBS. I. — Le 8 août 1854, à l'époque où le choléra sévissait avec fureur dans la capitale et dans les départements, j'étais alors à l'hôpital civil de Toulouse. Depuis trois ans déjà, je m'occupais d'un bruit que j'appelais *bourdonnement*, lorsque, ce jour-là, je remarquai, parmi les cadavres, que le corps d'une nommée Marie Jaboulard, qui venait de succomber en vingt-quatre heures à une attaque de choléra, était plus chaud après la mort que pendant la vie. C'est ainsi que le thermo-mètre, appliqué sous l'aisselle pendant la vie, indiquait 35°, et en donnait 37 après la mort. Ce fait me paraissant extraordi-naire, me fit réfléchir, et, au moment où j'en cherchais l'ex-plication dans les auteurs, on avait transporté le corps de Marie Jaboulard, comme on l'avait fait pour tous les cholériques morts dans la journée, au dépôt des morts. Tourmenté par l'idée que cette femme pouvait encore garder quelque reste de vie, je résolus d'aller m'en assurer : il était onze heures du soir ; son cadavre était placé au milieu de sept autres ; je le pris et l'étendis sur une table, et le trouvant encore très-chaud, j'appli-quai le dynamoscope à la région du cœur. A peine eus-je prêté une attention de quelques minutes, que j'entendis un bour-donnement très-fort et une espèce de cri inaccoutumé. Je fus saisi de surprise, et crus que Marie Jaboulard n'était pas morte. C'était une erreur, elle l'était bien, car, en recommençant mon examen, je compris que la pression de la poitrine avait pu faire sortir un peu d'air contenu dans le poumon et déterminer un son à travers les cordes vocales. Mais ce qui me sembla plus grave en cette circonstance, ce fut la persistance du bourdon-nement : je pus le constater encore en ce moment, et non-seu-ment sur Marie Jaboulard, mais encore sur plusieurs autres cadavres placés près d'elle.

OBS. II. — Marie Guilhot était atteinte d'une pneumonié puerpérale lorqu'elle entra à l'hôpital ; bientôt la maladie de-

vint si grave que la mort s'ensuivit promptement. Ce dénoû-
ment eut lieu le 29 février, à sept heures et un quart du
matin. A neuf heures moins un quart, deux heures après la
mort, je mesure la température à différentes régions du corps,
et je trouve 26° sous l'aisselle, 20° à la région du cœur, et 36°
au vagin. Je me souvins que, le 2 février, j'avais remarqué
qu'il me paraissait exister un point du côté gauche où le bou-
donnement était plus distinct qu'à droite, vers la région épigastrique; je cherchai, et j'arrivai, après quelques tâtonne-
ments, à constater que le bourdonnement, chez cette femme,
n'était pas éteint et était plus distinct sur un point situé à
droite : le bourdonnement était peu nourri, clair, et me rap-
pelait celui que je connaissais. A l'extrémité des doigts des
mains et des pieds, il n'existe ni bourdonnement, ni petillements. Le bourdonnement se manifeste, du reste, encore,
quoique profond, sur les avant-bras, sur les jambes, aux
cuisses, aux bras et sur toute la poitrine; au ventre, il n'est
pas appréciable. Chez Marie Guilhot, le bourdonnement n'existait nulle part dix-huit heures après la mort.

Obs. III. — Pierre est un soldat de Crimée, qui est atteint
depuis quatre mois d'une diarrhée scorbutique qui a fini par
l'épuiser au point de ne lui laisser sur la charpente osseuse que
la peau; car les muscles semblent avoir disparu. Il meurt le
26 mars 1856, à six heures du matin. Le même jour, à dix
heures, c'est-à-dire quatre heures après la mort, il n'y a ni
bourdonnement ni petillement à l'extrémité des doigts. Il
existe aux bras, aux cuisses, sur le ventre, en le comprimant
un peu. A midi, six heures après la mort, le bourdonnement
a disparu des jambes, des avant-bras et des bras. Il est, dans
ces parties, petit, profond, obscur; il est bien plus évident à la
partie supérieure de la poitrine, et on l'entend nettement et
plus fort qu'ailleurs vers la région précordiale à gauche, sur la
huitième côte. A quatre heures du soir, douze heures après la
mort, il n'existe plus sur les cuisses; je ne puis le constater ni

au ventre, ni à la partie supérieure de la poitrine ; il est encore évident à la région précordiale. Vingt-cinq heures après la mort, il n'existe nulle part.

Je résolus à ce moment de savoir si mon ouïe était plus perfectionnée que celles des autres ; je voulus m'assurer si des personnes plus habiles entendraient aussi ce bruit. Dans ce but, je priai M. le professeur Fuster (de Montpellier), de vouloir bien venir à l'hôpital pour s'assurer s'il pourrait constater le bourdonnement après la mort.

Obs. IV. — Le premier sujet qui servit à cette expérience fut le nommé Drouard, jeune soldat atteint de thyphus et mort le 4 avril, à quatre heures du matin. Observé à midi, nous trouvons que le thermomètre, appliqué sous les aisselles, indique encore 25°, et sur la région précordiale, 22°. Le bourdonnement me parut exister au cou, sur toute la poitrine, sur les cuisses, et principalement vers la région précordiale, où, par le tâtonnement, je découvris le point précieux que j'avais remarqué bien souvent. Ce point, ici, n'avait pas moins de quatre centimètres de diamètre à peu près. Pour convaincre M. Fuster, je commençai à lui faire faire l'expérience, en appuyant l'extrémité de l'instrument sur une table de marbre, puis je lui fis mettre cette même extrémité au point de la région précordiale que je désignai. M. Fuster, qui avait grande habitude du bourdonnement, car il l'avait déjà expérimenté sur ses malades, le reconnut aussitôt et se hâta de me le dire. Il le reconnut, comme moi, à toutes les parties où je l'avais trouvé. Son caractère était petit, profond, peu nourri, lent, détraqué en un mot, et donnant à l'oreille le sentiment que sa fin naturelle et régulière n'était pas loin. A cinq heures du soir, treize heures après la mort, le bourdonnement avait complétement disparu.

M. Fuster veut faire participer les élèves à ces expériences, et après sa clinique, nous descendons à l'amphithéâtre.

Obs. V. — Nous examinons Rambout, qui, à son retour de Crimée, succomba le 13 avril, à sept heures moins un quart du matin, des suites d'une hypertrophie du cœur, compliquée de péricardite avec épanchement. A neuf heures du matin, deux heures après la mort, le bourdonnement avait disparu des pieds et des doigts des mains ; il existait partout ailleurs, et surtout, comme chez les autres, aux régions épigastrique et précordiale. A une heure, c'est-à-dire six heures trois quarts après la mort, je pus réunir encore autour de ce cadavre quelques autres personnes qui s'étaient émues assez de mes expériences pour vouloir y prendre part, et toutes ces personnes constatèrent le bourdonnement à la région précordiale. Le caractère de ce bourdonnement me parut ressembler aux autres. A cinq heures du soir, le bourdonnement n'existait plus aux jambes ni aux bras ; on l'entendait encore aux cuisses, au ventre, au cou et à la poitrine. Douze heures s'étaient écoulées depuis la cessation des battements du cœur ; je conclus alors que l'infiltration pouvait servir à la conductibilité de ce bourdonnement, ou bien que, dans ces états, le bourdonnement se dissipait plus lentement, parce que les agents extérieurs avaient moins d'action sur lui. Quoiqu'il en soit, le lendemain matin, à sept heures, le bourdonnement avait complètement disparu.

Obs. VI. — Courant (François), meurt de diarrhée scorbutique le 30 avril, à onze heures moins un quart. J'assiste à sa dernière heure. Un quart-d'heure avant la cessation de la respiration, le bourdonnement existe à l'extrémité des doigts des mains ; il offre les caractères du bourdonnement après la mort ; pas de variations de ce bourdonnement : il est uniforme, quoique éteint et sans force. A la région du cœur, le bourdonnement est très-fort, et il est parfaitement distingué des battements du cœur, qui sont très-profonds, et de la respiration, qui devient de plus en plus difficile. A mesure que les inspirations se font rares et que les battements du cœur s'éloignent, le bourdonnement n'en paraît que plus évident, et il semble qu'il n'y ait pas une grande différence entre le bourdonnement de tout à l'heure et celui qui existe quand on ne distingue plus de respiration et de pulsation. Ce n'est qu'un quart-d'heure après l'extinction de toute fonction respiratoire et de circulation, qu'on s'aperçoit que le bourdonnement baisse et devient plus clair et plus profond. A une heure, c'est-à-dire deux heures après la mort, le bourdonnement existe au cou, à la poitrine, aux bras, aux cuisses, aux jambes, et encore, par-dessus tout, à la région précordiale, sur le cartilage de la septième côte droite. A quatre heures, cinq heures après la mort, on s'aperçoit d'une diminution notable dans l'intensité du bourdonnement. Cette diminution existe partout, mais elle est moins notable vers la région précordiale. Le bourdonnement semble avoir disparu ici vers la dixième heure après la mort; car, à neuf heures et demie du soir, je ne l'ai distingué nulle part.

De pareilles expériences ont été faites à l'hôpital Cochin, en présence de M. Beau, et à l'hôpital Lariboisière, par M. le docteur Pidoux. Ces expériences ont confirmé les précédentes.

De toutes mes expériences après la mort, je puis conclure :

1° Qu'il existe, après la mort, de quelque manière qu'elle soit produite, un bruit que j'ai désigné sous le nom de *bourdonnement ;*

2° Que ce bruit va en s'affaiblissant jusqu'à son extinction complète, depuis la première heure après la mort jusqu'à la dixième ou seizième heure.

Il est rare que le bourdonnement soit entendu après la mort à l'extrémité des doigts des mains. Il n'est jamais entendu à l'extrémité des doigts des pieds. On l'entend toujours, immédiatement après la mort, aux paumes des mains, aux avant-bras, aux bras, aux jambes, aux cuisses, au ventre ; il peut ne pas être perçu à la tête, ni à la figure.

Il y a un point chez tout le monde, après la mort, où le bourdonnement est plus distinct que partout ailleurs, et ce point est indéterminé : il est tantôt à droite , tantôt à gauche, mais toujours aux régions précordiale et épigastrique.

Le bourdonnement, après la mort, donne à l'oreille la sensation de sa fin, car il paraît petit, de plus en plus faible et profond. Il est peu nourri, mais continu, et il baisse à mesure qu'on s'éloigne du moment de la mort.

Le bourdonnement disparaît d'abord des mains et des pieds, puis des avant-bras, des bras, des jambes et des cuisses, de l'abdomen, de la poitrine, et le dernier point où il est entendu est celui où il a été trouvé le plus fort, dans les régions précordiale et épigastrique.

Les petillements sont nuls après la mort.

EXPÉRIENCES SUR DES MEMBRES AMPUTÉS.

Exp. I. — Michel (Jean) est amputé par M. Dieulafoy, chirurgien en chef de l'hôpital de Toulouse, le 17 janvier 1855, à neuf heures trente-cinq minutes. L'auscultation, pratiquée immédiatement après à l'extrémité des doigts, permet d'entendre distinctement le bourdonnement. A l'autre extrémité, le bourdonnement était aussi distinct. A la cinquième minute, le bourdonnement avait disparu des deux extrémités, mais il était très-net dans la partie moyenne des membres. A la dixième minute, il n'est entendu qu'au centre de l'avant-bras amputé. A la quatorzième minute, on entend plus rien.

Exp. II et III. — Ces deux expériences furent faites dans le même service et à quelques jours de distance, et avec le même résultat.

Exp. IV. —Grangier est amputé, le 9 mars 1856, de la cuisse gauche et au tiers moyen, par M. Alquié, professeur de clinique externe de la Faculté de Montpellier. Quatre minutes après l'amputation, bourdonnement nul à l'extrémité des doigts des pieds et au tiers inférieur de la cuisse. Il est entendu sur toutes les autres parties. A la huitième minute, le bourdonnement a disparu du cou-de-pied et de la partie inférieure de la jambe; il est très-affaibli au niveau de la rotule, mais il est très-évident à la partie moyenne de la jambe. A la dixième minute, il s'est encore plus restreint dans cette dernière partie. Enfin, à la quatorzième minute, il n'existe qu'à un point très-petit, assez faible, où le bourdonnement peut être encore distingué et reconnu pour une oreille habituée à l'entendre. A la dix-septième minute, on n'entend rien nulle part.

De ces quatre expériences, j'ai cru pouvoir déduire :

1° Qu'il existe après la mort locale un bourdonnement comme dans la mort générale ;

2° Que le bourdonnement va en s'affaiblissant jusqu'à son extinction complète, depuis la première minute jusqu'à la dixième ou quinzième.

Immédiatement après la mort, le bourdonnement est entendu partout sur le membre coupé.

De minute en minute, il suit une loi de retraite qui le force de se retirer des deux extrémités vers le centre. Cette loi a un singulier rapport avec la même loi de retraite qui existe dans la mort générale.

Les petillements sont entendus quelquefois à l'extrémité des doigts des pieds et des mains. Après une amputation, ils ne persistent pas longtemps sur les membres coupés.

Le bourdonnement, dans les membres amputés, donne à l'oreille l'impression qu'il va finir, car il est faible, peu nourri.

L'ABSENCE DES BATTEMENTS DU COEUR, DANS LA MORT APPARENTE, N'EST PAS UN SIGNE CERTAIN DE LA MORT RÉELLE.

Depuis que M. Bouchut, le premier, grâce à l'auscultation du cœur, avait établi, dans un remarquable ouvrage, couronné par l'Académie des sciences, que l'absence des battements du cœur, dans la mort apparente, était un signe certain de mort, il ne

s'est pas trouvé une seule observation qui fût d'accord avec lui
et ses résultats.

Nous en trouvons la preuve dans tous les exemples de mort
apparente qui ont paru depuis lors.

M. Depaul raconte le fait suivant dans un mémoire sur l'insufflation de l'air dans les voies aériennes chez les enfants qui
naissent dans un état de mort apparente.

Obs. I. — « Pour mettre un terme à un travail qui durait déjà
depuis longtemps, et dont la prolongation n'aurait pas été sans
inconvénients, un enfant venait d'être extrait par une application de forceps. Il donnait à peine quelques signes de vie, et sans
quelques légers frémissements difficiles à constater dans la
région du cœur, on aurait pu le croire mort : la tête était le
siége d'une congestion évidente ; aussi le premier soin con-
sista-t-il à faire couler une certaine quantité de sang par le cordon, qu'il fallut couper à plusieurs reprises, pour faciliter l'écou-
lement. Après qu'on eût, pendant quelques minutes, inutilement essayé les moyens ordinaires, on me chargea, en désespoir de cause, d'insuffler de l'air dans les poumons, ce que je
fis, en prenant la précaution d'entretenir avec des linges chauds
la chaleur du corps.

» J'avoue que je ne comptais nullement sur un résultat heureux, tant l'état de l'enfant me paraissait grave ; en effet, avant
de commencer, voulant m'assurer de l'état du cœur, *il me fut
impossible de retrouver ces frémissements dont j'ai parlé*, et
qui existaient encore au moment de la naissance. Le tube laryn-
gien fut introduit sans difficulté, et je fis des insufflations mé-
thodiques. J'en avais pratiqué une douzaine à peine, que déjà
la contractilité du cœur se réveilla ; quelques pulsations, lentes
et faibles d'abord, se firent sentir ; bientôt elles augmentèrent,
et je pus en compter de trente à quarante par minute. Au bout
d'une demi-heure, le nombre s'élevait jusqu'à cent. La suspension de l'insufflation pendant une minute seulement, soit que
je voulusse me reposer, soit qu'il devint nécessaire de retirer

le tube pour en faire sortir les mucosités qui l'obstruaient quelquefois, suffisait pour faire diminuer notablement les battements du cœur et exiger qu'on recommençât aussitôt l'introduction artificielle de l'air. Je continuai ce moyen pendant une heure et demie, sans obtenir d'autre résultat que le rétablissement de la circulation dans son état à peu près normal ; et ce ne fut qu'après avoir persévéré pendant aussi longtemps, que j'eus le bonheur de voir une première inspiration spontanée s'établir. Dès ce moment, elles se renouvelèrent et se rapprochèrent de plus en plus, et il fallut encore près d'une heure pour que la respiration eût acquis sa fréquence normale. Cet enfant resta faible pendant quelque temps. Il fut conservé dans l'établissement pendant plusieurs jours, et lorsqu'il le quitta, il emporta les mêmes chances de vie qu'un enfant qui naît dans les meilleures conditions. »

Le second fait a été observé par M. Girbal, chef de clinique à la Faculté de Médecine de Montpellier (1).

Obs. II. — « Il s'agit d'une jeune personne qui fut tout à coup considérée comme morte par les assistants. Il y avait déjà plusieurs heures qu'on la croyait morte, lorsque M. Girbal fut appelé auprès d'elle. Il constata sur cette jeune fille tous les signes de la mort réelle ou réputée telle. Enfin, ajoute M. Girbal, l'*auscultation* de la région précordiale pendant *une* ou *deux* minutes ne fit percevoir aucun battement ; on ne percevait pas non plus le moindre mouvement diaphragmatique. Tous les moyens employés en pareil cas furent employés inutilement, et, quand on désespérait, la jeune fille revint à la vie. »

Les deux observations suivantes sont empruntées à M. Brachet, de Lyon (2).

----

(1) Cité par M. Josat, p. 80.
(2) *Gazette des Hôpitaux*, 20 novembre 1849.

Obs. III. — « M. D..., âgé de 33 ans, arrivait d'un long voyage, exténué de fatigue ; il garda deux jours le repos, dans la pensée que ce temps suffirait pour rétablir sa santé. Le troisième jour, il me fit appeler ; c'était le 9 mars dernier. Un brisement général, un peu de céphalalgie, de l'inappétence, une légère douleur dans l'arrière-gorge, surtout pendant la déglutition, un pouls vif et serré (90 pulsations), et la peau un peu chaude étaient les signes par lesquels se traduisait l'état du malade. Une potion légèrement calmante, un gargarisme émollient et quelques bains de pieds sinapisés furent les moyens dont je conseillai l'emploi.

« Le premier et le second jour, tout se passa, comme on pouvait s'y attendre, sans changement notable. Le troisième jour, à huit heures et demie du matin, je fus appelé en toute hâte : M. D..., venait de prendre un bain de pieds, et une défaillance complète en avait été la conséquence. Il était insensible à tout, la résolution des membres était complète, il n'y avait point de pouls, et *l'oreille appliquée sur la région du cœur ne faisait sentir aucune pulsation ;* je l'y tins au moins trois minutes. Pendant tout ce temps, les stimulants les plus énergiques ne cessaient pas d'être employés.

« *Je réappliquais souvent l'oreille sur le cœur,* je ne cessais pas de tenir l'artère radiale sous mon doigt. *Pendant au moins huit minutes,* aucun signe de vie ne fut révélé du côté de la circulation. En même temps que de l'eau bouillante fut jetée sur ses membres, j'instillais quelques gouttes d'éther sulfurique dans les narines. L'action de ce liquide fut sensible : un léger mouvement spasmodique se fit remarquer dans la lèvre supérieure ; notre zèle redoubla. Cependant *le cœur* et l'artère radiale restaient encore muets à l'exploration. Tous les moyens excitants de chaleur et autres furent continués avec persévérance ; ils firent rougir la peau partout où ils étaient appliqués. Enfin, *après plus de vingt minutes* de cet état de suspension de la vie, on sentit un *léger frémissement dans le cœur ;* les battements se régularisèrent bientôt et les yeux se rouvrirent ; le malade revint de cette profonde syncope. »

Obs. IV. — « Le 27 février dernier, j'accouchai pour la seconde fois Madame N... Comme la première fois, la tête de l'enfant demeura longtemps engagée dans l'excavation du bassin ; la crainte de voir la compression exercée sur l'encéphale, par ce séjour prolongé, causer la mort ou tout au moins l'asphyxie de l'enfant, me décida à l'application du forceps. Mes craintes furent justifiées, et l'enfant arriva sans vie apparente.

« Le sang ne jaillit point par les artères ombilicales du cordon, la résolution des membres était complète, le cœur ne faisait sentir au doigt aucune pulsation, et *l'oreille*, appliquée à plusieurs reprises sur la région du cœur *pendant plusieurs minutes*, ne put entendre *le moindre bruit* de contraction.

« Je me mis à pratiquer l'insufflation pulmonaire avec une persévérance opiniâtre. Ce ne fut qu'après vingt minutes que de légères pulsations se firent sentir profondément et au doigt et à l'oreille. Enfin, ma persévérance fut couronnée du succès le plus flatteur : l'enfant fut rappelé à la vie. »

(*Revue étrangère médico-chirurgicale*, 16 septembre 1858.)

Le cinquième fait est raconté dans une note sur un cas de mort apparente simulée par un accès de fièvre intermittente pernicieuse, par M. le professeur François, membre de l'Académie de médecine de Belgique.

« Dans un ouvrage publié en 1849, sur les signes de la mort, un auteur recommandable par d'autres travaux intéressants, M. le docteur Bouchut, dit positivement. « D'après les observations les plus récentes faites sur l'homme et sur les animaux, Il n'existe pas d'état morbide spontanément déclaré ou provoqué qui ne puisse être distingué de la mort réelle par la persistance des battements du cœur. Dans la syncope, ces battements perdent beaucoup de leur force, leur fréquence diminue, mais ils restent appréciables. On les retrouve toujours jusqu'à la période la plus avancée de l'apoplexie et des diverses sortes d'asphyxie par strangulation, par submersion et par les gaz délétères; dans l'empoisonnement par les narcotiques, par les solanées vireuses, par les poisons végétaux les plus terribles, par l'acide prussique ; dans l'hystérie, dans le coma épilepti- que, dans l'agonie de la mort par congélation, partout enfin, ils existent à divers degrés de fréquence et de force, pour té- moigner de la persistance de la vie jusqu'à la limite la plus extrême, la mort, qui est le résultat inévitable de leur inter- ruption trop prolongée. »

« La cessation complète des battements du cœur constitue donc, d'après M. Bouchut, un signe certain de la mort... La découverte d'un fait de cette nature serait d'un prix inestima- ble pour le médecin légiste, quelquefois embarrassé de se pro- noncer sur la réalité de la mort en l'absence de tout signe de putréfaction commençante. Ce fait est-il bien constaté? Ne comporte-t-il pas d'exception? Car, en pareille matière, il faut une certitude complète... Or, depuis la publication du traité de M. Bouchut, plusieurs médecins ont eu l'occasion d'obser- ver, et ils ont signalé des cas de cessation assez prolongée des battements du cœur simulant la mort apparente chez des su- jets qui ont été rappelés à la vie. Ils sont et deviennent tous les jours de plus en plus nombreux ; mais presque tous ont été notés sur des nouveau-nés.

« Les faits de mort apparente chez les adultes sont, au con- traire, très-rares, s'il faut s'en rapporter à M. Brachet, qui en cite, d'ailleurs, un exemple. Quoique plus fréquents, peut-être, que ne l'établit le savant médecin de Lyon, nous croyons ce- pendant que les faits de ce genre, bien et dûment constatés, méritent d'être livrés à la publicité, et c'est ce qui me décide à communiquer le suivant à l'Académie.

Obs. V. — « Au plus fort de l'épidémie de fièvres intermit- tentes de toutes natures qui régnaient dans la ville de Mons, en 1822, je fus appelé près d'une dame Lemoine, âgée de 40 ans, atteinte d'un premier accès de fièvre, mais peu prononcé, et sans caractère particulier, qui se dissipa promptement. Deux jours après, on vint me chercher en toute hâte, en me disant que ma malade était mourante, peut-être morte. Elle avait été prise d'un nouvel accès, deux heures plus tôt que celui de l'avant-veille, avait eu quelques frissons, quelques bâillements, et avait perdu connaissance presque sur-le-champ. A mon arrivée, qui ne se fit pas attendre, Mme Lemoine était sans pouls, quelle que fût l'artère que j'explorasse ; les yeux étaient fermés, les pupilles immobiles lorsqu'on écartait les paupières et qu'on approchait de la lumière ; la figure, les lèvres, et toute la surface du corps étaient pâles ; la peau était froide, sèche ; la respiration était suspendue, du moins une glace approchée de la bouche ne fut pas ternie, la flamme d'une bougie ne fut pas agitée ; l'oreille, appliquée sur la région du cœur, ne put me faire saisir le moindre mouvement, le moindre bruit. L'alcali volatil placé sous le nez ou employé en frictions, les sinapismes les plus énergiques, l'ail pilé, rien ne put faire soupçonner qu'il restait un souffle de vie dans ce corps glacé. Voulant pousser les épreuves jusqu'à leurs dernières limites, j'appliquai une de ces larges plaques de fer, vulgairement nommée pelle à feu, chauffée jusqu'au rouge-cerise sur la partie interne des deux jambes, mais avec aussi peu de succès. C'était réellement à quitter la place, et même déjà plusieurs des assistants, et entre autres un ecclésiastique, parlaient d'ensevelir le *cadavre*. Cependant, quoique cet état durât depuis à peu près une heure, je m'y opposai formellement, la nature de l'épidémie régnante et certains cas des plus graves comme des plus extraordinaires, dont je venais d'être témoin, m'induisant à penser que peut-être j'avais affaire à une de ces fièvres pernicieuses où la vie est suspendue et non irrévocablement anéantie, et que, par conséquent, il ne fallait pas tout à fait désespérer. Je fis donc frictionner le corps avec du vin chaud mêlé de teinture alcoolique de quinquina et de valériane, et injecter dans le rectum aussi des mêmes teintures, mais étendues d'eau acidulée tenant du sulfate de quinine en solution. J'interrogeais à tous moments les mouvements de la respiration et les bruits du cœur, afin de m'assurer s'ils ne s'éveillaient pas... Mais non, toujours même silence... Je m'obstinai, je ne sais par quel secret instinct ; enfin, le dirai-je, au bout de quatre heures environ, je découvris sur le front de de la patiente quelques gouttelettes de rosée... Je fis alors appliquer de nouveaux sinapismes sur les membres et envelopper le corps dans des couvertures de laine très-chaudes. Bientôt j'eus la satisfaction d'entendre quelques légers bruits du cœur, de légers mouvements soulevèrent la poitrine, le pouls se fit sentir, les yeux s'ouvrirent, et à mesure que la connaissance, ou mieux la vie, revenait, on voyait s'établir une douce transpiration qui se prolongea plusieurs heures, mais dont j'attendis à peine la fin pour administrer le quinquina par toutes les voies. Il y eut encore un accès effrayant le surlendemain, mais ce fut le dernier, et dès lors la guérison fut ·assurée... La dame, sujet de cette observation, est morte il y a à peine deux ans. Chose assez curieuse, son mari fut atteint, quinze jours après, d'une fièvre pernicieuse de la même nature, mais moins grave.

« *Minuta circa frontem sudatiuncula :* justement comme Torti l'avait noté chez le jeune comte Sáxus, d'ailleurs moins violemment attaqué que Mme Lemoine.

« En commençant l'exposition de ces fièvres intermittentes pernicieuses si effrayantes, Torti croit devoir prévenir le lecteur que, loin d'en parler hyperboliquement (*hyperbolice*), son intention est d'en donner une description fidèle, en dissimulant la gravité plutôt qu'il ne l'exagère. Je sens le besoin de faire la même déclaration à propos de l'observation qui précède : elle renferme le tableau exact de ce qui s'est passé sous mes yeux ; aucun trait n'y est forcé, quelque extraordinaire et inexplicable qu'il puisse paraître et qu'il soit en effet. C'est le seul cas de fièvre intermittente pernicieuse simulant la mort à s'y méprendre, et dont j'ai connaissance..... Il en est bien qui s'en rapprochent, ceux, par exemple, que Torti désigne sous le nom de léthargiques; mais aucun n'est identiquement semblable. S'il me paraît déjà digne de votre attention à titre de fait exceptionnel, j'estime qu'il ne la mérite pas moins sous le point de vue de la médecine légale, en ce qu'il constitue un cas de mort apparente avec cessation complète des mouvéments et des bruits, qui s'est prolongée plusieurs heures et qui n'en a pas moins été suivie du retour à la vie. C'est un fait de plus à ajouter à ceux observés par MM. Girbal, de Montpellier, Brachet, Josat, Depaul, et aujourd'hui même par M. Collongues. Ils démontrent quel danger il y aurait à s'en rapporter à la seule absence des bruits du cœur pour permettre l'inhumation, ainsi que l'établit M. Bouchut.

« Ne me proposant pas de tirer, pour le moment, d'autre conclusion de l'observation que je viens de vous communiquer, je m'abstiendrai de toute réflexion sur la nature et le caractère de la fièvre intermittente qui en fait le sujet. »

(Presse médicale belge.)

Nous empruntons à M. Boinet (1) l'exemple remarquable qu'on va lire :

Obs. VI. — « Une dame de 29 à 30 ans, était en proie aux douleurs de l'accouchement; le travail se prolongeait parce qu'il existait un vice de conformation du bassin. La malade faible, épuisée, souffrait depuis quinze heures. On décida qu'il y avait lieu de faire une application de forceps; on eut recours au chloroforme.

« L'accouchement venait d'être terminé, lorsque M. le docteur Lorne, qui assistait M. Boinet, s'aperçut que le pouls disparaissait sous son doigt. Le cordon fut coupé, on se débarrassa

---

(1) Bulletin de la Société de chirurgie, t. IV, 1853-54, p. 20.

de l'enfant; la malade fut remise au lit dans une position plus horizontale, et on ouvrit deux fenêtres (air froid, cinq heures du matin). Plus de pouls, plus de respiration, *plus de battements du cœur* à l'oreille appliquée sur la poitrine, résolution complète de tous les membres; face pâle, lèvres décolorées, tous les signes de la mort... Jeter de l'eau froide à la figure, sur la poitrine, sur le ventre, faire respirer du vinaigre ordinaire, des sels, brûler des allumettes soufrées sous les narines, frapper dans les mains, à la plante des pieds... tout fut inutile... Toutes ces manœuvres durèrent plus de cinq minutes. Deux fois pendant ces cinq minutes, qui me parurent des siècles, je déclarai au mari et au confrère, qui le croyait comme moi, que la malade était morte. Enfin, ne sachant plus que faire, en désespoir de cause et pour l'acquit de ma conscience, je fis l'insufflation bouche à bouche; ce moyen resta sans résultat tout d'abord... L'air que je poussais dans la bouche de cette femme soulevait ses joues, qui s'affaissaient aussitôt que je cessais cette insufflation. Fatigué de l'insufflation, je fis apporter un soufflet; mais ce moyen n'eut aucun résultat et me parut tout à fait inutile, car l'air ressortait aussitôt, la bouche de la malade n'étant pas hermétiquement fermée, comme cela a lieu lorsqu'on fait l'insufflation bouche à bouche. Dans la crainte qu'on m'accuse de ne pas faire assez, et d'abandonner trop vite cette malade, plutôt que dans l'espoir de la rappeler à la vie, je revins une seconde, une troisième fois aux insufflations bouche à bouche, que je faisais de toute ma force, pendant que mon confrère Lorne pressait sur le ventre et la partie inférieure du thorax, pour imprimer des mouvements au diaphragme et au thorax, et réveiller les fonctions du poumon, si faire se pouvait. Enfin, un mouvement à peine sensible, un mouvement que je ne puis mieux comparer qu'au dernier soupir d'un mourant, eut lieu, mais ne fut pas immédiatement suivi d'un second. Il se passa plusieurs secondes. Je continuai les insufflations pendant que M. Lorne continuait ses manœuvres; mais je continuai les insufflations, persuadé que cette inspiration que je venais d'observer était plutôt la dernière de la malade que le retour à la vie. Le pouls et le cœur paraissaient toujours ne pas fonctionner. Une seconde inspiration eut lieu, puis une troisième, puis une quatrième, avec moins d'intervalle qu'il n'y en avait eu entre la première et la seconde : la malade était sauvée. Enfin elle se réveilla, absolument comme tous les autres malades, à la suite des inhalations du chloroforme. Son réveil fut lent et progressif. »

Voici un autre fait que nous pouvons rapprocher du précédent ; il a été communiqué à la Société de chirurgie, par M. Maisonneuve (1).

Obs. VII. — « Une femme, âgée de 65 ans, très-anémiée, était opérée pour un fongus intra-utérin ; une assez grande quantité de sang s'écoula pendant l'opération.

« Après quelques inspirations profondes, la malade pâlit et parut avoir cessé de vivre. Les lèvres étaient décolorées, le nez et les extrémités froids, la respiration nulle, le pouls complétement absent, *les mouvements du cœur* (2) *sont imperceptibles ;* les membres étaient roides, les mâchoires seules avaient de loin en loin un léger mouvement automatique.

« Des frictions vigoureuses furent exercées sur les bras, sur les jambes, les cuisses, le ventre ; moi-même je me chargeai de la poitrine et de la région du cœur. Pour nous reposer du mouvement de frottement, nous exercions la percussion, le massage, la flagellation, puis les frictions recommençaient. Pendant un quart d'heure, il nous fut impossible de saisir un seul mouvement respiratoire, un seul battement du cœur, le moindre signe de vie, lorsqu'enfin je vis la lèvre supérieure

---

(1) *Bulletin de la Société de chirurgie,* t. IV, 1853-54, p. 14.

(2) C'est par l'auscultation, et non à l'aide du toucher, que l'on a constaté l'absence des mouvements du cœur. Nous tenons ce renseignement de M. Maisonneuve lui-même.

revêtir une teinte légèrement rosée. Cette faible lueur d'espé-
rance ranima nos forces, les frictions redoublèrent d'activité
et d'énergie ; bientôt alors nous pûmes saisir un mouvement
respiratoire, puis le cœur commença à battre. Aussitôt que,
pour reprendre un peu de force, nous suspendions nos frictions,
le pouls fuyait, la respiration devenait moins profonde et plus
éloignée. Cinq quarts d'heure se passèrent ainsi avant que les
fonctions vitales fussent complétement régularisées, et même
la malade ne reprit connaissance entièrement qu'au bout de
trois heures. »

L'observation suivante est donnée par M. Laborde, interne
à l'hôpital de Bicêtre, service de M. Léger.

Obs. VIII. — « Le 10 juin 1859, je fus appelé auprès d'un
individu qui, disait-on, venait d'être trouvé mort dans les
champs ; on le tenait assis sur une chaise. Pas de rigidité dans
les membres ; extrémités froides, décoloration de la peau,
insensibilité absolue ; pas de battements artériels, soit aux
membres, soit au cou. Une auscultation attentive et prolongée
n'a fait constater aucun battement cardiaque. L'oreille percevait un *bruit sourd* et *continu*. Je crus devoir faire une saignée, qui s'arrêta après avoir donné environ vingt grammes
de sang. Transporté à Bicêtre, cet individu fut réchauffé, couvert de synapismes, et ne tarda pas à revenir à lui. Le lendemain, il raconta que de copieuses libations avaient été la cause
de son accident. »

Nous ferons suivre ces observations d'un état particulier qui
se rapproche beaucoup de la mort apparente : nous voulons
parler de la léthargie chez les animaux hibernants soumis à
une basse température.

Lorsque la température à laquelle sont soumis les animaux
hibernants s'abaisse à 0° ou au-dessous, on voit se manifester
chez eux un nouvel état qui constitue la *léthargie par le*

froid. Voici sa description telle que nous l'empruntons à M. Gavarret (1).

« Lorsque la *léthargie* est bien établie, les fonctions ne sont plus seulement ralenties, ramenées au minimum d'activité; elles sont *totalement suspendues.* Les excitants chimiques et mécaniques sont impuissants, non-seulement pour réveiller l'animal, mais pour obtenir les moindres signes de sensibilité! On peut mettre les nerfs à découvert, les piquer, les déchirer avec la pointe d'un scalpel sans déterminer aucune douleur; le courant électrique lui-même est employé sans résultats; la sensibilité est suspendue : l'irritabilité musculaire est difficile à mettre en jeu; en sectionnant ou en irritant avec la pointe d'un scalpel des muscles mis à nu, on observe à peine quelques oscillations dans leurs fibres. Spallanzani n'a rien obtenu avec la décharge de la bouteille de Leyde; Saissy, avec le courant électrique, a réveillé des contractions évidentes, mais bien moins fortes que dans le simple engourdissement hibernal. La circulation est complétement suspendue. Saissy a trouvé les vaisseaux de la périphérie presque vides, le sang accumulé et *stagnant* dans le cœur et les vaisseaux abdominaux. Une ligature placée sur le vaisseau ne détermine aucun gonflement. A l'incision, le sang encore liquide s'écoule au dehors, mais *passivement.* A l'inspection directe, le cœur ne présente aucun mouvement : le courant électrique peut cependant réveiller son irritabilité et déterminer des contractions de ses parois. Il est nécessaire, pour bien comprendre l'action du courant sur les muscles, de se rappeler que l'irritabilité est une propriété qui continue à exister chez tous les animaux pendant un certain temps, même après la *mort réelle.* Les phénomènes mécaniques de la respiration sont complétement suspendus; à l'œil, il est impossible de distinguer le moindre mouvement des parois thoraciques. Saissy ayant mis sous l'eau une marmotte

---

(1) *De la chaleur produite par les êtres vivants,* Paris, 1855, p. 497.

en *léthargie,* il s'échappa quelques bulles de gaz emprisonnées dans ses oreilles et dans sa bouche ; mais l'animal resta submergé quinze minutes sans que rien sortît de son poumon.

« Les hérissons, les lérots, les chauves-souris donnèrent les mêmes résultats. Spallanzani a laissé une marmotte en *léthargie,* pendant quatre heures, dans l'acide carbonique, et elle ne mourut pas. La température extérieure était à 15 degrés. Dans une seconde expérience, l'air étant à 11° 25, l'animal séjourna deux heures dans l'azote sans exhaler aucune trace d'acide carbonique. Saissy a constaté que, pendant la *léthargie,* ces animaux n'absorbent pas d'oxygène, et n'exhalent pas de traces sensibles d'acide carbonique. M. Chatin a laissé très-longtemps un loir en *léthargie* exposé à l'action de vapeurs arsénicales ; l'animal ne mourut pas : l'absorption pulmonaire et cutanée était donc suspendue.

« Les mammifères hibernants en *léthargie* se conduisent comme des *cadavres ;* cependant la mort n'est pas encore réelle, elle n'est qu'apparente. Sous l'influence d'une température de 5, 6, 8 et 10 degrés au-dessus de zéro, peu à peu, la sensibilité, la circulation, les phénomènes mécaniques et chimiques de la respiration se rétablissent, les animaux sont alors en véritable *hibernation.*

« Si l'air s'échauffe encore autour d'eux ; ils se réveillent et recouvrent le libre et plein exercice de toutes leurs fonctions.

« Si, au contraire, on les maintient trop longtemps sous l'influence d'une température trop basse, comme ils n'absorbent plus d'oxygène, ils ne produisent plus de chaleur ; alors ils se refroidissent comme des corps inertes, mais lentement, parce que leurs tissus sont mauvais conducteurs. La congélation frappe d'abord les extrémités, elle s'étend peu à peu, envahit les centres organiques ; à la *léthargie* succède la *mort par le froid,* accompagnée de désordres anatomiques constatés chez tous les animaux en cas pareil. »

Il n'est pas sans intérêt de remarquer que, dans cet état, Saissy a trouvé les vaisseaux de la périphérie presque vides, le

sang accumulé et stagnant dans le cœur et les vaisseaux abdominaux, c'est-à-dire tous les caractères anatomo-pathologiques
de la syncope.

Mais ce ne sont pas seulement les animaux hibernants qui
peuvent être plongés dans un état de mort apparente par le
froid, comme le prouvent les faits suivants (1) :

« Le capitaine Ross plaça trente chenilles dans une boîte qu'il
exposa quatre fois successivement, pendant une semaine, à
une température de — 42 degrés environ. A chaque exposition
elles devinrent roides et furent congelées. La première fois, il
suffit de les ramener dans une chambre chaude pour qu'elles re-
vinssent *toutes* à la vie. La seconde fois, vingt trois survécurent;
la troisième fois., onze résistèrent à l'épreuve ; enfin, après
le quatrième essai, deux seulement purent être rappelées à la
vie. Conservées dans une chambre chaude, ces deux chenilles
formèrent leurs cocons : l'une ne produisit qu'une chrysalide
imparfaite, l'autre fournit six mouches.

« On sait, depuis longtemps, qu'en Russie et dans la partie
septentrionale des États-Unis d'Amérique, on transporte au loin
des poissons roides comme des bâtons et dans un véritable état
de congélation; cependant, il suffit de les plonger dans l'eau
au-dessus de zéro, pour leur rendre leurs mouvements. Voici
un fait fort intéressant, qui prouve qu'un animal vertébré peut
résister à une congélation complète. En Islande, pendant l'hi-
ver de 1828 et 1829, M. Gaymard plaça des crapauds dans une
boîte remplie de terre et les exposa, en plein air, à l'influence
de la température extérieure. Au bout de quelque temps, on
ouvrit la boîte, ils étaient durs et roides comme des cadavres
gelés; toutes les parties de leur corps étaient *inflexibles* et *cas-
santes ;* quand on les brisait, il ne s'en échappait pas une seule
goutte de sang. Ces animaux avaient creusé des trous dans la
terre de la boîte; ils s'étaient ainsi refroidis lentement, et

---

(1) Gavarret, p. 502.

étaient parvenus graduellement à l'état de congélation. Placés
dans de l'eau légèrement chauffée, ils recouvrèrent la flexibilité
de leurs membres à mesure que les glaçons fondirent, et, en
dix minutes, ils revinrent complétement à la vie. M. Gaymard
fait observer qu'une *congélation rapide* tue toujours ces animaux ; pour qu'ils résistent, il faut que l'influence du froid soit
graduée. Les mêmes expériences furent tentées sur des gre-
nouilles, et ne réussirent pas. »

*Malgré l'absence des battements du cœur, si le bourdonnement
existe dans la mort apparente, on doit espérer le retour à la
vie.*

Trois exemples viennent nous fortifier dans cette manière de
voir ; les voici :

Obs. I. — Au mois de décembre 1854, je fus réveillé par
une infirmière de la Maternité de Toulouse. Mademoiselle Terris,
sage-femme, qui dirigeait l'établissement en l'absence de
M. le docteur Stevenet, venait d'accoucher une femme primi-
pare, dont l'enfant ne donnait aucun signe de vie. Il était
asphyxié, ce qui arrive assez souvent quand on ne peut obtenir
la réduction du cordon dans les cas de prolapsus, comme dans
le cas présent. L'oreille appliquée à la région précordiale ne
permet d'entendre aucun bruit, et le pouls est insensible. Un
dynamoscope en liége est appliqué à la région précordiale, et
le bourdonnement me paraît si développé, si fort, qu'il m'est
impossible de croire à la mort réelle. Aussitôt l'enfant fut mis
dans un bain très-chaud, puis il fut frictionné sur toute la surface de la peau avec une brosse, et en même temps j'appliquai
ma bouche contre celle de l'enfant, et pendant dix minutes, je
pratiquai l'insufflation directe. La peau alors me parut avoir
pris une couleur différente ; mais l'auscultation du cœur et la
palpation de l'artère radiale donnaient des résultats nuls. L'auscultation dynamoscopique me fournit de nouvelles ressources.

Je fis électriser le corps de ce petit être, pendant que je pratiquais de nouveau l'insufflation.

Après un quart-d'heure de patience et de peine, nous vîmes cet enfant ouvrir les yeux et respirer. Comptant l'avoir arraché à une mort certaine, je me retirai; mais le lendemain, j'appris que, malgré les soins les plus assidus, l'enfant avait pâli et était mort une heure après mon départ.

Obs. II. — Hardy (Henri), âgé de 22 ans, fusilier au 39e de ligne, est évacué de Crimée et arrive le 6 mars 1856 à l'hôpital Saint-Éloi de Montpellier. Il est convalescent de diarrhée scorbutique; il ne présente rien de particulier jusqu'au 19 mars. Cependant, le 18 au soir, il s'était plaint d'un malaise vague, général.

Le 19, à minuit, le malade est pris d'un frisson qui a duré jusqu'à une heure du matin; il a ensuite éprouvé de la chaleur et il a sué jusqu'au 20 à midi. Depuis ce moment il a pâli, les traits sont restés immobiles, les yeux à demi-ouverts, et il ne donne aucun signe de respiration. Les infirmiers le croient mort, et lui couvrent la tête.

Poussé par le désir d'écouter le bourdonnement, je découvris le malade. Je le trouvai dans un état d'immobilité complète, les traits aussi calmes que s'il était mort. La figure n'est pas décomposée; il est très-pâle; les pupilles ne se contractent pas. La respiration est latente, imperceptible; le pouls est insensible. Il y a une certaine roideur des membres; ils conservent la position qu'on leur donne. Le malade n'entend rien au bruit le plus fort que l'on fait autour de lui pour l'exciter. La sensibilité paraît détruite, car il ne fait aucun mouvement lorsqu'on le pique avec une aiguille et qu'on le brûle avec un fer chaud.

L'auscultation du cœur ne permet pas d'entendre de battement, même après un long examen.

Bourdonnement nul aux mains; petillements assez fréquents, simples, petits.

A la tête, bourdonnement et petillements nuls.

Dans toutes les autres parties du corps, le bourdonnement est entendu.

A huit heures du soir, les paupières sont fermées, la peau est fraîche, les dents sont serrées les unes contre les autres. Le malade conserve la position qu'on lui fait prendre; c'est ainsi que nous le mettons debout hors du lit, les deux bras levés, et il garde cette position pendant dix minutes. Convaincu que l'état cataleptique est aussi complet que possible, nous le remettons au lit. Pendant cette manœuvre, il est resté aussi calme, aussi pâle que s'il eût été dans son lit. On aurait dit un cadavre se tenant debout. On a beau le pincer, il n'exprime aucune souffrance.

Excepté aux doigts, le bourdonnement existe partout.

Après dix jours de traitement, la guérison paraît complète, et aussi prompte que la maladie a été rapide.

Le bourdonnement est doux, un peu petit et peu nourri, mais égal, continu, régulier; il y a de temps en temps des petillements nombreux.

Le 5 avril, Hardy quitte l'hôpital complétement guéri.

Obs. III. — Le 27 juin 1857, j'ai donné des soins à une jeune fille de 17 ans. Mademoiselle S... était atteinte d'une métrorrhagie passive, consécutive à un purpura hemorrhagica. Ce jour-là l'hémorrhagie avait été si abondante, que j'eus recours au tamponnement avec le perchlorure de fer. Je venais de le terminer lorsque, l'œil fixé sur la malade, je vois ses yeux se convulser en haut, l'écume sortir de sa bouche, le pouce se rapprocher du creux de la main. Je la secoue, je la pince, elle reste insensible : c'est l'image de la mort. Je recommande à la personne qui est à côté de moi de porter un flacon d'ammoniaque sous le nez, et en même temps j'applique mon oreille sur le thorax, vis-à-vis le ventricule gauche; plus de contraction ventriculaire; le pouls ne bat plus. J'exerce des

pressions sur le thorax et je prends une brosse qui se trouvait
sous la main pour en frictionner rudement tout le corps; mais
mon oreille, encore appliquée sur le cœur, ne me permet de
rien constater. Il s'était écoulé quatre minutes; alors j'appliquai
le dynamoscope sur le cartilage de la troisième fausse côte
gauche, et *j'entendis un bourdonnement très-distinct et dont
les caractères ne ressemblaient pas au bourdonnement qu'on
peut constater aux mêmes points sur les cadavres.* Aussitôt j'ai
recours à l'insufflation directe.

Ce n'est qu'après toutes ces manœuvres que Mademoiselle S...
ouvrit les yeux, respira, et qu'un frémissement se produisit
vers la région précordiale. Mademoiselle S... était sauvée. En
effet, le lendemain, elle fut visitée par MM. Blanche et Gueneau
de Mussy, et nous obtînmes une notable amélioration dans son
état.

Malheureusement, le 12 juillet, au moment où nous trou-
vions que les forces de la malade revenaient, une hémorrhagie
se déclara, et mademoiselle S... mourut le 15 juillet.

De ces trois observations, il résulte qu'une suspension complète des battements du cœur peut se manifester pendant un
temps assez long, sans que la mort survienne. Il résulte aussi
que le cœur peut cesser d'être entendu, et que le bourdonnement n'en peut pas moins être bien distinct. Aussi est-ce alors
l'existence du bourdonnement qui indique que la mort n'est
pas certaine; et, une conséquence de ce fait, c'est qu'il y a un
signe de vie plus sûr que la présence des battements du cœur,
et que ce signe est l'existence du bourdonnement.

CHAPITRE III.

CONCLUSIONS

DES

OBSERVATIONS DYNAMOSCOPIQUES.

Après avoir consigné tous ces détails d'observations, il nous restait à résumer succinctement notre opinion sur la nature du bourdonnement, sur son siége, sur ses causes, enfin sur son application médicale. Nous abrégerons ce travail de synthèse, afin de pouvoir l'exécuter plus tard plus longuement.

Pour arriver à la connaissance entière et sérieuse du bourdonnement, une foule de connaissances et d'expériences réitérées et confirmées est indispensable. Il faut posséder l'acoustique, l'harmonie, l'anatomie des nerfs, la pathologie en rapport avec les phénomènes vitaux, et surtout avoir pratiqué longtemps l'auscultation digitale. Nous n'osons nous flatter d'avoir acquis à un degré suffisant toutes ces connaissances générales et spéciales. Ce que nous pouvons et voulons nous contenter de dire pour le moment, c'est que l'étude théorique du bruit qui fait l'objet de ce livre doit se diviser en deux parties: 1° la partie physiologique ; 2° la partie acoustique.

La partie physiologique distingue le bourdonnement de l'effet de la contraction musculaire, le fait séparer des bruits de la circulation et de la chaleur animale, l'empêche de confondre les phénomènes intimes de la force nerveuse, sans se demander si cette force existe ou n'existe pas; de même qu'on ne doit pas confondre l'effet avec la cause.

La partie acoustique a pour objet le bourdonnement en lui-même; elle nous permet de déterminer les lois suivant lesquelles le bourdonnement se produit dans le corps de l'homme et arrive jusqu'à notre organe auditif; de le diviser en une note de valeur connue; enfin, de décomposer le bourdonnement en vibrations nerveuses, et de faire subir aux vibrations nerveuses les lois des nombres; de ranger la physiologie et la médecine sous le nom de *sciences exactes*.

Nous nous proposons d'abréger ce travail, dans ce volume, parce que le soin qu'une pareille découverte exige ne peut se développer que peu à peu et que dans la mesure des résultats définitifs et pratiques dont la nature se sert, et dont les procédés nous sont révélés par l'étude et l'expérience.

PARTIE PHYSIOLOGIQUE.

Le bourdonnement est-il dû à la contraction musculaire?

Généralement, on rattache le bourdonnement à la contraction musculaire; les observations que nous allons rappeler, leur nombre, leur précision, prouveront, nous l'espérons, que cette opinion est erronée.

Ceux qui ont lu attentivement Laënnec devront être convaincus. Cet observateur ne pouvait pas rattacher la cause du bourdonnement à la contraction musculaire, ce que notre historique a d'ailleurs bien établi, et qu'il est important de relire, pour voir dans quelle confusion le résultat de ses expériences le plaçait à cet égard.

Que si la contraction musculaire provoquait le bourdonnement, il ne devrait paraître qu'à ce seul moment. Or il existe toujours, que le muscle soit en contraction ou non. Dans ce cas

particulier, on dit qu'il est dû à la contraction insensible.
Nous ne pouvons confondre ses phénomènes avec la production
du bourdonnement. En effet, le bourdonnement est toujours
entendu très-distinctement et d'une manière continue ; tout ce
qui est contraction est intermittent et ne peut être continu.
Étudions ce qui se passe pour le bourdonnement pendant une
contraction musculaire. Il est possible, et il arrive même presque
toujours que le bourdonnement soit augmenté au moment de
la contraction musculaire ; mais continuez cette contraction
par un effort de la volonté, et le bourdonnement, malgré sa
durée, ne se maintiendra plus aussi fort : il baissera et reviendra
ce qu'il était à l'état de repos. Malgré son augmentation
de force dans la contraction musculaire, le bourdonnement ne
change pas de ton. Il conserve la même note, c'est-à-dire le
même degré d'acuité ou de gravité. Ce n'est que l'intensité du
bruit, c'est-à-dire l'amplitude de sa vibration qui change.

*Du bourdonnement à l'état physiologique, comparé aux forces
musculaires en repos ou en contraction.*

1° *Aux différents âges.* — Le bourdonnement ressemble à
un son continu. Or la contraction musculaire ne peut être
qu'intermittente, même la contraction insensible. Cela résulte
de la définition même du mot contraction. Une certaine délicatesse
dans l'auscultation dynamoscopique, et surtout l'expérience
dans cette pratique, font distinguer le bourdonnement
féminin du bourdonnement masculin ; celui du vieillard de
celui de l'adulte et de l'enfant. Cette différence est surtout dans
la force ou l'intensité du son, mais non dans le ton. La même
note peut-être produite par tous les sujets dont il est question :
enfants, adultes, vieillards, hommes, femmes, et la différence
de leur bourdonnement est facile à saisir. Mais si la note ne
change pas, la contraction musculaire est bien différente, et la
puissance des muscles à ces divers âges est toujours nettement

tranchée. Jamais le degré de contraction musculaire et le degré de force d'un enfant ne sera égal à celui de l'adulte ; jamais celui de l'adulte ne ressemblera à celui du vieillard.

2° *A l'état de veille et de sommeil.* — Dans la veille et le sommeil, on trouve deux états physiologiques bien différents et bien nettement caractérisés. Dans le premier état, c'est la vie, c'est le mouvement, c'est l'action ; dans le second, c'est l'image de la mort, c'est l'inaction, la résolution complète. La contraction musculaire est éteinte dans le sommeil ; mais le bourdonnement existe, et s'il y a des différences d'intensité dans le bourdonnement de l'homme qui veille et du même homme qui dort, il n'y a pas de différence dans le ton ou la note produite ; donc l'amplitude de la vibration joue un grand rôle dans la vie du mouvement.

3° *A l'état de repos ou de fatigue.* — Dans le repos et la fatigue, le bourdonnement existe toujours, et s'il y a, dans ces deux états, deux manières d'être bien déterminées au point de vue de la contraction musculaire, il n'en est pas ainsi du bruit qui nous occupe. C'est à peine si le ton du bourdonnement change ; son intensité et sa rapidité montrent des différences.

Du bourdonnement à l'état physiologico-pathologique, comparé aux forces musculaires en repos ou en contraction.

1° *Chez la femme enceinte.* — L'état musculaire ne subit pas de grandes modifications chez la femme enceinte. Le bourdonnement, surtout à la dernière période de la grossesse, subit de grandes variations : il est assez fréquent de le voir baisser d'un côté ou d'un autre. Il n'y a encore ici aucun rapport entre la contraction musculaire et la production du bourdonnement.

2° *Pendant l'électrisation.* — Les modifications du bourdonnement sont faciles à constater. Je vais électriser le pied d'une personne : aucun rapport musculaire ne relie entre eux

les muscles de la jambe, de la cuisse, de l'abdomen, du thorax,
du bras, de l'avant-bras et de la main. Si l'on place le dynamoscope dans l'un des doigts de la main , et que l'on écoute
le bourdonnement avant et pendant l'électrisation , on lui trou-
vera des différences considérables : de lent, il devient rapide ;
de grave, plus aigu ; et de faible, il paraît fort et sonore.

Une grande distance sépare les muscles des mains, du cou-
de-pied, ainsi que des corps très-mauvais conducteurs. C'est
donc à peine si l'on devrait trouver une différence entre le bourdonnement qui se produit et celui qui est normal ; mais la différence est considérable dans toutes ses manifestations.

3° *Pendant l'anesthésie.* — Le magnétisme, le chloroforme,
l'éther, l'amylène, l'hypnotisme, tous les agents anesthésiques,
en un mot, modifient tellement le bourdonnement, que l'on
peut le voir passer de la note la plus aiguë à la plus grave, de
la continuité à l'intermittence, de la rapidité à la lenteur, et
de l'intermittence au silence absolu. Pendant toutes ces variations, nul rapport n'unit la contraction musculaire au bourdonnement. On observe le silence du bourdonnement au moment où le malade est dans la période d'excitation, au moment
où il se remue, s'agite, délire, et où il faut être plusieurs pour
le retenir sur son lit.

4° *Pendant la douleur des opérations sanglantes.* — Si le
malade n'est pas éthérisé, le bourdonnement se charge d'abord
de petillements ; puis ses caractères deviennent difficiles à préciser, à moins qu'on n'ait une très-grande habitude de l'entendre. Dès que l'impression aiguë de la douleur est perçue
par le patient, les variations du bourdonnement sont considérables ; elles restent moindres si l'opéré supporte son opération
sans trop de souffrances. L'irritabilité et la contraction musculaire obéissent toujours à la volonté et semblent s'effacer devant
l'attitude que prend le malade, tandis que le bourdonnement
varie selon l'impression plus ou moins forte que la vitalité en
reçoit.

*Du bourdonnement à l'état pathologique, comparé à l'état
des forces musculaires en contraction ou au repos.*

Pour faire une appréciation complète et perfectionnée de la
proposition que nous établissons, il faudrait étudier chaque
observation en particulier, et rechercher dans chacune les rapports ou les dissemblances du bourdonnement avec les forces
musculaires. Ce travail ne présenterait pas beaucoup d'intérêt,
et il est facile à ceux qui voudront en prendre la peine, de
l'exécuter. Nous préférons rechercher, parmi les conclusions
que nous pouvons tirer de chaque classe de maladi , si elles
peuvent trouver quelque rapprochement avec la contraction
musculaire.

Toutes les observations que nous avons recueillies avec soin,
et qui sont les plus habituelles de la pratique et les plus importantes de la pathologie : fièvre typhoïde, variole, scarlatine,
fièvre intermittente, pneumonie, angine, péritonite, choléra,
apoplexie cérébrale, phthisie, etc., nous permettent d'établir,
au point de vue de la dynamoscopie, trois sortes de catégories,
selon le degré de gravité de la maladie.

Première catégorie. — C'est le premier degré de la maladie :
le bourdonnement devient fort, rapide, il peut offrir quelques
essais de temblotement, puis il redevient calme , doux, et affecte les caractères du type normal.

Deuxième catégorie. — La maladie sérieuse, ou deuxième degré de la maladie, imprime au bourdonnement de nouveaux
caractères : de roulant, fort, rapide ; il devient tremblotant,
inégal et baisse ; il se supprime rarement dans cette période,
puis il revient au type normal, quelquefois en restant petit,
profond.

Troisième catégorie. — Dans le cas où le mal empire et où
il n'est pas possible d'arrêter ses progrès, les suppressions du
bourdonnement sont longues, et ses absences plus longues que

la présence du bruit continu; le bourdonnement affecte aussi très-souvent un autre caractère, celui de baisser d'octave en octave jusqu'à sa disparition ou son affaiblissement tel, qu'on ne peut plus distinguer qu'un murmure très-confus.

A la période ultime, quelques heures avant la mort, le bourdonnement est totalement supprimé au bout des doigts. C'est une exception quand il persiste, et, dans ce cas, il a des caractères particuliers qui rappellent le bourdonnement qui existe, après la mort, au creux de l'estomac.

Il est évident que si le bourdonnement se modifie notablement avec le degré de gravité de la maladie, on peut en conclure qu'il est en rapport avec les différents degrés d'affaiblissement des forces vitales. Mais est-il possible et permis d'en induire que le bourdonnement est en rapport avec la contraction musculaire? En principe, les forces musculaires en contraction devraient suivre cet affaiblissement, à cause de leur liaison avec le degré d'énergie vitale; mais il n'en est presque jamais ainsi. Un malade conserve, dans beaucoup de cas : phthisie, pneumonie, dyssenterie, maladies organiques du cœur, de l'estomac, etc.. avec toute sa présence d'esprit, un certain degré de force musculaire qui lui permet, jusqu'au dernier moment, de se remuer, de s'agiter et de contracter ses muscles sous l'influence de la volonté. Les muscles obéissent ainsi jusqu'à la fin à la volonté qui les fait contracter. Le bourdonnement n'obéit pas à la volonté, et il est absent, malgré la contraction des muscles. Si le malade est dans le délire et qu'il soit dans une période d'excitation, la contractilité est poussée jusqu'à la roideur, ou bien jusqu'à la convulsion. Or, ces degrés de la contraction musculaire sont les plus violents, et le bourdonnement ne suit en aucun rapport ces mouvements pathologiques : il est absent ou intermittent, ou bien passe d'un octave à un autre plus grave, jusqu'au silence complet, et se trouve ainsi dans les lois qui établissent que le malade court le plus grand danger.

Comme on le voit, l'homme, dans toute sa vie, depuis le

bas-âge jusqu'à la sénilité, soit dans l'état normal, soit
l'état pathologique, ne présente, dans les manifestations de son
bourdonnement, aucune liaison, aucun rapport avec la contraction musculaire.

Le siége du bourdonnement est-il dans la circulation sanguine ?

On n'a jamais émis cette opinion sur le siége du bourdonnement. Comme elle peut venir à l'esprit, il est nécessaire de
l'examiner.

Les bruits du cœur, de même que tous ceux qui sont artériels, sont intermittents ; ils ne perdent jamais ce caractère. Le
bourdonnement est presque toujours continu, et ce n'est que
par exception, et dans les cas graves de maladie, qu'il cesse
de l'être. L'analyse des bruits artériels fait distinguer, d'a-
près MM. Barth et Roger : 1° un bruit de souffle intermittent : il
est doux à l'oreille, coïncide avec la diastole des vaisseaux ; il
est perçu sur les carotides, de préférence, quoiqu'il puisse être
entendu ailleurs ; la carotide droite le fait entendre mieux ;
2° un bruit de râpe, sorte de bruit de souffle, plus rude et accompagné d'un frémissement sensible à la main ; 3° un bruissement plus prolongé, plus aigu, ordinairement limité et
coïncidant aussi avec un frémissement vibratoire manifeste.
Ce bruissement, distingué par les auteurs comme appartenant
au sang artériel, n'est autre chose que le bourdonnement, qui
n'était pas connu ; bourdonnement qui est, par exception, devenu très-fort dans la région où il est entendu.

L'analyse des bruits vasculaires veineux et mixtes permet
de distinguer, d'après les mêmes auteurs : 1° un murmure
continu, simple, semblable à celui que l'on entend lorsqu'on
approche de son oreille un gros coquillage univalve : c'est
encore notre bourdonnement, qui n'était pas étudié ou qui avait
été méconnu jusqu'à ce jour ; 2° un bruit de souffle à double

courant, constitué par un murmure intense, continu, renforcé, à chaque diastole du cœur, et donnant la sensation de deux courants qui se feraient en sens inverse ; assez semblable au soufflet de forge, il devient parfois ronflant et sonore, au point d'imiter le bruit que l'on produit en fouettant le jouet d'enfant connu sous le nom de *diable ;* et il constitue alors le bruit de *diable ;* 3° un bruit musical, chant des artères, espèce de bruit sibilant et musical, formé d'une succession de sons diversement modulés, et qu'on a comparé à la résonnance du diapason, à la vibration d'une corde métallique. Ce bruit peut bien être encore de l'ordre de ceux que nous avons consignés dans notre *Traité.*

La dynamoscopie nous apprend à éliminer, dans l'auscultation des artères, un bruit continu, qui n'est autre chose que le bourdonnement. Elle en fait autant pour l'auscultation des veines.

Preuves à l'appui de l'opinion que le bourdonnement n'est pas produit par la circulation sanguine.

Les battements du cœur étant intermittents, la circulation artérielle est intermittente, le bourdonnement est continu et ne peut lui correspondre. Il ne pourrait donc dépendre que de la circulation veineuse.

Dans les maladies, le pouls indique toujours, par sa fréquence, une activité plus grande qu'à l'état de santé. A une fréquence plus grande devraient correspondre des sons plus aigus. Le bourdonnement, au contraire, baisse toujours, et ses notes sont, dans les maladies, presque toujours plus graves qu'à l'état de santé.

Le pouls existe toujours jusqu'aux approches de la mort ; le bourdonnement peut disparaître à l'extrémité des doigts, sans être un indice certain de mort.

Le pouls a bien des caractères nombreux de force, de faiblesse, d'irrégularité ; mais il ne se trouve jamais intermittent au point d'avoir des absences qui puissent se prolonger une ou plusieurs minutes. Le bourdonnement présente assez souvent ce caractère.

Le pouls ne donne pas au doigt des signes de pulsations fortes, puis plus faibles, et s'affaiblissant de plus en plus, jusqu'à leur cessation. Le bourdonnement, d'abord entendu dans une note aiguë, peut baisser d'octave en octave, jusqu'au moment où il n'est plus perçu, et rester longtemps silencieux ou absent.

Ainsi, le bourdonnement varie beaucoup dans un temps donné, sans que le pouls change de caractère appréciable dans le même temps.

Le pouls d'un côté, et celui de l'autre côté, ne changent pas de caractère, et s'il y a changement, c'est une anomalie des vaisseaux. Le bourdonnement suit une loi qui ne ressemble en rien à celle-là. Ses caractères sont variables, comme la maladie elle-même ; et si la maladie est d'un côté sans être de l'autre, le bourdonnement peut ne changer que du côté où est la maladie.

Nous apprendrons, dans un second volume, à comparer les nombres, au lieu des sons, et la différence sera considérable.

De là la conclusion que l'on ne peut rien connaître sur une maladie, si on n'écoute les deux côtés de l'homme, et si on ne fait le rapport entre les deux bourdonnements, pour avoir une sorte de *coefficient vital*.

Le pouls est certainement, pour le médecin, un excellent indicateur dans bien des circonstances ; mais, que de fois il n'accuse aucune différence entre la santé et les maladies, même les plus graves. Dans l'apoplexie, j'ai vu des malades rester longtemps avec un nombre de pulsations égal à celui de la santé, soixante par minute, et le malade être mortellement frappé. Dans les affections dites nerveuses, le pouls ne change pas. (Voir *Apoplexie cérébrale*, obs. XII, p. 239.)

Le bourdonnement est d'une sensibilité telle, que l'on ne

peut avoir le moindre malaise sans qu'il n'accuse une différence très-nette et très-marquée avec l'état de santé.

Le pouls est un moyen si incomplet d'apprécier les forces vitales, que les chirurgiens, accompagnés des médecins les plus habiles, dans l'administration du chloroforme, n'ont pu prévoir et éviter la mort de leur opéré.

Il n'existe aucun rapport entre le bourdonnement et la circulation. Donc les bruits dynamoscopiques n'ont pas pour siége les vaisseaux artériels ou veineux, ni pour cause la circulation sanguine.

Le bourdonnement ne peut avoir pour siége le tissu adipeux.

Personne ne peut songer à rattacher le bourdonnement à ces produits de l'organisme.

La graisse, au point de vue anatomique, est constituée par une sorte de vésicule inerte; envisagée au point de vue des phénomènes de la nutrition et de la chaleur animale, c'est un dépôt transitoire plutôt qu'un véritable tissu.

Le tissu adipeux ne paraît pas nécessairement soumis à un travail de formation et de déformation continuelles. Pendant toute la période d'engraissement, l'animal augmente en poids, et la graisse nouvelle s'ajoute à la graisse ancienne.

Les variations infinies du bourdonnement ne peuvent se prêter à lui assigner pour siége ce tissu, dont la stabilité est un des caractères principaux.

Le bourdonnement ne peut avoir pour siége le tissu osseux.

La dureté et la rigidité des pièces qui entrent dans la constitution du squelette lui permettent de servir de support, de fournir protection à tous les autres tissus. C'est la charpente et la base de l'organisation physique et anatomique de l'homme;

c'est la colonne de soutien pour l'édifice ; aussi, c'est la partie la moins vitale, c'est celle qui se rapproche le plus des corps inertes, et, dans sa composition chimique, trouve-t-on les produits qui font la base de certains corps bruts et inertes qui appartiennent au règne minéral.

Le bourdonnement, dont les variétés sont si grandes, dont les changements peuvent être tels, que son existence, ses manifestations, sa modulation, sa force, son intensité, toutes ses propriétés peuvent passer d'une minute à l'autre par les phases les plus variables et les plus extrêmes, le bourdonnement s'accommoderait-il d'un tissu qui jouit de la propriété du minéral, propriété qui le rendrait stable au point de ne subir pas même les lois de la putréfaction ?

La réponse est facile à déduire.

Évidemment le bourdonnement n'a pas pour siége le tissu osseux, pas plus que le tissu adipeux, les veines ou les artères et le tissu musculaire.

Que nous reste-t-il donc dans la structure physique de l'homme, pour assigner une place aux bruits dynamoscopiques ? Évidemment c'est le tissu nerveux, les nerfs.

Le bourdonnement a pour siége les nerfs.

On nomme nerfs, des organes ayant la forme de cordons, qui servent de siége au sentiment et au mouvement.

Les nerfs sont composés de filaments particuliers, qui, aussitôt après leur sortie des organes centraux, se réunissent en certain nombre pour produire des faisceaux qu'on nomme *racines des nerfs.*

Ces racines, en se joignant, forment des troncs qui, vers la périphérie, se divisent en branches, lesquelles deviennent de plus en plus grêles, et finissent par se perdre, du moins en apparence, dans la substance des organes.

Les branches nerveuses sont de deux sortes :

1° Les unes fermes, d'un blanc brillant, se répandent principalement dans les muscles du tronc et la peau : ce sont les nerfs blancs ou cérébro-rachidiens, ou de la vie animale ;

2° Les autres molles, d'un gris-rougeâtre, plates et unies ensemble par de nombreuses anastomoses, appartiennent surtout aux viscères et accompagnent les vaisseaux sanguins : ce sont les nerfs gris, mous, sympathiques, végétatifs ou de la vie organique. Ceux-ci présentent des ganglions en divers points; les autres n'en présentent qu'à leur origine, ou bien aux endroits où les deux systèmes nerveux se réunissent.

Le microscope distingue dans les nerfs :

1° Le névrilème, espèce de tissu cellulaire résistant ;
2° Le périnerve, espèce d'enveloppe des faisceaux primitifs ;
3° Les faisceaux primitifs ou filets ;
4° Les tubes nerveux.

Ceux-ci, appelés aussi éléments nerveux, sont de deux sortes :

1° Les tubes larges, blancs, à double contour, ou tubes de la vie animale ;

2° Les tubes minces, à simple contour, ou tubes de la vie organique.

Les tubes larges, d'un diamètre de $0^{mm},010$, d'un contenu visqueux, sont divisés en tubes sensitifs et en tubes moteurs. Les tubes sensitifs sont à cellules ganglionnaires, et les tubes moteurs sont sans cellules ganglionnaires.

Les tubes minces sont d'un diamètre moitié moindre, et divisés aussi en tubes sensitifs et en tubes moteurs.

De même que les nerfs, les centres nerveux ont aussi des tubes nerveux.

Ces tubes nerveux composent les parties blanches et les parties grises; outre les tubes nerveux, ils contiennent les corpuscules nerveuses ou cellules nerveuses remplies d'un contenu fortement granulé et d'un noyau.

Après cet aperçu des éléments qui composent les nerfs, il est nécessaire de savoir qu'il est acquis à la science que les phénomènes de motilité et de sensibilité ont pour siége les nerfs. La distinction des fibres sensitives et des fibres motrices est un fait d'une importance incontestable, dont la découverte fut faite, en 1811, par les expériences et les travaux de Charles Bell. Les physiologistes, depuis ce moment, sont tous unanimes à proclamer que les racines postérieures des nerfs rachidiens, celles qui sont pourvues d'un ganglion, président au sentiment seul ; que les racines antérieures sont destinées au mouvement.

Rapports entre la sensibilité et la motilité d'un côté,
et le bourdonnement de l'autre.

Il n'importe pas à la dynamoscopie de distinguer, dans un nerf, les fibres nerveuses motrices, fibres sensitives ; mais elle recherche si, dans les différents états de santé ou de maladie, la sensibilité et la motilité, ensemble ou séparément, sont en rapport direct avec les différents caractères du bourdonnement.

1° *A l'état physiologique.* — Il est difficile de juger si un homme est plus fort qu'un autre ; mais il est généralement admis qu'une femme a moins de force que l'homme. Or le bourdonnement de la femme est plus doux ; dans le sommeil, l'homme a moins d'activité que dans la veille : le bourdonnement est ici moins fort, moins bruyant ; dans le repos, le pouvoir moteur est moins développé que dans la fatigue ; or, dans ces deux situations, le bourdonnement varie proportionnellement à leurs différences. Dans le premier cas, il est très-fort, très-sonore, vibrant ; dans le second cas, il est petit, doux, uniforme. Donc, dans l'état physiologique, on peut établir un rapport proportionnel entre le degré de motilité et le degré du bourdonnement.

Premier rapport du bourdonnement et des fonctions nerveuses à l'état physiologique. — Le degré de motilité, chez l'homme,

à l'état physiologique, est en raison directe du bourdonnement,
et réciproquement.

2° *Pendant l'anesthésie*, la sensibilité doit être anéantie :
c'est le but du chirurgien qui opère. Le bourdonnement suit
ici les différents degrés de l'impression produite, et l'on peut,
suivant le degré de l'insensibilité, trouver un bourdonnement
plus ou moins petit, plus ou moins profond, plus ou moins
tremblotant, plus ou moins silencieux.

*Deuxième rapport du bourdonnement et des fonctions ner-
veuses pendant l'anesthésie.* — Le degré d'insensibilité, chez
l'homme, pendant l'action des anesthésiques, est en raison directe du degré de plus en plus grave du bourdonnement, et
réciproquement.

3° Dans les maladies que nous ne suivrons pas, pour ne pas
nous exposer à des répétitions continuelles, nous rappellerons
que la sensibilité et la motilité sont encore ici en rapport avec
le degré de vitalité du malade. Il est évident que plus on est
malade, moins on a de forces actives. Cette règle ne peut pas
toujours s'appliquer à la sensibilité ; mais, sur les deux propriétés du système nerveux siégeant dans les nerfs, nous n'avons
besoin que d'une de ces propriétés pour établir et fonder logi-
quement notre proposition. Il est, en effet, évident que si,
dans les maladies, la force ou la faiblesse du bourdonnement
est, dans ses diverses modifications, en rapport avec le degré
de force ou de faiblesse de la personne malade, nous pourrons
établir que le siége du bourdonnement et le siége de la sensibilité et de la motilité doivent être le même. Le nombre d'observations que nous avons recueillies pour démontrer que le
bourdonnement pouvait nous indiquer le degré de gravité des
maladies, nous a démontré qu'il y avait toujours un rapport
proportionnel et constant entre le degré de force du malade
et les différents degrés du bourdonnement. A un bourdonnement fort, continu, régulier, correspond la santé. A un bourdonnement faible, intermittent, irrégulier, correspond la mala-

die. A mesure que le bourdonnement cesse et disparaît de la surface du corps, la motilité et la sensibilité diminuent et disparaissent également.

Troisième rapport entre le bourdonnement et les fonctions nerveuses. — Les différents degrés de sensibilité et d'excitation motrice dans les maladies sont en raison directe des différents degrés du bourdonnement entendu.

Comme il est prouvé que l'excitation motrice représentée par la force ou la faiblesse du malade siége dans les nerfs ; que la sensibilité plus ou moins grande du malade a pour siége le tissu nerveux ; et que le bourdonnement, comme nous venons de le voir, est toujours en corrélation intime avec ces deux propriétés du système nerveux, les expressions sensibilité, motilité, bourdonnement, se confondent, et le siége de leur manifestation doit être le même : le tissu nerveux.

Ce n'est pas que le ton du bourdonnement, le plus ou moins de vibrations, déterminent d'une manière authentique le degré du mouvement ou de la sensibilité. Cette loi peut être vraie dans son principe, mais non d'une manière absolue. On pourra établir que le côté qui n'aura pas de bourdonnnement sera au dernier degré de faiblesse et de sensibilité, si cette absence est continue pendant plusieurs jours, plusieurs semaines. Mais on ne pourra pas soutenir cette proposition, si cette absence n'est que momentanée, comme cela arrive si souvent dans les maladies.

Distinction entre l'excitation motrice et la contraction musculaire.

Il est important qu'on ne confonde pas l'excitation motrice nerveuse avec la contraction musculaire.

L'excitation motrice est une des manifestations de la force primitive inhérente à la vie, et qui se transmet au moyen du système nerveux. Une fois la mort établie, l'excitation motrice est perdue; elle est partout dans le corps.

La contraction musculaire est une propriété du muscle qui peut se faire par l'excitation galvanique, même après la mort.

Une grande série d'observations sur l'apoplexie cérébrale embrasse et montre la sensibilité et l'excitation motrice en rapport direct avec le bourdonnement.

Si l'hémorrhagie forme un caillot dans un des lobes cérébraux, prenons pour exemple celui du côté droit, il y a paralysie du mouvement ou du sentiment du côté gauche, et il y a absence du bourdonnement du côté gauche.

Si, dans ce cas, la paralysie est complète, ce qui est très-rare, le silence des bruits dynamoscopiques est complet.

Si la paralysie est incomplète, ce qui est le plus fréquemment observé, les manifestations du bourdonnement révèlent quelques traces de leur présence, toujours du côté paralysé, et l'autre côté conserve toute sa force.

Si l'hémorrhagie forme un caillot assez volumineux pour envahir les deux lobes, la paralysie est des deux côtés; elle est générale. Les perturbations du bourdonnement ou l'absence de bourdonnement des deux côtés sont en rapport avec le degré de la paralysie. Dans cette catégorie de faits, il nous paraît impossible de ne pas admettre l'évidence qui montre l'union du système nerveux, du bourdonnement, de la sensibilité et de la motilité. Aussi toutes ces déductions nous amènent à conclure et à poser cette loi de l'observation : Que le bourdonnement a pour siége les nerfs.

Connexion intime entre le grand sympathique et le système nerveux céphalo-rachidien.

En effet, s'il n'y a pas harmonie d'action entre ces deux systèmes nerveux, l'équilibre est rompu, les maladies les plus graves surgissent; et si le désaccord persiste, il y a mort.

Tout changement brusque survenu dans les organes centraux de la vie de relation réagit sur le grand sympathique. Exemple : l'obs. de P..., atteint d'apoplexie cérébrale mortelle, le 16 mai 1861, dont les battements du cœur n'ont montré que 60 pulsations pendant plusieurs jours, et qui n'a pu survivre à son attaque, malgré l'intégrité du grand sympathique ; il est mort le treizième jour de sa maladie. (Voir *Apoplexie cérébrale*, obs. XII, p. 239).

Une forte émotion peut donner une ictère, la diarrhée et des palpitations.

Les irritations du canal intestinal chez les enfants amènent les convulsions. La présence du ténia dans les intestins peut être la cause d'une foule de maladies cérébrales.

La dynamoscopie se trouve ainsi d'accord avec les physiologistes, et prouve qu'il n'y a dans le corps de l'homme qu'un bourdonnement plus ou moins fort, plus ou moins régulier, un bourdonnement à un seul timbre, le même pour la vie organique et la vie animale. En effet, le bourdonnement, après la mort, a le même timbre que celui qui existe pendant la vie, et, s'il y a des différences, elles n'existent que dans le caractère, et non dans la nature du bourdonnement lui-même.

Phénomènes intimes des nerfs cérébro-rachidiens.

Pour expliquer chez l'homme et chez les animaux les phénomènes de la vie nerveuse, la plupart des auteurs modernes s'accordent à admettre dans le système nerveux la présence d'un agent impondérable , désigné sous les noms divers de *principe, agent* ou *fluide nerveux, force nerveuse, principe actif des nerfs.*

Mais si les physiologistes modernes sont d'accord pour admettre une force nerveuse ; ils diffèrent, s'il s'agit de la comparer à un fluide impondérable connu, ou s'il faut la considérer comme une force nerveuse d'une nature toute particulière, une force *sui generis.*

Le nombre des électro-nervistes est considérable. A la tête de cette école se trouve Du Bois-Reymond, un des plus célèbres physiologistes de l'époque.

Matteucci, Longet, ne partagent pas la manière de voir des électro-nervistes. Ils ne trouvent pas leurs preuves assez concluantes ; ils attendent pour se prononcer. On peut conclure que cette question demeure encore sans solution.

Phénomènes intimes des nerfs du grand sympathique.

La division est complète parmi les physiologistes : Winslow, Johnston et Bichat, considèrent les ganglions comme des points d'origine et des organes multiplicateurs de l'action nerveuse.

Meckel, Zimm, Scarpa, ne voyaient dans les ganglions qu'un arrangement particulier, une simple disposition particulière des filets nerveux.

Rapport de la dynamoscopie avec les deux systèmes nerveux.

La dynamoscopie ne recherche pas la cause première des phénomènes de la vie ; elle laisse toute discussion entre les mains des physiologistes, pour être surtout une science utile et pratique auprès du malade, et se soumettre aux lois de l'induction. L'étude de la cause première des phénomènes nerveux, tout en l'intéressant et la touchant de près, ne semble intervenir que pour gêner les progrès qu'elle peut imprimer aux phénomènes de l'innervation. Aussi ne nous perdrons-nous pas en conjectures sur des choses presque inaccessibles à l'esprit de l'homme, et nous bornerons-nous aux conséquences palpables, simples et irréfutables, tirées de la physique, comme nous venons de le faire pour déterminer, en physiologie, le siége nerveux du bourdonnement.

Que si, par voie d'induction, nous sommes arrivé à trouver que le siége du bourdonnement est dans les nerfs, nous pouvons également démontrer que l'acoustique permet de décomposer le bourdonnement en un certain nombre de vibrations de valeur connue, et que les vibrations nerveuses sont la cause du bourdonnement.

La dynamoscopie numérique peut devenir ainsi une science pratique; elle s'occupe de l'action physique, qui ne devient dynamique que parce qu'il doit y avoir un rapport très-exact entre la cause et l'effet. C'est l'instantanéité de l'effet qui peut permettre de confondre dans le bourdonnement la partie physique et la partie dynamique, bien que tout ce que nous percevions soit physique, et que la rigueur de nos combinaisons ne repose entièrement que sur les lois de *l'acoustique.* Les résultats que nous fournit son étude, en le considérant comme un simple bruit, nous amène forcément à énumérer sommairement les principes les plus importants et les plus élémentaires de l'acoustique, afin qu'il soit évident pour tous que la physique, appliquée au bourdonnement, doit arriver à déterminer, d'une manière mathématique, les lois des vibrations nerveuses.

Du bourdonnement en rapport avec l'acoustique. — Les vibrations des nerfs sont la cause du bourdonnement.

L'acoustique a pour objet de déterminer les lois suivant lesquelles le son se produit dans les corps et se transmet jusqu'à notre organe auditif.

Décomposition analytique de toute espèce de son.

1° Le son est un mouvement. Un son est produit, une explosion de la foudre, un coup de canon, etc.; plusieurs observateurs étant placés sur la même ligne, à cent pas les uns des autres : le premier entend le son avant tous les autres; le deuxième l'entend avant le troisième, le troisième avant le le quatrième, etc., etc. ; au moment ou le troisième entend le son, le premier ne l'entend plus, etc. Donc, un son brusque, instantané, passe successivement d'un lieu dans un autre, et il est par conséquent un mouvement.

2° Le son ne se propage pas dans le vide là où il n'y a point de matière pondérable.

Tout le monde connaît l'expérience du timbre placé sous la cloche de la machine pneumatique; les gaz, les vapeurs d'éther, l'eau, les corps solides peuvent transmettre le son.

Aussi le bourdonnement se transmet-il à l'oreille, malgré l'épaisseur des chairs et de tous les tissus vivants. On a même calculé que la facilité avec laquelle le son se propage dans les corps solides est dix fois plus considérable que dans les corps gazeux; c'est ce qui explique pourquoi on peut entendre plus facilement le bourdonnement à l'extrémité des doigts, grâce à un conducteur, et pourquoi la limite des sons graves, lorsqu'ils sont perçus directement dans l'oreille, peut être plus grande que celle que les physiciens ont établie dans l'air.

3° Le mouvement qui produit le son est toujours un mouvement vibratoire. Ce mouvement est surtout frappant dans les cordes de violon et les diapasons. Les oscillations, il est vrai, sont trop rapides pour que l'on puisse les compter; mais l'œil les aperçoit. Ces oscillations ou ces mouvements de va-et-vient constituent ce qu'on appelle, en acoustique, des *vibrations*. Il suffit de poser le doigt sur un corps sonore quelconque pour sentir un frémissement qui accompagne la production du son; que si le doigt arrête, par une pression plus forte, le mouvement, le son est arrêté.

Cette vibration peut ne pas être dans les corps solides; elle se trouve dans la masse d'air ambiante.

4° Le son est grave ou aigu. La différence qui existe entre les sons graves et les sons aigus est si frappante, qu'elle doit correspondre à une modification physique dans la matière qui produit les vibrations, et l'air qui porte ces sons. L'unisson parfait indique la même modification physique du corps vibrant, et la même longueur d'onde. Le rapport d'acuité et de gravité de deux sons est ce qu'on appelle *ton*. L'intensité du son dépend des compressions plus ou moins fortes, et des vitesses plus ou moins grandes que l'air a reçues du corps sonore; d'où l'intensité dépend de l'aptitude de la vibration, et non de leur nombre. Le clairon et la basse peuvent donner deux notes à l'unisson. Le bourdonnement et le son d'un diapason, peuvent être à l'unisson et différer d'intensité. Le timbre des sons n'est pas encore bien déterminé; c'est le caractère particulier qui différencie deux notes à l'unisson, et de même intensité, une note produite par un instrument et la même note produite par un autre.

5° Tous les sons, quel que soit leur ton, leur timbre ou leur intensité, se propagent dans l'air avec la même vitesse. C'est ce qui permet de saisir avec plaisir, à distance, toutes les notes d'une symphonie.

6° La vitesse du son dans l'air est de **340** mètres par seconde, à 16°. Des expériences authentiques ont établi ce fait.

ÉVALUATION NUMÉRIQUE DU BOURDONNEMENT CHEZ L'HOMME
A L'ÉTAT DE SANTÉ.

L'acoustique nous apprend à compter de diverses manières le nombre absolu de vibrations qui correspondent à un son quelconque. On y parvenait autrefois par les lois des vibrations des cordes ou des lames; on ne se sert plus de cette méthode. Celle qui est usitée aujourd'hui est plus directe et plus précise. C'est tantôt à l'aide de la sirène, de la roue dentée, de la machine électro-magnétique, ou, enfin, de la méthode graphique que l'on arrive à déterminer le nombre de vibrations d'un son donné. Cette dernière méthode nous paraît être la plus simple; aussi est-ce celle que nous avons adoptée pour le sujet qui nous occupe.

Diapason. — Tout le monde connaît cet instrument, dont on se sert pour accorder et mettre au ton les pianos et autres instruments à sons fixes; il reproduit à volonté une note invariable. C'est grâce à une sorte de diapason qu'il nous a été possible de trouver l'unisson avec le bourdonnement. Nous avons confié l'exécution de cet instrument à M. Rudolph Kœnig, qui s'en est acquitté avec beaucoup d'habileté.

DIAPASON DYNAMOSCOPIQUE.

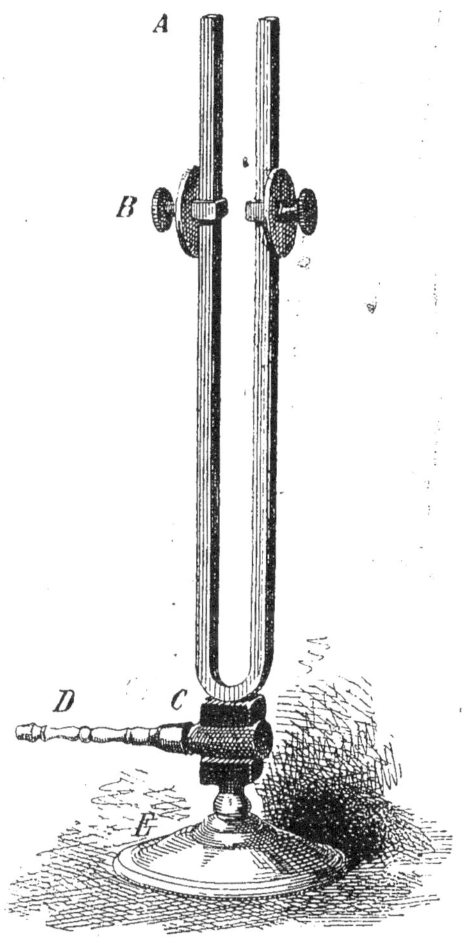

Ce diapason se compose d'une verge d'acier A recourbée sur elle-même en forme de pincette ; on la fait vibrer, soit en passant un archet sur ses bords, soit en écartant brusquement ses deux branches au moyen d'un cylindre de fer qu'on passe de force entre elles, soit en les rapprochant par la force des doigts ; les deux lames, ainsi écartées de leur position d'équilibre, y reviennent en vibrant, et produisent un son constant. Sur les branches se meuvent deux curseurs B, dont le but est de modifier le son selon la hauteur à laquelle ils sont appliqués. Au point où ils sont représentés sur la figure ci-dessus, le diapason fait entendre la note du bourdonnement de l'homme. La tige du diapason est traversée par un bouchon de liége taillé en cône C, dans le but de supporter un dynamoscope D qui permette d'entendre directement dans l'oreille le son du diapason, sous la forme de bourdonnement. Ce diapason est monté sur un support E.

Mécanisme du diapason dynamoscopique.

On met en vibration l'instrument en rapprochant brusquement ses deux branches ; on laisse passer un certain temps avant d'introduire le dynamoscope dans le conduit auditif externe, afin de laisser éteindre les sons harmoniques ; on constate alors, par la mémoire, le ton du bruit qui se produit, et on le compare au bourdonnement du doigt ; ce n'est que par la comparaison successive et souvent répétée de ces deux bruits qu'on arrive à trouver l'unisson.

Lois de l'unisson.

L'acoustique démontre que tous les sons à l'unisson, c'est-à-dire de même hauteur, quel que soit le corps sonore qui les donne, correspondent à des nombres de vibrations égaux, et réciproquement.

Si nous parvenons donc à déterminer le nombre des vibrations du diapason dynamoscopique à l'unisson avec le bourdonnement, on connaîtra rigoureusement le nombre des vibrations de ce bourdonnement.

APPAREIL GRAPHIQUE POUR ÉCRIRE ET COMPTER
LE NOMBRE DES VIBRATIONS DU BOURDONNEMENT.

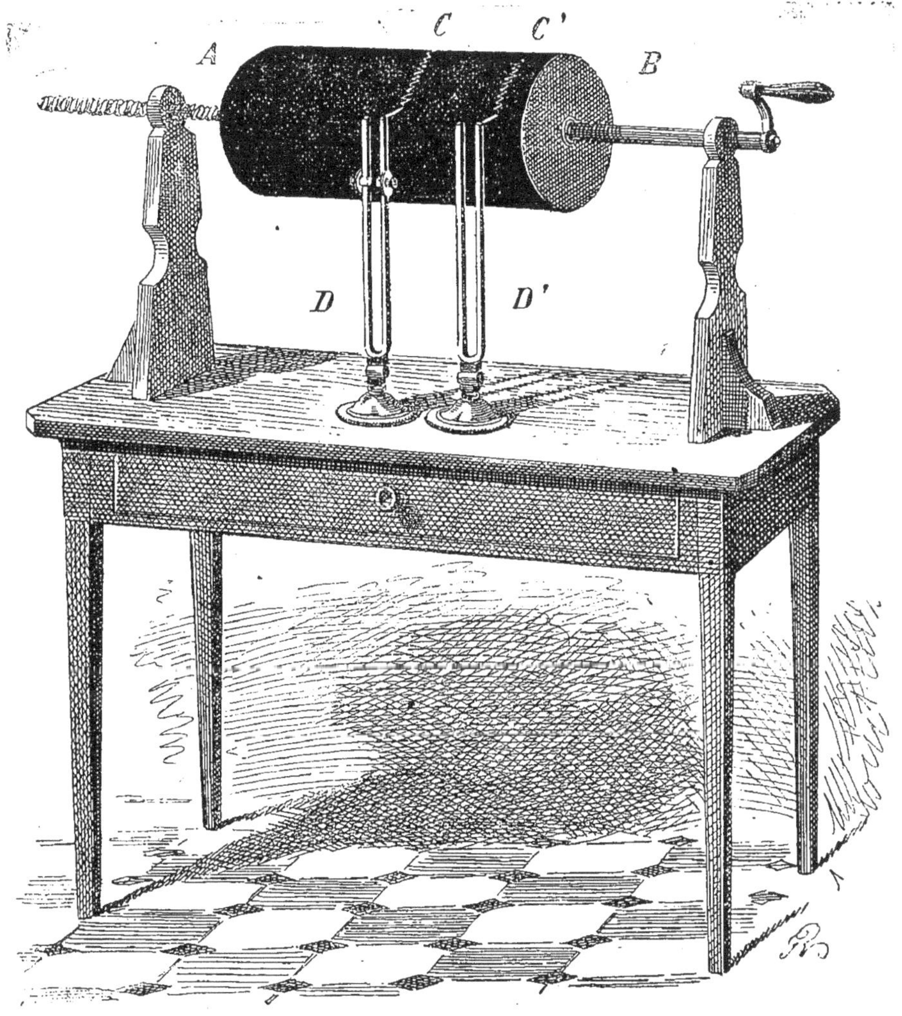

Cet appareil, très-simple, consiste à faire tracer par le corps sonore lui-même les vibrations qu'il exécute. A cet effet, le diapason dynamoscopique D est muni d'un fil métallique C collé sur sa surface, et dont la pointe appuie sur un cylindre parfaitement rond, couvert de noir de fumée et porté sur une vis sans fin AB. Quand le corps ne vibre pas et qu'on fait tourner le cylindre, la pointe enlève le noir et décrit une hélice régulière et très-fine ; quand il vibre, au contraire, l'hélice est tremblée, et chaque sinuosité, correspondant à une oscillation, leur nombre est égal à celui des vibrations qui ont été produites pendant le temps de l'expérience. Un second diapason fixe D', déterminé à 100 vibrations par seconde, est également muni d'un fil métallique C' collé à sa surface, et appuyant sur le même cylindre. Si l'on fait vibrer ce diapason, il produit aussi des oscillations qui viennent se tracer de la même manière que nous venons d'indiquer. Ainsi, en supposant que l'on fasse vibrer les deux diapasons ensemble, pendant que le cylindre tourne, chacun d'eux tracera sa courbe, et l'on comptera ensuite les sinuosités comprises entre deux génératrices du cylindre. On regarde combien de vibrations se sont exécutées avec le diapason dynamoscopique dans l'intervalle des 100 vibrations produites par le diapason fixe. Des expériences souvent répétées prouvent qu'il y a 72 vibrations par seconde.

Ainsi se trouve déterminée la valeur numérique du bourdonnement, et nous pouvons formuler cette loi que tout homme en parfaite santé produit, à l'extrémité des doigts, et des deux côtés séparément, 72 vibrations nerveuses par seconde, c'est-à-dire 4,320 par minute.

La méthode que nous venons d'employer pour déterminer cette loi n'est parfaite que parce que nous avons voulu trouver le rapport des nombres de vibrations données par le bourdonnement et un diapason fixe.

PRONOSTIC, MARCHE, DURÉE ET TERMINAISON DES MALADIES.

Le bourdonnement qui donne lieu à une auscultation particulière applicable aux maladies les plus variées, et à tous les cas qui se présentent dans la pratique, peut être ramené à des lois très-simples et très-constantes, qui peuvent servir à diriger le pronostic, la marche, la durée et la terminaison des maladies.

1° Si le bourdonnement est continu, égal, régulier à l'extrémité des doigts des deux côtés, la maladie n'est pas grave.

2° Si le bourdonnement, d'un côté, ne ressemble pas à celui de l'autre côté, et s'il est continu aux deux mains, la maladie peut devenir sérieuse.

3° Si le bourdonnement, d'un côté, est beaucoup plus grave que celui de l'autre côté, dans le cas où la maladie n'est pas une apoplexie, on est autorisé à la chercher du côté du bourdonnement le plus grave.

4° Si le bourdonnement est absent d'un côté, et qu'il existe de l'autre, la maladie est très-grave ; nous écartons les cas de paralysie.

5° Si le bourdonnement est tremblotant des deux côtés, cela indique que l'état est sérieux.

6° Plus le bourdonnement est grave t bas des deux côtés, plus il y a de danger.

7° Le bourdonnement aigu n'offre pas de danger, alors même que les symptômes de la maladie sembleraient en faire craindre.

8° Les intermittences du bourdonnement d'un côté ou de l'autre, ou des deux côtés à la fois, sont d'un fâcheux augure.

9° L'absence prolongée du bourdonnement des deux côtés est presque toujours un signe de mort dans les maladies aiguës. Elle est moins alarmante dans les maladies chroniques.

Du Diagnostic de la mort réelle et de la mort apparente.

Quels sont les cas où la mort peut ne pas être réelle pendant l'existence du bourdonnement?

Les trois observations qui nous ont servi pour établir que la présence du bourdonnement suffit pour éloigner toute idée de mort réelle, sont un cas d'asphyxie, un cas de catalepsie, et un cas de syncope prolongée. Tous ces cas ne sont pas les seuls que l'on puisse confondre avec la mort réelle ; nous trouvons encore parmi eux :

La mort apparente par apoplexie ;
    id.   id.   par hystérie ;
    id.   id.   par épilepsie ;
    id.   id.   par empoisonnement.

Mort apparente par syncope. — La syncope est depuis longtemps considérée comme caractérisée par la suspension complète des battements du cœur. Plusieurs observateurs modernes ont rejeté cette définition pour n'admettre dans la syncope qu'un état morbide caractérisé par la diminution de la force et de la fréquence des battements du cœur ; nous ajouterons que cette diminution dans la force des battements du cœur peut être telle, qu'on ne les entende plus à l'auscultation. L'expérience qui prouve d'une manière péremptoire, pour ces observateurs, que le cœur ne cesse pas de battre dans la syncope est ainsi faite : un manomètre de M. Poiseuille est placé dans la carotide d'un chien ; on lui ouvre la crurale pour en tirer du sang à l'aide d'une seringue. A mesure que l'animal s'affaiblit, la hauteur de la colonne mercurielle baisse, la fréquence des oscillations et leur force diminuent. Or la hauteur de la colonne mercurielle indique la puissance du cœur, et chaque oscillation correspond au mouvement de systole ventriculaire.

Il résulte de là que l'on peut apprécier du regard le nombre et la force des contractions du cœur dans une minute, et qu'on arrive ainsi à trouver que l'on ne peut aller jusqu'à suspendre les mouvements du cœur sans déterminer aussitôt la mort de l'animal. Les oscillations peuvent être très-petites, mais il faut qu'elles existent pour qu'il y ait vie.

Pour MM. Rayer, Magendie, Claude Bernard et Bouchut, l'auscultation directe paraît leur démontrer ce fait aussi bien que l'expérience à l'aide du manomètre de M. Poiseuille.

En effet, MM. Rayer et Magendie, après avoir raconté qu'ils ont enlevé une grande quantité de sang à un animal, et qu'ils l'ont jeté dans un état de mort apparente, disent : « Or, dans « cet état de syncope, les battements du cœur pouvaient être « parfaitement perçus à l'auscultation ; seulement il n'était pas « toujours facile de distinguer les deux temps, et le tic tac « était quelquefois représenté par un simple tac très-net et « très-distinct.... » Plus loin, ils ajoutent : « Deux minutes « après le dernier battement perçu à l'auscultation, la poitrine « ayant été ouverte, le mouvement vermiculaire des oreillettes, « tel qu'on l'observe sur le cœur même extrait du corps d'un « animal, était à peine sensible. »

MM. Bouchut et Claude Bernard ont entrepris des expériences dans le même but. M. Bouchut dit, p. 73 de son ouvrage : « A la « vingt troisième minute, l'animal reste entièrement immobile, « insensible à la douleur, la respiration suspendue. Il était en « syncope, et on aurait pu, à distance, le considérer comme « mort. La colonne mercurielle était tombée à 0° ; mais elle « s'agitait légèrement et oscillait de 1° à 2° à chaque contrac- « tion du cœur. Il y en avait encore 20 par minute, révélées « à l'auscultation par un bruit faible et lointain qui devient de « plus en plus rare..... » M. Bouchut dit encore, p. 200 : « Dans « quelques syncopes portées au degré le plus extrême, on a, « au contraire, pu entendre les mouvements du cœur redou- « blés, réduits à un simple battement sourd, éloigné, mais « très-significatif. »

Toutes ces expériences ne sont pas concluantes. Ne pourrions-nous pas montrer même qu'elles sont inexactes? Ces auteurs ne connaissaient pas l'auscultation dynamoscopique. N'auraient-ils pas pu attribuer aux battements du cœur ce qui appartient au bourdonnement? MM. Rayer et Magendie semblent-ils désigner autre chose que le bourdonnement en disant: « Les deux temps du tic tac des battements du cœur étaient « quelquefois représentés par un simple tac... » M. Bouchut me paraît encore plus clair en s'exprimant de cette manière : « Il y avait vingt oscillations par minute révélées à l'ausculta- « tion par un *bruit faible et lointain qui devient de plus en* « *plus rare.....* » Dans certaines syncopes,. on a pu entendre les mouvements du cœur dédoublés réduits à un simple battement sourd, éloigné. Évidemment ce bruit sourd et lointain, qui devient de plus en plus rare, n'est pas autre chose que le bourdonnement, que le dynamoscope fait connaître et apprécier. Nous voudrions donc que les mêmes expériences qui ont été faites dans le but d'entendre les battements du cœur dans la syncope fussent faites avec un dynamoscope, afin qu'on fît la part du bourdonnement aussi bien que celle des battements du cœur. Rien ne nous paraît plus légitime. S'il est bien vrai qu'il existe deux sortes de bruits, bien différents quant à leur nature, à la région du cœur, et nous le prouvons avec le dynamoscope, les expérimentateurs, qui n'ont jusqu'ici tenu compte que d'un seul ordre de bruit, devront nécessairement reconnaître que leurs expériences ne sont pas complètes.

Mais, après avoir établi que le bourdonnement était un signe de vie dans la syncope, nous avons cherché à déterminer quelle était la limite dans laquelle il fixe le temps où l'on peut espérer pouvoir rappeler à la vie. Nous avons cherché ce moyen autant dans l'intonation du bourdonnement que dans la vitesse de ses vibrations ou dans l'ensemble de ses manifestations ; mais l'expérience n'a pu nous indiquer, jusqu'à présent, rien de précis. Aussi dirons-nous, d'une manière générale, que la seule présence du bourdonnement est l'indice qu'il ne faut pas abandonner la personne atteinte de syncope. Je tiens pourtant à faire remarquer que l'habitude que l'on acquiert en auscultant, avec le dynamoscope, la région du cœur des agonisants, un moment après les derniers battements du cœur, peut fixer une limite de la vie d'après les caractères du bourdonnement ; mais ces expériences sont toutes personnelles et appartiennent au plus ou moins de science et d'habileté que l'on acquiert dans l'étude de la dynamoscopie.

M. Parrot, dans sa thèse de concours de 1860, se montre entièrement d'accord avec ces idées, que nous avions déjà publiées en 1858.

Appréciation de M. Parrot : 1° sur la mort apparente par syncope.

« Nous avons vu que la mort apparente était caractérisée par la disparition des signes appréciables de la vie, y compris les bruits cardiaques. En pathologie, un semblable état porte le nom d'état syncopal ; il est donc permis de dire que la mort apparente est une *syncope* dans toute la rigueur du terme, une syncope telle que l'ont comprise Piccolhuomini, Charles Lepois, Willis, Cullen, Dichat, ainsi que la plupart des auteurs classiques de notre époque (1).

« C'est là, nous le croyons, le seul moyen de donner un caractère scientifique à une étude dont l'arbitraire et la fantaisie ont trop souvent fait les frais. Faute d'un semblable point de repère, et grâce au vague inhérent à l'idée d'*apparence, simulacre, image*, les auteurs sont tombés dans de singulières confusions. Ce qui est la mort apparente pour celui-ci ne l'est plus pour

---

(1) Chomel définit ainsi la syncope : « La suspension presque complète de toutes les fonctions, avec décoloration du visage, résolution des membres et suspension complète de la respiration et de la circulation. » (*Pathologie générale*. Paris, 1841, p. 178.)

celui-là ; et tel médecin déclarera inanimé un corps dans lequel un autre trouve des indices incontestables de vie. Il en est résulté également que si l'on voulait présenter l'histoire de la mort apparente en s'en rapportant à la plupart des auteurs, sans excepter les plus modernes, il faudrait, de toute nécessité faire des tableaux de cet état variés à l'infini ; car, je ne crains pas de l'affirmer, en parcourant les innombrables observations de mort apparente consignées dans la science, on voit les descriptions changeant avec chaque narrateur. Pour nous, au contraire, la mort apparente, quant à ses manifestations perceptibles, ou plutôt par la négation de tout indice manifeste d'existence, est *une*. A travers la complication des états concomitants, nous pouvons retrouver aisément le caractère essentiel et identique qui lui appartient.

« Mais s'il nous est donné de poser une limite entre la vie manifeste et la vie latente, il est, disons-le tout de suite, complétement impossible d'arriver à un semblable résultat, lorsqu'on cherche un indice qui permette de séparer la mort apparente de la mort réelle. La lutte entre l'organisme vivant et les causes de destruction s'accomplit et se juge dans une profondeur où nos investigations n'ont pas accès. Cette lutte dure-t-elle encore ? est-elle terminée ? à quel moment est-il possible de nous prononcer ?

« Nous avons envisagé la syncope comme essentiellement caractérisée par la perte du sentiment et de la myotilité et par l'arrêt momentané du cœur et des mouvements respiratoires.

« Avant de passer outre, nous devons faire remarquer que telle n'était pas l'opinion formulée par Galien, et reproduite dans ces derniers temps par un certain nombre de médecins :
« Lorsqu'à l'aide du toucher il est impossible de percevoir les
« mouvements des artères, dit Galien, quelle que soit la partie
« que l'on explore, cet état constitue l'*asphyxie*, ce qui signifie
« privation de pouls. Eh bien ! à vrai dire, cela n'a jamais lieu
« sur un corps vivant, et il n'est pas d'existence possible sans

« une agitation simultanée du pouls et de toutes les artères.
« S'il arrive souvent qu'on ne trouve pas le pouls, c'est que
« l'on s'est contenté d'une exploration superficielle ; sur plu-
« sieurs points, la peau, les membres, de la graisse, des mus-
« cles, couvrent le tronc artériel, et, par suite, masquent les
« pulsations ou empêchent leur production (1). »

« M. Bouchut est, parmi les modernes, le véritable restau-
rateur de cette opinion galénique ; n'est-ce pas cette opinion
qu'il reproduit en la précisant toutefois davantage par l'addi-
tion d'un nouveau signe physique, quand il déclare que, dans
la syncope, « si les *fonctions de la vie animale* sont interrompues *en apparence*, ce serait une erreur de croire, sur la foi
des anciens médecins, qu'elles sont complétement suspendues.
Les battements du cœur, en particulier, restent toujours appréciables à l'auscultation, et ils ne s'interrompent qu'à l'instant
de la mort. Ils sont plus faibles, plus rares, plus difficiles à
entendre que dans l'état normal, à cause de leur dédoublement,
mais ils existent (2).

« On voit, par ce passage, que M. Bouchut, fidèle à sa doctrine sur l'incompatibilité de la vie avec l'arrêt des mouvements du cœur, nie la syncope proprement dite, la syncope
profonde et complète, comme il a nié le seul état auquel il
nous semble rationnel de donner le nom de mort apparente.
De fait, cela devait être, et l'une de ces négations entraîne
l'autre. Ayant fait commencer plus tôt que la plupart des
auteurs l'état de mort apparente, puisque, pour l'admettre, il
n'attend pas le silence du cœur, il a bien fallu faire remonter
encore plus loin le début de la syncope, considérée comme une
suspension moins complète de la vie.

« Ces expressions de « fonctions animales momentanément
interrompues…, mais non suspendues, » font assez voir que,

---

(1) Galeni, 4e class. 106. A, *de Præsagiis ex pulsu.* Venetiis, apud Juntas 1565.
(2) Op. cit., page 74.

pour M. Bouchut, il y a une notable différence entre ce qu'il nomme syncope et ce qu'il appelle mort apparente, la première étant comme un acheminement à la seconde. Aussi, les faits qu'il cite à l'appui de sa thèse, et auxquels il accorde une si grande valeur, appartiennent-ils tous à ce degré inférieur, léger, bénin de la syncope, qui est habituellement désigné sous le nom de *lipothymie*. Sa tâche devient ainsi très-facile, car rien ne semble plus naturel que d'établir une sorte d'échelle stéthoscopique, depuis le signe de la mort déclarée certaine, jusqu'à l'état considéré comme syncopal; depuis le zéro, correspondant à l'extinction définitive de la vie, jusqu'aux bruits faibles marquant la syncope, en passant par les bruits très-faibles, caractéristiques de la mort apparente.

«Voilà, certes, une doctrine séduisante, et cependant nous ne pensons pas qu'elle puisse être admise. Déjà nous avons montré que l'importance capitale attribuée par M. Bouchut au silence des bruits cardiaques, comme signe certain de la mort, était fondée sur une sorte de pétition de principe (page 26). Nous regrettons sincèrement de nous trouver encore une fois en désaccord avec cet ingénieux auteur au sujet de la syncope. Cet état, la physiologie et la clinique nous le montrent parfaitement compatible avec la cessation temporaire des mouvements du cœur ; et ici nous entendons parler, non de cette défaillance, de cette menace d'évanouissement, de cette *lypothymie*, pendant laquelle le cœur bat et le thorax se dilate, mais bien de la syncope profonde, au degré où elle est caractérisée par la suspension des mouvements cardiaques, et telle qu'il est assez rare de la voir survenir d'emblée. »

2° *Sur la mort apparente par apoplexie.*

« Le terme d'*apoplexie* est pris ici dans son acception la plus large, et sert à désigner tous les faits dans lesquels l'action des centres nerveux se trouve subitement annulée. C'est à cette cause que l'on attribue la mort apparente dans le cas de com-

motion morale violente, et, dans ceux moins rares de congestions brusques, d'épanchements sanguins ou séreux de l'encéphale, de traumatisme ; c'est elle encore que l'on invoque pour
l'explication de certains faits où, contrairement aux prévisions
de la théorie, l'on ne parvient pas à découvrir les lésions propres à la mort par gêne de l'hématose. — Nous n'entendons
pas contester la réalité de ce qu'on appelle sidération du système nerveux ; mais y a-t-il, dans ce cas, comme on l'a ima-
giné, mort par simple épuisement de la force nerveuse? ou
bien ces faits rentrent-ils dans l'une des deux classes de mort
apparente que nous allons maintenant examiner? Il nous semble que cette dernière manière de voir est la plus naturelle,
car, tout en reconnaissant la perturbation nerveuse comme le
fait initial et dominant, nous pensons que la mort apparente
n'a réellement lieu que lors de l'arrêt consécutif de l'acte respiratoire, et surtout des mouvements du cœur.

« C'est cet enrayement des contractions cardiaques qui
constitue la *syncope*. Nous avons déjà suffisamment insisté sur
ce sujet, et nous aurons assez d'occasions d'y revenir, pour
nous contenter ici d'énumérer simplement les circonstances
indiquées par les auteurs, comme donnant lieu à la syncope
primitive ou d'*emblée*. Ce sont les plaies et les ruptures du
cœur, les épanchements abondants du péricarde et des plèvres, les affections organiques du cœur, l'anémie, la brusque
pénétration de l'air dans les veines, les évacuations profuses,
les émotions de toute sorte, etc. Quant à l'arrêt des mouvements cardiaques, qui survient d'une manière secondaire, son
étude est inséparable de celle que nous allons maintenant
aborder. »

3° *Sur la mort apparente par asphyxie.*

« L'*asphyxie* a de tout temps joué un rôle considérable dans
l'étiologie de la mort apparente ; et pour s'en rendre compte,
il suffit de penser au nombre prodigieux de circonstances qui

peuvent la produire. D'après des idées récemment émises, dans un travail très-remarquable, il faudrait, à la privation d'air, cause restreinte d'asphyxie, joindre : le froid, la chaleur excessive, l'ivresse, les hémorrhagies, l'empoisonnement par l'opium et ses composés, par le curare, la privation d'aliments et la foudre (1).

« Il est assez intéressant de remarquer que les anciens médecins employaient le mot *asphyxie*, c'est-à-dire privation de pouls, pour désigner et l'asphyxie telle qu'on la définit généralement aujourd'hui, et la syncope proprement dite, ce dernier terme n'ayant été introduit dans la science qu'un peu avant Galien ; c'est du moins ce que nous dit Sennert dans le passage suivant : « *Apud Hippocratem quidem et antiquos græcos vox* συγκοπη *usitata non fuit, qui affectum hunc* λειποθυμιαν *et* λειποψυψιαν *et* ασφυξιαν *apellarunt : paulo enim ante Galeni tempora hæc vox inventa, et in specie tribuitur graviori malo quam est* λειποθυμια *et* λειποψυχια (2). »

« Peu à peu, et surtout depuis Bichat, le terme d'asphyxie a été nettement séparé de celui de syncope, et nul doute que, théoriquement, chacun de ces mots n'ait un sens très-précis. Mais en est-il de même quand, de la définition des termes, on descend à l'appréciation des choses? Loin de là, les faits pathologiques viennent à chaque instant montrer quelle confusion se cache sous cette décevante netteté des idées dogmatiques ; pour en donner la preuve, il nous suffira de citer une question pleine d'intérêt et qui se rattache d'ailleurs directement au sujet de ce travail : nous voulons parler de la *mort apparente des nouveau-nés.*

« Voici ce qu'en disent les auteurs les plus compétents :

« Suivant Gardien (3), lorsque l'enfant vient spontanément

---

(1) Faure. Chloroforme et asphyxie, in *Archiv. gén. de médecine*, 5ᵉ série, t. XII, 1858, p. 143.

(2) Sennerti opera. Lugduni, 1650, t. II, p. 772 (de lypothymia et syncope).

(3) *Dictionnaire des Sciences médicales*, t. XXXVI.

au monde par les pieds, et surtout lorsqu'on a été obligé de terminer l'accouchement en allant les chercher, il est très-exposé à naître dans un état de mort apparente que les médecins désignent sous le nom d'asphyxie, mais qu'il croit devoir appeler syncope. Dans cette circonstance, en effet, le visage est pâle, le corps décoloré, les membres sont sans mouvement et dans un état de flaccidité, la respiration est nulle et le cordon sans pulsation.

« Le fœtus est dans un état de mort apparente, disent MM. Nœgelé et Paul Dubois, lorsqu'il ne présente que de très-faibles signes de vie ou même lorsqu'il n'en présente pas du tout, et qu'en même temps il n'offre aucun signe évident de mort (1).

« Pour M. Cazeaux, la mort apparente est un état dans lequel, malgré l'abolition des actes de la vie animale, il reste au moins quelques-unes des fonctions de la vie organique, et nécessairement les battements du cœur (2). Ceci, qu'on veuille bien le remarquer, est la négation formelle de l'état syncopal, que d'autres admettent cependant comme réel dans un certain nombre de cas (3).

D'après M. Jacquemier (4), à de très-rares exceptions près, c'est toujours une espèce d'asphyxie consécutive à la compression du cordon ou des centres nerveux qui est la cause de la mort apparente qu'on observe au moment de la naissance.

« Passons aux symptômes de cette mort apparente des nouveau-nés, et laissons parler M. Cazeaux. « Tantôt on voit la « rougeur vive de la face et de la partie supérieure du corps, « la saillie et l'injection du globe oculaire, le gonflement du « visage dont la peau offre çà et là des taches bleuâtres ; tantôt

---

(1) Cazeaux, *Traité des accouchements*, 3ᵉ édition. Paris, 1850, p. 535.

(2) Cazeaux, p. 535.

(3) Deslez, *De la mort apparente des nouveau-nés*. Thèse de Paris, 1858.

(4) T. II, p. 719.

« on est frappé par la décoloration de la peau et la flaccidité
« des chairs.

« Dans le premier cas, la tête est gonflée, extrêmement
« chaude, les lèvres gonflées et d'un bleu foncé, les yeux
« sortent de la tête, la langue est collée au palais ; souvent la
« tête est allongée, dure, le visage un peu gonflé ; les batte-
« ments du cœur, quelquefois encore assez forts et distincts,
« sont d'autres fois très-obscurs et très-faibles ; le cordon om-
« bilical est parfois gorgé de sang.

« Dans le second, l'enfant est d'une pâleur mortelle ; les
« membres sont pendants et flasques ; sa peau est décolorée et
« souvent souillée par du méconium ; les lèvres sont pâles, la
« mâchoire inférieure est pendante ; le cordon ombilical pal-
« pite faiblement ou point du tout ; les battements du cœur
« sont très-affaiblis. Souvent un enfant, dans cet état, remue
« encore au moment de la naissance, et crie ; mais il retombe
« aussitôt après dans l'état de mort apparente (1). »

« Eh bien, dans ces deux cas, il y a *mort apparente*, c'est-
à-dire état syncopal, comme le disait Gardien (2) ; cette *mort
apparente*, dans le premier cas, offre à l'observation tous les
symptômes de l'*asphyxie*, et, dans le second, ceux de la *syncope* proprement dite. Aussi, sans avoir la prétention de tran-
cher une difficulté que n'ont pu résoudre les autorités respec-
tables que nous avons citées, nous croyons pouvoir dire que la
mort apparente des nouveau-nés est toujours un état syncopal,
primitif dans un certain nombre de cas, et consécutif dans les
autres à une asphyxie.

« Et ce double aspect, asphyxique ou syncopal, de la mort
apparente, ce n'est pas seulement dans la pathologie du fœtus
que nous le rencontrons : en parcourant un mémoire très-

---

(1) Cazeaux, p. 535.

(2) Car nous n'avons à nous occuper ici que des cas où l'absence du pouls et des
bruits du cœur aura été constatée.

intéressant sur l'asphyxie par submersion, du docteur Erichsen (1), nous voyons l'auteur, dans un chapitre spécial, exposer les différences physiologiques qui existent entre la syncope et l'asphyxie ; puis, lorsqu'il les a bien indiquées, il s'empresse d'ajouter : « Mais si distincts que soient ces deux états, on
« voit les symptômes se confondre, et, par là, ils perdent une
« grande partie de leur valeur ; aussi sommes-nous obligés de
« nous laisser guider dans le traitement par des règles géné-
« rales plutôt que par le désir de rapporter les états que nous
« observons à l'asphyxie et à la syncope. »

« Arrêtons-nous encore un moment au travail de M. Erich-sen ; on voit au prix de quels efforts l'auteur parvient à mar-quer la limite entre les deux états morbides qu'il compare.

« Dans la syncope, dit-il, l'impression première porte sur le
« système nerveux ; le cœur et l'appareil circulatoire ne sont
« affectés que secondairement ; les mouvements du cœur s'af-
« faiblissent beaucoup, mais ils persistent ; une certaine quan-
« tité de sang, très-petite sans doute, continue à circuler à tra-
« vers les poumons, épuisant lentement l'oxygène de l'air qui
« y reste et qui paraît suffire pour maintenir pendant un temps
« considérable la vitalité diminuée de tout le système. L'activité
« fonctionnelle de l'encéphale paraît suspendue, la vie animale
« éteinte, mais la vie organique persiste, quoique faiblement.

« Dans l'asphyxie, les premiers désordres ont lieu dans les
« systèmes respiratoire et circulatoire. Le cerveau et la moelle
« allongée ne sont affectés que secondairement. Le sang, qui
« est tombé rapidement à l'état de sang veineux, devient in-
« capable de fournir au cœur un stimulus suffisant. Il stagne
« tant par le fait de l'insuffisance de la propulsion cardiaque
« que par l'impossibilité où il est de passer à travers les plus
« petites ramifications artérielles ; de là, extinction de la vie
« organique. »

----

(1) *Edimburg medical and surgical journal.* Vol. LXIII. 1845.

« Ces définitions hybrides ne se ressentent-elles pas de l'extrême difficulté qu'a éprouvée l'auteur quand il a voulu opposer en théorie deux états que la nature nous offre si souvent réunis. C'est l'$\alpha\sigma\phi\upsilon\xi\iota\alpha$ des médecins grecs avec son double sens.

« L'asphyxie se compliquant très-souvent d'un état syncopal, tout se réduit à résoudre la question suivante : A quelle période l'arrêt du cœur est-il survenu ? C'est tantôt au début et alors que les effets de l'hématose incomplète sont évidents, comme cela arrive, par exemple, aux individus qui, au moment où ils tombent à l'eau, sont pris d'un état syncopal ; c'est encore ce que l'on observe dans les cas signalés par M. Devergie (1), où des individus se trouvent pris au milieu d'un éboulement et chez lesquels on n'observe pas l'ensemble des phénomènes communs aux asphyxiés (2).

« 2° Dans une autre série de faits, la syncope se produit en quelque sorte d'emblée ; c'est elle qui signale la mort apparente, qui, à elle seule, la constitue. Ces faits méritent d'être réunis en un seul groupe, quelles que soient, du reste, les conditions plus ou moins éloignées qui déterminent la syncope.

---

(1) *Dictionnaire de médecine et de chirurgie pratique*, t. III, p. 550.

(2) La cause de la mort, lorsque les asphyxiés ne sont pas secourus à temps, doit être, suivant nous, attribuée à une syncope qui survient à titre de complication. L'asphyxie agissant seule serait moins rapidement funeste. C'est l'arrêt du cœur qui tue alors en immobilisant le sang, comme le dit si justement M. Faure (*Arch. gén, de méd.*, 5e série, tome XII, 1858, page 441), et nous trouvons une confirmation de cette idée dans les résultats obtenus par M. Claude Bernard qui, « en donnant artificiellement du mouvement au sang par insufflations d'air et même d'hydrogène et d'azote » a vu se ranimer les animaux tombés en état de mort apparente.

C'est ici le lieu de rappeler également les observations de M. Ackermann (*Arch. für path. Anat.* T. XV, Hft. 5 et 6. *Untersuchungen über den Einflus der Erstiekuny auf die Menge des Blutes im Gehirn u. in den Lungen*), qui signalent *l'anémie* de la pie-mère comme l'un des caractères de la mort par strangulation, submersion, etc. Ces faits sont d'autant plus dignes d'attention que M. Ackermann a pu constater sur les animaux encore vivants l'état des vaisseaux encéphaliques, en mettant en usage le procédé de M. Donders (trépanation du crâne, lame de verre substituée à la rondelle osseuse).

« 3° Il faut ranger dans une classe intermédiaire tous les cas dans lesquels la syncope surprend l'asphyxié, quand déjà le défaut d'hématose existe depuis un certain temps. Si, dans ces conditions, les individus succombent, on trouve, à un degré plus ou moins prononcé, les lésions de l'asphyxie, tandis que, chez ceux du premier groupe, on ne constate pas, comme le fait remarquer M. Devergie (1), cette coloration caractéristique et bien connue de la peau, cet engorgement des poumons et de tout le système veineux. La différence se comprend aisément d'après ce que nous avons dit de l'époque à laquelle l'arrêt du cœur a lieu dans les deux cas : en effet, dans l'un, il survient au début de l'asphyxie, et ce sont les lésions de la syncope qui existent seules ou à peu près seules. Au contraire, dans le second cas, au moment où le cœur s'arrête, l'asphyxie a eu le temps de se développer, et c'est elle qui domine. Il résulte de ce qui précède que ce n'est pas par le degré de rapidité avec lequel elles s'établissent qu'il faut expliquer les asphyxies dites *blanches*, et les différencier de celles dites asphyxies *bleues;* c'est le rapport entre l'arrêt du cœur et l'état de l'hématose qui est ici l'élément distinctif : l'asphyxie *blanche* est à peine une asphyxie; c'est, avant tout, une syncope. Dans la mort apparente par asphyxie, la période à laquelle s'est montrée la syncope a une importance capitale, au point de vue du rétablissement de la circulation, que celui-ci soit spontané ou qu'il soit le résultat d'un traitement approprié. »

Ainsi toutes ces morts apparentes peuvent être confondues avec la syncope. En effet, il faut bien que, dans ces états morbides arrivés au degré qui peut les faire confondre avec la mort réelle, il faut bien que les battements du cœur diminuent tellement de force et de fréquence qu'ils ne soient plus entendus à l'auscultation. Et nous venons de voir que c'est là précisément ce qui caractérise la syncope. Donc l'apoplexie,

---

(1) Article cité du *Dictionnaire de médecine,* t. III, p. 550.

l'asphyxie, la catalepsie, l'hystérie, les empoisonnements, ne peuvent être confondus avec la mort apparente que lorsqu'ils seront arrivés au point de produire les phénomènes de la syncope ; et nous savons comment la dynamoscopie sait distinguer, dans la syncope, la mort réelle de la mort apparente.

Donc, la persistance du bourdonnement dans les morts apparentes est l'indice que la vie ne peut pas être éteinte ; et le médecin qui serait appelé dans un cas de mort apparente doit faire tous ses efforts pour ramener à la vie la personne chez laquelle le bourdonnement serait entendu.

Cette manière de voir doit s'entendre seulement des états que nous venons d'étudier sous le nom de mort apparente, car presque toujours la mort est réelle, malgré la persistance du bourdonnement après la cessation des battements du cœur.

*

*Quels sont les cas où la mort est réelle, malgré l'existence
du bourdonnement ?*

Ces cas représentent toutes les maladies mortelles de la pathologie. Nous n'avons jusqu'ici rencontré aucun cas de mort, soit par phthisie, fièvre typhoïde, typhus, choléra, pneumonie, maladies du cœur, etc., sans que le bourdonnement n'ait persisté cinq, six, dix, quinze heures après la mort, et nous l'avons toujours vu observer une loi de retraite qui le faisait disparaître des extrémités vers la région précordiale. Nous n'avons jamais pu croire que, malgré cette persistance, la vie pût être rendue au malheureux que nous examinions, et nous n'avons jamais essayé de la lui rendre.

*Signes de la mort; leur classification d'après le degré de confiance
que chacun d'eux inspire. — Notre nouveau système d'auscultation
fournit un signe immédiat de la mort.*

Les signes de la mort peuvent être divisés en deux parties : 1° ceux qui existent dans les vingt-quatre heures qui suivent le décès ; 2° ceux qui se manifestent après les vingt-quatre heures.

1° Les signes qui se manifestent dans les vingt-quatre heures qui suivent la mort peuvent être classés ainsi :

Par rapport à la respiration : l'immobilité des parois du thorax et de l'abdomen, l'absence du souffle nasal et buccal.

Par rapport à la cessation des fonctions encéphaliques : le défaut d'action des sens et des facultés intellectuelles, le relâchement de tous les sphincters, l'affaiblissement de l'œil et l'obscurcissement de la cornée par une toile glaireuse, l'immobilité du corps, l'affaissement de la mâchoire inférieure, la flexion du pouce vers le creux de la main, le refroidissement du corps, la rigidité cadavérique, l'absence de l'irritabilité musculaire sous l'influence des agents galvaniques.

Par rapport à la circulation : la décoloration de la peau, la face cadavéreuse, la perte de la transparence de la main, l'absence d'aréole et de phlyctènes dans les brûlures cutanées, enfin l'absence prolongée des battements du cœur à l'auscultation.

2° Après les vingt-quatre heures, on trouve comme signes de la mort : l'affaissement des parties molles sous l'influence de la pesanteur et de la putréfaction.

Les inconvénients fâcheux qui résultent de l'attente d'un signe de mort tel que celui de la putréfaction, et qui ne permettent pas de l'attendre, sont faciles à comprendre. Les gaz qui se dégagent, en effet, des matières animales putréfiées, entraînent avec eux une odeur particulière, infecte, qualifiée du terme général d'odeur putride. Ces gaz donnent lieu aux émanations putrides. Les influences fâcheuses de ces émanations sont de trois sortes : elles peuvent se borner à impressionner défavorablement l'odorat ; lorsque leur action est persévérante, elles affaiblissent la constitution ; enfin, elles peuvent altérer gravement la santé, en causant des maladies variées après avoir pénétré par absorption dans les organes. Ces mauvaises influences ont inspiré aussi des règles hygiéniques qui sont nécessaires et qu'il est indispensable de mettre en pratique : la première est de détruire ces foyers ; la deuxième consiste à empêcher qu'ils ne s'établissent, et à éloigner des lieux habités ceux qui sont inévitables.

La putréfaction devenant ainsi une source de maladies, la science a dû, de tout temps, chercher à l'éviter tout en voulant établir la réalité de la mort, mais en lui substituant un signe aussi certain.

Les maisons mortuaires d'Allemagne ont été fondées dans le but d'éviter ce que l'on reproche aux coutumes anglaises. Mais, en définitive, bien que ces maisons soient retirées des villes et isolées de toute habitation, la putréfaction a réellement lieu et en plein air. Or comme il est dans la nature des miasmes de matière putride d'être insaisissables et de se transporter loin du lieu où ils sont nés tout en produisant les mêmes maladies, ce moyen de diagnostic de la mort réelle ne doit-il pas être rejeté aussi bien que l'attente de la putréfaction à domicile ? Pourtant certaines nations préfèrent subir les fâcheux inconvénients de l'attente de la putréfaction, plutôt que de penser que le réveil de la léthargie peut se faire dans la tombe. Ces craintes doivent être aujourd'hui écartées, parce que la putréfaction n'est plus le seul signe certain de la mort.

Ces deux derniers signes sont des signes certains ; mais nous venons de montrer qu'il y a des inconvénients à les attendre.

Or, parmi les signes qui existent dans les vingt-quatre heures qui suivent la mort, quel est le degré de confiance que méritent ces signes ? Nul doute que tous ces signes réunis ne donnent la certitude de la mort ; mais aucun d'eux, pris séparément, ne peut la garantir.

Pour les signes qui ont trait à la cessation de la respiration, ils n'ont, dans l'esprit des médecins, et tout le monde est d'accord là-dessus, qu'une très-faible importance. Il est impossible d'accorder quelque confiance à l'épreuve du verre d'eau placé sur le cartilage des côtes ; l'agitation plus ou moins grande d'une bougie allumée ou de brins de coton placés devant la bouche n'en mérite pas davantage. J'ai vu un cas de catalepsie, à Montpellier, où ces deux expériences ont été faites, et si on s'en était tenu à elles, on aurait certainement prononcé la mort.

Les signes immédiats de la mort qui se rapportent à l'extinction des fonctions cérébrales étant analysés, ils ne méritent pas plus de confiance. C'est, du reste, l'opinion de presque tous les auteurs qui se sont occupés du sujet que nous traitons; et si l'affaissement des yeux, la formation du voile opalin de la cornée désignée sous le nom de toile glaireuse, et le relâchement des sphincters, ont une certaine valeur dans le diagnostic de la mort, assurément on ne songera jamais à en faire un signe certain et pathognomonique. Ces signes ne peuvent acquérir une valeur réelle que lorsqu'ils se trouvent réunis à d'autres signes. Pour nous, nous avons vu souvent ces deux signes dans certains cas où la mort était bien loin d'être réelle. Aussi ne pouvons-nous les considérer comme des signes de grande valeur. Qu'un homme soit pris de syncope, et on observera le relâchement des sphincters ; cet homme peut ne pas tarder à revenir à lui. Que de fois n'a-t-on pas vu l'œil terne, profondément excavé, dans les maladies très-promptes, très-graves, comme le choléra !

Par rapport à la circulation, le seul signe qui puisse nous arrêter, c'est l'absence des battements du cœur à l'auscultation ; mais nous savons à quoi nous en tenir sur ce signe. C'est précisément parce qu'il nous a paru insuffisant que nous avons cherché, à l'aide du dynamoscope, un signe immédiat de la mort.

COUP D'OEIL HISTORIQUE SUR LES SIGNES DE LA MORT. — DE L'ENTERREMENT EN DIVERS PAYS. — LOI FRANÇAISE. —CONCLUSION.

Un aperçu historique des travaux qui ont été publiés sur les signes de la mort permet de les distinguer en deux catégories :

La première s'adresse aux écrits qui ont été publiés dans le but de montrer qu'on ne connaît pas de signe immédiat de la mort réelle ; la seconde à ceux qui expriment l'opinion contraire.

PREMIÈRE CATÉGORIE. — Nous ne trouvons rien de précis dans les vieux auteurs. Il faut arriver à Bruhier, qui a publié en 1751, un livre sur l'incertitude des signes de mort, pour voir que certains médecins très-instruits étaient convaincus qu'il n'existait aucun signe certain de la mort. Bruhier, pour donner la preuve de ses croyances, raconte toutes les fables de mort apparente qui ont été accréditées de son temps. En lisant avec attention tous ces faits, on n'y trouve aucune précision ; ce sont autant de romans et de contes comme on en trouve encore de nos jours dans les journaux politiques, à l'article *Chronique locale.*

Nous ne citerons aucun des faits qui sont rapportés par Bruhier ; nous préférons renvoyer à l'auteur. Plusieurs écrits sont encore dignes d'attention, et particulièrement ceux de Léonce Lenormand, de James Curry, de Richard, de Durande. Mais tous ces auteurs, pour fonder leurs propositions, s'appuient sur des faits aussi vagues que ceux publiés par Bruhier, faits qui semblent avoir été inventés ou arrangés pour le besoin de la cause. Nous dépasserions notre but en en citant un seul.

Le livre de M. Josat, qui est écrit dans cet esprit, nous paraît mériter plus d'attention : « Ce n'est pas un livre fait avec d'autres, a dit M. Rayer (séance du 9 juin 1852 à l'Académie des sciences), c'est une œuvre longue et sérieuse qui demande à être examinée avec soin. »

DEUXIÈME CATÉGORIE. — Les auteurs qui ont cru à la certitude des signes de la mort et qui ont écrit sur ce sujet sont aussi nombreux que les autres. Leurs preuves sont sérieuses et leur appréciation exacte. Seulement ici nous devons examiner s'ils ont rempli leur but : celui de convaincre tout le monde. Les *Lettres* de Louis, publiées en 1753, sur la certitude des signes de la mort, sont le premier monument élevé à la science du diagnostic de la mort réelle. On n'a rien fait de plus net et de plus précis. Seulement, comme c'est de l'ensemble des signes sur la mort que l'auteur tire son diagnostic, il ne peut convaincre tout le monde, car aucun des signes en particulier ne peut servir à faire accepter sa proposition. Aussi les *Lettres* de Louis sont-elles une œuvre incomplète, et la science a-t-elle, depuis lors, demandé encore beaucoup aux recherches des expérimentateurs. M. Bouchut, dans ces derniers temps, a essayé de mieux préciser les faits connus, dans un livre publié en 1849. M. Bouchut est le premier qui ait eu le mérite d'avoir essayé de faire entrer cette science dans une voie nouvelle, en donnant à l'absence de battements du cœur à l'auscultation une importance presque absolue. M. Bouchut semble avoir compris le besoin de l'époque, celui d'appuyer le diagnostic de la mort réelle sur un signe pathognomonique. Seulement l'absence des battements du cœur ne peut être, comme nous l'avons démon-tré, un signe certain de la mort réelle.

Nous arrivons en dernier lieu à juger quelles sont les conséquences administratives qui découlent de tout ce que nous avons établi. Notre devoir est d'indiquer les garanties qu'on doit aux familles, et quel est le seul moyen de faire constater la réalité de la mort.

Mais avant de formuler les conséquences qui résultent de nos recherches, il est important de rappeler les coutumes pratiquées dans différents pays, et de donner le texte de la loi française.

Une seule pensée a dirigé évidemment les hommes qui ont dû s'occuper de l'enterrement, c'est celle d'empêcher tout enterrement prématuré. L'esprit est si douloureusement impressionné toutes les fois qu'il est bien avéré qu'un homme a été enterré vivant!

La plupart du temps, surtout dans le midi de l'Angleterre et chez toutes les familles riches, il est reçu et accepté de garder pendant huit jours, au moins, le corps du défunt. Les familles

les plus pauvres, dans le nord de l'Angleterre, conservent leurs morts pendant cinq jours. Les récits des journaux d'outre-mer nous racontent trop souvent les inconvénients de cette mesure et l'exagération que certaines personnes mettent à vouloir garder le plus longtemps possible le corps de ceux qui leur ont appartenu. Le *Times* a raconté, il y a quelques années, que deux dames qui vivaient ensemble s'étaient juré de se garder le plus longtemps possible après leur mort. L'une d'elles venantà mourir, l'autre, fidèle à sa promesse, conserva le corps de son amie pendant un mois. Il fallut que la police intervînt pour faire inhumer des restes putréfiés qui, par leur exhalaison méphitique, avaient jeté l'alarme dans tout le quartier.

En Russie, où les classes sont parfaitement distinctes, la manière de procéder à l'enterrement est aussi nettement établie : les classes supérieures conservent, comme en Angleterre, leurs morts le plus longtemps possible ; les classes inférieures subissent les usages qui·sont érigés en loi dans notre pays.

En Allemagne et à Naples, on a recours aux salles mortuaires. Les salles mortuaires sont des chambres isolées de toute habitation, construites ordinairement dans les cimetières, et dans le but d'attendre la décomposition et l'heure de la sépulture.

En France, il existe des lois relatives à l'inhumation. En voici le texte, d'après le Code civil :

« Art. 77. — Aucune inhumation ne sera faite sans autorisation, sur papier libre et sans frais, de l'officier de l'état civil, qui ne pourra la délivrer qu'après s'être transporté auprès de la personne décédée, pour s'assurer du décès, hors les cas prévus par les règlements de police.

« Art. 78. — L'acte de décès sera dressé par l'officier de l'état civil, sur la déclaration de deux témoins. Ces témoins seront, s'il est possible, les plus proches parents ou voisins ; et lorsqu'une personne sera décédée hors de son domicile, la personne chez laquelle elle sera décédée, et un parent ou un autre.

« Art. 81. — Lorsqu'il y aura des signes ou indices de mort

violente, ou d'autres circonstances qui donneront lieu de le soupçonner, on ne pourra faire l'inhumation qu'après qu'un officier de police, assisté d'un docteur en médecine ou en chirurgie, aura dressé procès-verbal de l'état du cadavre et des circonstances y relatives, ainsi que des renseignements qu'il aura pu recueillir sur les prénoms, nom, âge, profession, lieu de naissance et domicile de la personne décédée. »

L'Angleterre, la Russie, les États-Unis, l'Allemagne, l'Italie, d'après leurs coutumes et leurs habitudes, n'ont pas encore reconnu à la science le pouvoir de constater la mort par des signes immédiats. A en juger par leurs mœurs et leurs règlements, ces nations n'ont jusqu'à présent eu confiance qu'à la putréfaction comme signe certain de la mort. Notre travail vient confirmer cette manière de juger en montrant les inconvénients graves de l'attente d'un pareil signe, et en lui en substituant un aussi sûr, moins long et moins dangereux.

Il faut désormais procéder à l'inhumation dès qu'on a la certitude que la mort est réelle ; or on peut avoir cette certitude quinze heures après le décès.

Les coutumes d'Angleterre et de Russie peuvent donc, de même que les salles mortuaires d'Allemagne, être réformées ou supprimées.

L'article du Code civil qui confie aux officiers de l'état civil le droit de vérifier la réalité des décès peut donc être abrogé, parce qu'il n'est pas possible que la loi française dénature les professions, et donne à des hommes inexpérimentés des attributions hors de leur portée. C'est, en résumé, le dynamoscope qui peut fournir le moyen de prévenir les enterrements prématurés ; et c'est aux médecins seuls qu'appartient le privilége de savoir faire usage de cet instrument. Eux seuls peuvent et doivent connaître le maniement du dynamoscope ; eux seuls ont l'oreille faite aux différents bruits qui peuvent être perçus. A eux seuls donc appartient la constatation de la retraite définitive du bourdonnement dans les organes. Il sera désormais difficile de laisser passer inaperçue cette grave question ; car l'existence seule d'un bruit sur le corps d'un cadavre mettant en doute sa mort réelle, il ne peut être permis de le laisser enterrer sans avoir l'assurance qu'il n'existe plus sur lui de bourdonnement.

FIN.

TABLE DES MATIÈRES.

Imprimerie Parisienne. — MARCHAND frères et Comp⁰, rue d'Enghien, 14.